Einführung in die
Differential- und Integralrechnung
nebst Differentialgleichungen.

Von

Dr. F. L. Kohlrausch,

Dozent der Ausbildungskurse am Kaiserlichen Telegraphen-Versuchsamt Berlin.

Mit 100 Textfiguren und 200 Aufgaben.

Berlin.

Verlag von Julius Springer.

1907.

ISBN-13:978-3-642-89962-1   e-ISBN-13:978-3-642-91819-3
DOI: 10.1007/978-3-642-91819-3

Vorwort.

Mit dem vorliegenden Buche soll einer Forderung aller der Leser Rechnung getragen werden, denen es in erster Linie darauf ankommt, die praktische Bedeutung der Differential- und Integralrechnung kennen zu lernen, um daraus die Nutzanwendung für physikalisch-technische Aufgaben, speziell deren Differentialgleichungen, gewinnen zu können. Während die meisten Lehrbücher in umfangreicher Darstellung vielfach die mathematische Seite in den Vordergrund stellen, sollte hier die Aufgabe gelöst werden, es dem Leser zu ermöglichen, ohne besondere Vorkenntnisse sich den Stoff praktisch zu eigen zu machen.

Das Fehlen eines solchen Buches wurde bei den höheren Telegraphenbeamten empfunden, die jährlich zu den Ausbildungskursen im Kaiserlichen Telegraphen-Versuchsamt zu Berlin einberufen werden, und bei denen die Kenntnis der Differential- und Integralrechnung vorausgesetzt wird. Es war zu berücksichtigen, daß die Beamten in wenigen Monaten, zum Teil ohne besondere Vorbildung für den vorliegenden Stoff, durch Selbststudium sich diese Kenntnisse erwerben müssen. Es ist infolgedessen eine kurze Wiederholung der erforderlichen Grundlagen für zweckmäßig erachtet worden und besonderer Wert darauf gelegt, alle Betrachtungen soweit angängig mit Hilfe von Beispielen, Figuren und etwa 200 Aufgaben dem Verständnis näher zu bringen. Von diesem Gesichtspunkte aus wird das Buch vielen Studierenden der Universitäten und Hochschulen, aber auch Laienkreisen, sei es als ausreichender Leitfaden für ihre mathematischen Studien, sei es als Einführung in umfangreichere Lehrbücher nicht unwillkommen sein.

Es enthält in seinem ersten Teile die Differential- und Integralrechnung, in seinem zweiten Teile lineare Differentialgleichungen 1. und 2. Ordnung. Der erste Teil hat gewissermaßen als Einleitung im 1. Kapitel eine Reihe von Paragraphen, die als Grundlagen der eigentlichen Betrachtung dienen. Neben dem Funktionsbegriff wird besonders die analytische Geometrie der Ebene berücksichtigt.

Im 2. Kapitel ist das wichtigste aus der Differentialrechnung eingehend behandelt. Das 3. Kapitel umfaßt die Integralrechnung, deren Bedeutung in den Flächen- und Körperberechnungen, den Schwerpunktsbestimmungen usw. zum Ausdruck gebracht ist.

Ein Anhang zum ersten Teil bietet nützliche Erweiterungen. Er wurde geschaffen, damit der Leser bei einem ersten Studium sich nicht zu sehr ins Einzelne verliert und doch Wichtiges nicht entbehren muß.

Der zweite Teil enthält Differentialgleichungen der Physik und Technik z. B. der elastischen Linie, der Pendelschwingungen, der drahtlosen Telegraphie u. a. Am Schluß des Buches sind Formeln der Differential- und Integralrechnung zusammengestellt.

Herrn Geheimen Postrat Professor Dr. Strecker bin ich zu besonderem Dank verpflichtet; er hat durch eingehende Ratschläge das Werk gefördert. Den Herren Höpfner, Taube und Venus, die dem jetzt zu Ende gehenden Kursus am Telegraphen-Versuchsamt angehören, habe ich für ihre freundliche Unterstützung — besonders bei Berechnung von Aufgaben — zu danken.

Beim Lesen der Korrektur hat mich in liebenswürdiger Weise Herr Oberingenieur Schnaubert unterstützt.

Berlin, April 1907.

Kohlrausch.

Inhaltsverzeichnis.

Erster Teil.
Differential- und Integralrechnung.

1. Kapitel.
Einleitung in die Differentialrechnung.

2. Kapitel.
Differentialrechnung.

3. Kapitel.
Integralrechnung.

Anhang zum ersten Teile.

Zweiter Teil.

Differentialgleichungen.

Formelsammlung.

Differential- und Integralrechnung.

---

1. Kapitel.

Einleitung in die Differentialrechnung.

§ 1.

Begriff und Einteilung der Funktionen.

Die Stromstärke J eines geschlossenen Leiterkreises, wie ihn nebenstehende Figur darstellt, ist nur abhängig von der Batteriespannung E, wenn der Widerstand W der Glühlampe unveränderlich ist. Erhöht man die Spannung durch Zuschalten von Elementen, so steigt die Stromstärke J und zwar proportional E, wie das Amperemeter erkennen läßt. (Ohmsches Gesetz: $J = E/W$). In diesem Beispiel wurde die Spannung beliebig gewählt; man bezeichnet in der mathematischen Ausdrucksweise E als die unabhängige Veränderliche (Variable) und J als die abhängige. Man sagt, um auszudrücken, daß die Stromstärke von der Spannung abhängig ist: „Die Stromstärke J ist eine Funktion der Spannung E" und schreibt: $J = f(E)$.

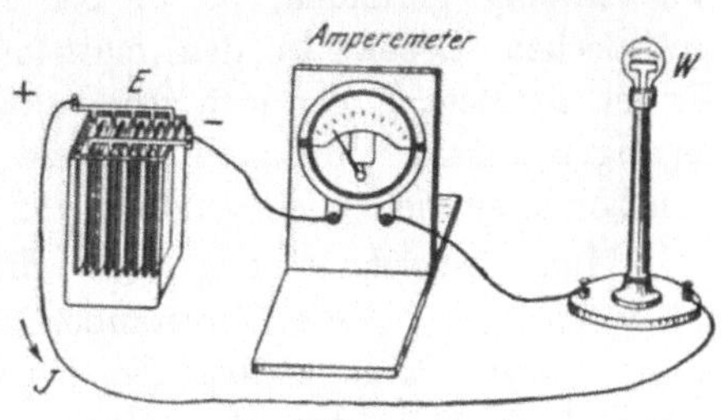

Fig. 1.

Diese Abhängigkeit zwischen E und J, wie sie durch das Ohmsche Gesetz verkörpert wird, ist jedoch eine gegenseitige. Man kann ebenso gut die Stromstärke beliebig wählen, indem man der Lampe

mehr oder weniger Strom zuführt (Fig. 2). Wird der Widertand
der Lampe wieder konstant genommen, so wird mit gesteigerter

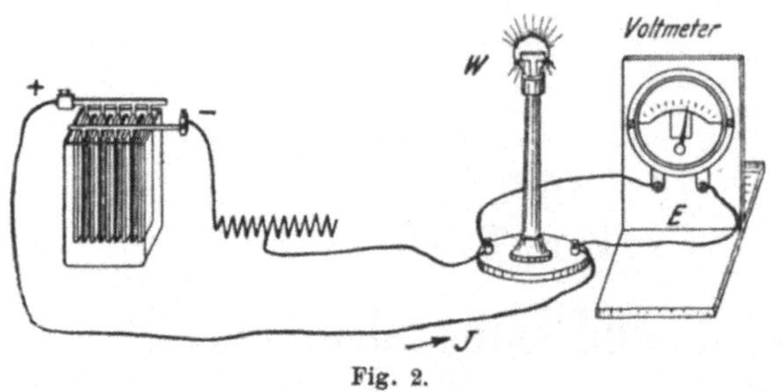

Fig. 2.

Stromzuführung
das Voltmeter eine
wachsende Spannung E anzeigen
und zwar proportional J. Wir haben
hier also E als abhängige Variable,
während J unabhängig gewählt ist.

In diesem Falle schreibt man: $E = f(J)$. Daß die Abhängigkeit
der Variablen eine gegenseitige ist, zeige noch das folgende Beispiel.
Die Nachfrage nach einer Ware ist u. a. eine Funktion ihres Preises,
da sich mit der Preisänderung auch die Nachfrage ändert. Mit demselben Rechte kann man aber auch behaupten, der Preis sei eine
Funktion der Nachfrage, denn ein viel begehrtes Stück wird man billiger
umsetzen können. Die Unterscheidung in unabhängige und abhängige
Veränderliche macht man nur, um anzudeuten, welche Veränderliche
man für die augenblickliche Betrachtung willkürlich wählen will.

Der Funktionsbegriff hat in ungemein vielen Fällen erfolgreiche
Verwendung gefunden, so in der Mechanik, Elektrizitätslehre, im
praktischen Leben, in den mathematischen Wissenschaften . . . . .
Er ist ein Begriff, der sich gründet auf die Vorstellungen und Überlegungen unseres Verstandes, und ist in dieser seiner logischen Natur
von keiner speziellen Anwendung auf ein bestimmtes Gebiet abhängig.

Man bezeichnet allgemein die veränderlichen Größen mit
x, y, z . . . . ., die unveränderlichen, konstanten Größen mit
a, b, c usw. Man kleidet die bereits erläuterte Abhängigkeit der
Stromstärke von der Batteriespannung in die allgemeine Form
$y = f(x)$ und nennt diesen Ausdruck eine Funktionsgleichung.
$f(\ )$ ist das Funktionszeichen. Man schreibt die Funktionsgleichung
häufig auch in der Form: $f(x, y) = 0$, wie man eine Gleichung z. B.
$y^2 = 2\,p\,x$ auch schreiben kann: $y^2 - 2\,p\,x = 0$. Hat man mehrere,
verschieden gebildete Funktionen, so wählt man zum Unterschiede
auch verschiedene Funktionszeichen f, φ, ψ, χ . . .

Die Stromstärke J des eingangs gezeichneten Leiterkreises
müßte genau genommen auch eine Funktion des Widerstandes ge-

nannt werden, denn tatsächlich nimmt der Widerstand W der Glühlampe mit steigender Temperatur ab. Man drückt diese neue Abhängigkeit durch ein anderes Funktionszeichen aus und setzt $y = \varphi(x)$, bezw. $\varphi(x, y) = 0$, wenn x den veränderlichen Widerstand der Glühlampe bei konstant gehaltener Spannung bedeutet. Will man zum Ausdruck bringen, daß die Stromstärke von zwei veränderlichen Größen abhängig ist, so schreibt man $y = f(x, z)$, wo y die Stromstärke, x die Spannung und z den Widerstand bezeichnen möge.

Der Funktionsbegriff ist somit nicht an zwei Veränderliche gebunden, ihre Zahl kann vielmehr eine beliebige sein.

Die Einteilung der Funktionen kann nach verschiedenen Gesichtspunkten geschehen, von denen die drei wichtigsten die folgenden sind:

I. Die Funktion $y = f(x)$ heißt reell, wenn sie für reelle Werte von x auch reelle Werte von y liefert. Den Gegensatz bilden die imaginären Funktionen, die für reelle Werte von x imaginäre Werte von y geben z. B. $y = x\sqrt{-4}$. Man würde demnach alle positiven und negativen Zahlen, alle ganzen und gebrochenen sowie die irrationalen und transzendenten Zahlen als reelle Größen zu definieren haben. Wie man die Summe aus einer reellen und imaginären Zahl als komplexe Zahl zu bezeichnen pflegt, würde man Funktionen, deren Summe aus reellen und imaginären Funktionen gebildet wird, entsprechend als komplexe Funktionen ansprechen müssen.

II. Eine Funktion kann eindeutig und mehrdeutig sein, je nachdem jeder Wert von x nur einen oder mehrere Werte von y ergibt. In der Gleichung $J = \dfrac{E}{W}$ sind E und J eindeutig bestimmte Funktionen. In einer Gleichung von der Form $y^2 = 2px$ ist y als Funktion von x, d. h. $y = f(x)$, zweideutig, denn man erhält: $y = +\sqrt{2px}$ und $y = -\sqrt{2px}$. Dagegen ist x als Funktion von y, d. h. $x = f(y)$, eindeutig bestimmt, denn x ist gleich $\dfrac{y^2}{2p}$.

III. Die umfassendste Einteilung erfolgt auf Grund der Rechenoperationen, nach denen eine Funktion gebildet werden soll. Man gliedert:

1. Funktionen, welche nur durch Anwendung der sogenannten vier Spezies erzeugt werden (rationale Funktionen).

a) Funktionen, in deren Rechenausdruck nur die Addition, Subtraktion und Multiplikation benutzt wird; sie sind rationale ganze Funktionen z. B. $y = a + b x - c x^2 = \varphi(x)$.

b) Funktionen, in welchen außerdem die Division vorkommt; man nennt sie rationale gebrochene Funktionen wie

$$y = \frac{a + b x - c x^2}{a_1 + b_1 x_1 - c_1 x^2} = \frac{\varphi(x)}{\psi(x)}.$$

Sie unterscheiden sich von den rationalen ganzen Funktionen besonders dadurch, daß sie für endliche Werte von x unendlich werden können, dann nämlich, wenn $\psi(x) = 0$ wird.

2. Funktionen, in denen die Veränderliche unter einem Wurzelzeichen vorkommt z. B. $y = \sqrt{x^2 + a^2}$. Man nennt sie irrationale Funktionen.

3. Die transzendenten Funktionen wie z. B.:

a) Logarithmus: $y = \log x$ und Exponentialfunktion: $y = a^x$;

b) die trigonometrischen Funktionen

$$y = \sin x \, .. \, \cos x \, .. \, \mathrm{tg}\, x \, .. \, \mathrm{ctg}\, x;$$

c) die zyklometrischen Funktionen $y = \arc \sin x \ldots \ldots$

Im Gegensatz zu den transzendenten Funktionen faßt man die unter 1. und 2. genannten auch wohl unter dem gemeinsamen Namen der algebraischen Funktionen zusammen, weil die zugehörigen Rechenoperationen in der Algebra abgehandelt werden.

§ 2.

Graphische Darstellung und Koordinatenbegriff.

In den bisherigen Betrachtungen waren der Definition von Funktionen mathematische Rechenvorschriften zugrunde gelegt. Es gibt noch zwei weitere Möglichkeiten einer Definition; es können Funktionen definiert werden:

1. Durch eine Tabelle. Der Wert von y, wenn $y = f(x)$, kann hier nur auf einige Dezimalen genau angegeben werden und nur für eine beschränkte Anzahl von Werten des x. Eine solche Tabelle ist beispielsweise die Logarithmentafel.

2. Durch eine Kurve, die man zweckmäßig auf Koordinatenpapier aufträgt. Auch hier haben wir keine absolut genaue Bestimmung wegen der Ungenauigkeit jeder graphischen Darstelluug.

Gleichwohl bedient man sich zur Klarlegung von Gesetzen und Vorgängen, die sich zahlenmäßig ausdrücken lassen, mit großem Vorteil graphischer Methoden. Sie geben ein geometrisches Bild und gestatten eine klare Anschauung der Beziehungen, die zwischen den Veränderlichen bestehen. Der Gedanke, auf dem sich die Methode der graphischen Darstellung aufbaut, ist zugleich der Grundgedanke der analytischen Geometrie. Er läuft darauf hinaus, Zahlengruppen, die den gesetzmäßigen Verlauf eines Vorganges wiedergeben, geometrisch durch Punkte darzustellen.

Das Koordinatensystem.

Man zieht in der Ebene zwei gerade unbegrenzte Linien, die einen beliebigen Winkel miteinander einschließen können.

Die meisten Anwendungen legen ein rechtwinkliges System zugrunde (Fig. 3). Der Schnittpunkt der Geraden sei O. Die Horizontale bezeichne man mit X′X, die Vertikale mit Y′Y, man nennt sie die X- und die Y-Achse. Man wähle einen Punkt P beliebig in der Ebene der Zeichnung und ziehe durch ihn die Parallelen zu OX und OY, diese schneiden die Strecken OQ und OR ab. Man nennt OQ die Abszisse und bezeichnet ihre Länge mit x, desgleichen OR die Ordinate und ihre Länge mit y. x und y heißen die Koordinaten des Punktes P; in der Figur sei x = 1,5 cm und y = 2 cm.

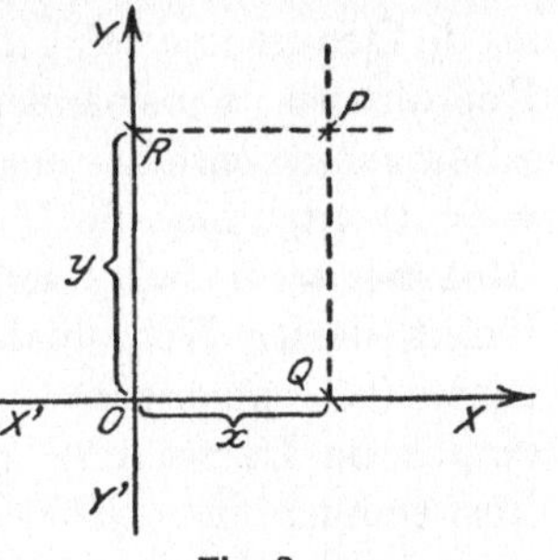

Fig. 3.

Die gleiche Konstruktion läßt sich für jeden anderen Punkt der Ebene ausführen. Wir erhalten dadurch zu jedem Punkt eine bestimmte Abszisse und Ordinate, d. h. ein bestimmtes Zahlenpaar. Umgekehrt muß auch jedem Zahlenpaar ein ganz bestimmter Punkt entsprechen. Wollen wir z. B. einen Punkt P_1 zeichnen, dessen Koordinaten x = 3 und y = 4 sind, so tragen wir auf der X-Achse die Strecke 3 von O aus nach rechts, auf der Y-Achse die Strecke 4 von O aus nach oben ab. In den Endpunkten 3 und 4 errichtet man die Senkrechten. Ihr Schnittpunkt ist der Punkt P_1. Da wir jedoch

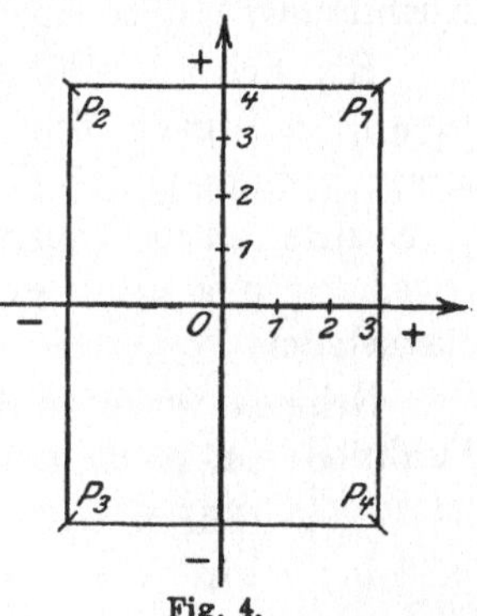

Fig. 4.

von O aus die Strecke 3 auch nach links und ebenso die Strecke 4 auch nach unten abtragen können, so könnte es scheinen, daß wir nicht einen, sondern vier Punkte erhalten, nämlich P_1, P_2, P_3 und P_4. Diese Möglichkeit wird dadurch behoben, daß wir positive und negative Richtungen einführen. Wir rechnen jeweilig die Abstände von O in den Pfeilrichtungen positiv, die entgegengesetzten negativ, dann erhalten wir für die 4 Punkte entsprechend 4 verschiedene Wertepaare, nämlich für:

$$\begin{array}{ccc} & x & y \\ P_1 & +\ 3, & +\ 4 \\ P_2 & -\ 3, & +\ 4 \\ P_3 & -\ 3, & -\ 4 \\ P_4 & +\ 3, & -\ 4. \end{array}$$

Somit gilt die geforderte Beziehung, daß jedem Wertepaar nur ein Punkt entspricht. Die ganze Ebene wird durch Einführung der beiden Geraden, die wir als Koordinatenachsen bezeichnen wollen, in 4 Quadranten eingeteilt, die sich durch das Vorzeichen ihrer Koordinaten voneinander unterscheiden. Die X-Achse oder Abszissenachse enthält augenscheinlich alle Punkte, deren Ordinate $y = 0$ ist, und die Y- oder Ordinatenachse alle Punkte, deren Abszisse $= 0$ ist. Der Koordinatenanfangspunkt O ist derjenige Punkt, dessen Koordinaten beide $= 0$ sind, der also dem Zahlenpaare 0,0 entspricht. Der Koordinatenbegriff ist wichtig für die graphische Darstellung physikalischer Gesetze, er findet ausgiebige Verwendung in der Trigonometrie, er läßt sich unter Zufügung einer dritten Geraden, die — senkrecht auf der Zeichenebene stehend — durch den Punkt O gezogen wird, zur Darstellung von Raumgebilden d. h. Körpern verwenden. Im Anhang S. 119 findet man Ausführungen über Koordinatentransformation und Polarkoordinaten.

Ein Beispiel erläutere die Anwendung von Koordinaten. Wir wissen, daß nach dem Mariotteschen Gesetz Druck p und Volumen v eines Gases sich in einem solchen Verhältnis ändern, daß p. v stets einen konstanten Wert z. B. 1 besitzt. Es gilt, die Gleichung $p\,v = 1$ graphisch — dem Erkennen anschaulich — darzustellen.

Nehmen wir p willkürlich veränderlich, so bestimmt sich v als Funktion von p, d. h. $v = f(p)$, wie folgt:

$$\begin{array}{lcccccc} \text{Für } p = & 0,1 & 0,2 & 0,5 & 1 & 2 & 4, \\ \text{wird } v = & 10 & 5 & 2 & 1 & 0,5 & 0,25. \end{array}$$

Trägt man diese Werte in das nebenstehende Koordinatensystem ein, so erhalten wir eine Reihe von Punkten, die wir durch einen Kurvenzug verbinden (Fig. 5). In der Kurve erhalten wir ein Bild unserer Funktion $v = f(p)$. Dieses Verfahren ist jedoch mühsam, da eine große Reihe zusammengehöriger Werte berechnet werden muß. Dieser Schwierigkeiten werden wir Herr mit Hilfe der analytischen Geometrie. Sie zeigt uns direkt, daß die Gleichung $p\,v = 1$ einen bestimmten Kurvenzug, wie wir noch kennen lernen werden, eine Hyperbel darstellt. Die analytische Geometrie lehrt uns, in voller Allgemeinheit zu jeder beliebigen Gleichung die zugehörige Kurve zu finden, wie zu jeder Kurve, deren Bildungsgesetz bekannt ist, ihre Gleichung aufzustellen. Wie wir zu der Gleichung $p.\,v = 1$ die entsprechende Kurve suchten, so stellen wir uns im folgenden die Aufgabe, für eine Reihe ebener geometrischer Gebilde ihre Gleichungen zu finden. Und zwar wollen wir solche Gleichungen suchen: für die gerade Linie, den Kreis, die Parabel, Ellipse und Hyperbel, von denen man die vier letztgenannten auch allgemein als Kegelschnitte bezeichnet.

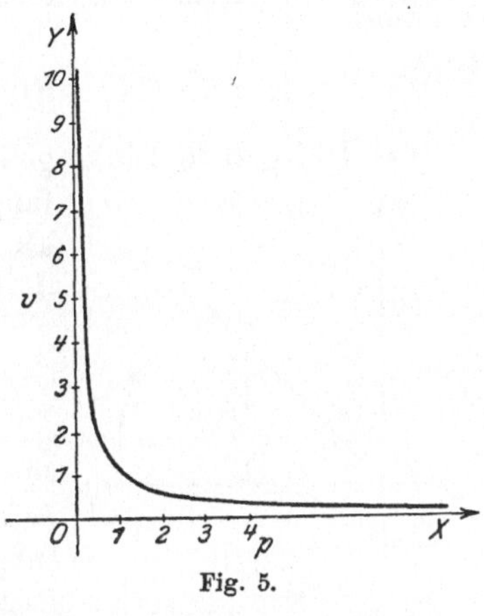

Fig. 5.

§ 3.
Grundlagen der analytischen Geometrie der Ebene.

Die analytische Geometrie der Ebene beschäftigt sich mit einfachen geometrischen Gebilden wie Linien und Flächen, die gewissen Bildungsgesetzen unterworfen sind. So wird ein Kreis dadurch gebildet, daß man den Zirkel mit bestimmter Öffnung ansetzt und einmal herumdreht; die Punkte des Kreises haben hiernach alle denselben Abstand von einem bestimmten Punkte, dem Mittelpunkt. Aus diesem Bildungsgesetz leitet die analytische Geometrie alle Eigenschaften eines Kreises ab.

Es werden nun alle Punkte des Kreises nach einem und demselben Gesetze gefunden. Es genügt deshalb das Gesetz für einen beliebigen Punkt abzuleiten d. h. für einen solchen Punkt, der ohne einschränkende Bedingung herausgegriffen werden kann. Dieses

Gesetz muß dann die Gleichung des Kreises darstellen, weil dieser eine herausgegriffene Punkt eben jeder Punkt ist.

Wir setzen also bei den folgenden Betrachtungen voraus, daß das Bildungs-Gesetz der geraden Linie und der Kegelschnitte bekannt ist.

Wählt man einen beliebigen Punkt der geraden Linie heraus, und stellt für ihn die Gleichung auf, so weiß man, daß seine Gleichung auch die der geraden Linien sein muß, weil alle Punkte der Geraden als gleichwertig anzusehen sind.

1. Die Gleichung der geraden Linie.

a) Die gerade Linie gehe zunächst durch den Koordinatenanfangspunkt. Wir erhalten aus der Figur als Gleichung des beliebigen Punktes P, d. h. als Gleichung der geraden Linie:

$$\operatorname{tg} \alpha = \frac{y}{x} \qquad y = x \operatorname{tg} \alpha.$$

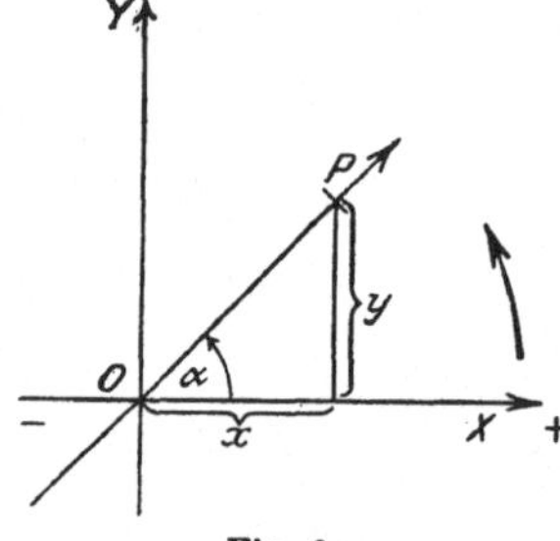

Fig. 6.

Dabei ist der Winkel α in der Weise zu definieren, daß man die positive X-Achse in der Pfeilrichtung dreht, also entgegengesetzt dem Uhrzeigersinne. Diese Richtung heißt die positive Drehrichtung. Die positive Richtung der Geraden ist durch einen Pfeil bezeichnet.

b) Die gerade Linie habe eine beliebige Lage zum Koordinatenanfangspunkt. Sie schneide auf der Y-Achse die Strecke $OG = b$, auf der X-Achse die Strecke $OF = a$ ab. Aus Dreieck FOG folgt:

$$\operatorname{tg} \alpha = \frac{b}{a} \quad . \quad . \quad . \quad . \quad . \quad \text{(I)}$$

Wählt man den beliebigen Punkt P, so folgt aus Dreieck GQP:

$$\operatorname{tg} \alpha = \frac{y-b}{x} \quad . \quad . \quad . \quad . \quad \text{(II)}$$

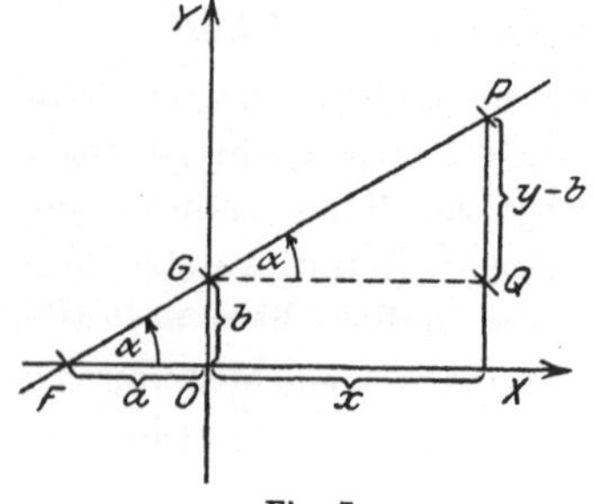

Fig. 7.

Setzt man die rechten Seiten der beiden Gleichungen einander gleich, so folgt:

$$y = \frac{b}{a} x + b \quad . \quad . \quad . \quad . \quad . \quad . \quad \text{(III)}$$

Dies ist eine Gleichung 1. Grades zu x und y. Die allgemeine Form einer solchen Gleichung ist:

$$A x + B y + C = 0 \quad \ldots \ldots \ldots \text{(IV)}$$

Bringen wir diese Gleichung auf die alte Form, so wird:

$$y = - \frac{A}{B} x - \frac{C}{B}.$$

Dies bedeutet die Gleichung einer geraden Linie, für die $\operatorname{tg} \alpha = - \dfrac{A}{B}$ und $b = - \dfrac{C}{B}$ ist; man bezeichnet sie auch als lineare Gleichung.

Für zwei gerade Linien ergeben sich die Gleichungen:

$$1. \quad y = x \operatorname{tg} \alpha + b$$
$$2. \quad y = x \operatorname{tg} \beta + b'$$

Jede Gleichung wird durch unzählig viele Werte von x und y erfüllt. Die Wertepaare sind für beide Gleichungen verschiedene, doch gibt es ein Wertepaar x_1 und y_1 (Fig. 8), das beiden Gleichungen genügt, nämlich dasjenige des Schnittpunktes beider Geraden. Die Auflösung zweier zusammengehöriger Gleichungen ersten Gerades mit zwei Unbekannten bedeutet somit geometrisch die Bestimmung des Schnittpunktes der Geraden.

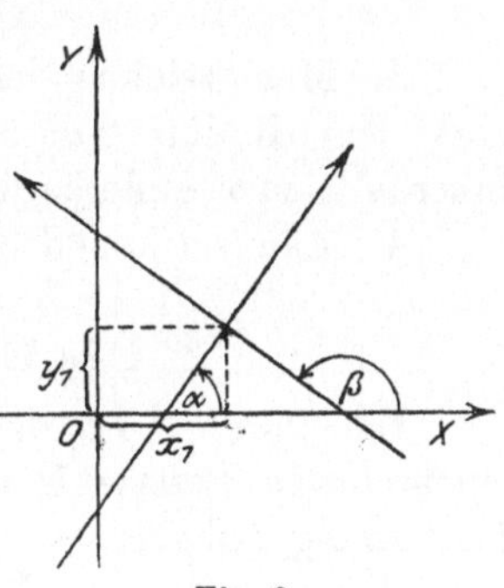

Fig. 8.

Aufgaben:

1. Geht die Gerade $x - 3 y - 7 = 0$ durch den Schnittpunkt von $2 y - 3 x = 8$ und $4 x - 7 y = 1$?

2. Man bestimme den Schnittpunkt der Geraden:

$$6 x - 7 y + 5 = 0 \text{ und } 56 y = 40 + 48 x.$$

2. Die Gleichung des Kreises.

Man legt zweckmäßig den Koordinatenanfangspunkt zunächst in den Mittelpunkt des Kreises. Aus Fig. 9 ergibt sich als Gleichung des Kreises:

$$x^2 + y^2 = r^2.$$

Die Gleichung des Kreises ist eine in Bezug auf x und y quadratische Gleichung d. h. eine Gleichung zweiten Grades.

Verlegt man den Koordinatenanfangspunkt vom Mittelpunkt des Kreises nach

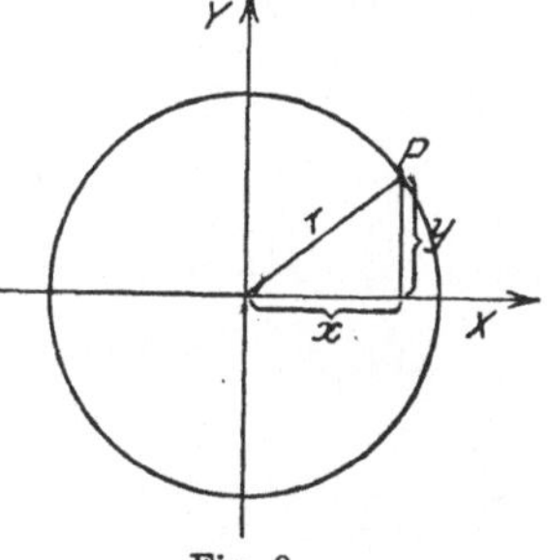

Fig. 9.

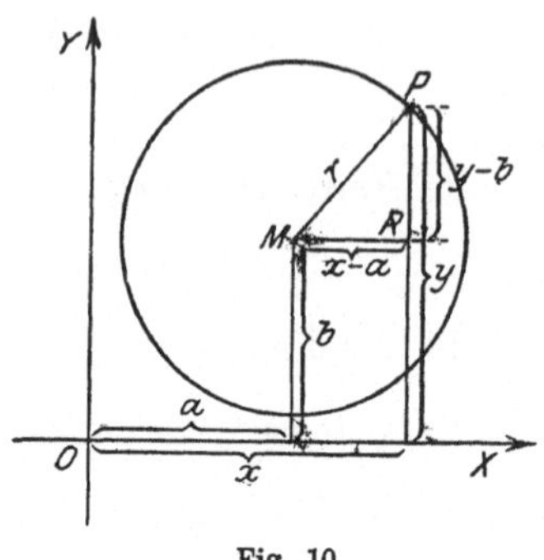

Fig. 10.

außerhalb, und sind die Koordinaten des Mittelpunktes mit Bezug auf das neue Koordinatensystem a und b und die des Punktes P im neuen System wieder x und y, so folgt nach Fig. 10 die Gleichung:

$$(x - a)^2 + (y - b)^2 = r^2.$$

Man nennt einen solchen Wechsel des Koordinatensystems auch Koordinatentransformation.

Aufgaben:

3. Man zeichne den Kreis mit dem Mittelpunkte (-3, -5) und dem Radius $r = 5,75$. Liegt der Koordinatenanfangspunkt innerhalb oder außerhalb des Kreises?

4. Man zeichne den Kreis: $(x - 4)^2 + (y - 5)^2 = 16$.

3. Die Gleichung der Parabel.

Die Parabel ist der geometrische Ort aller Punkte, die von einem festen Punkte F und einer festen Geraden D D′ die gleiche Entfernung haben.

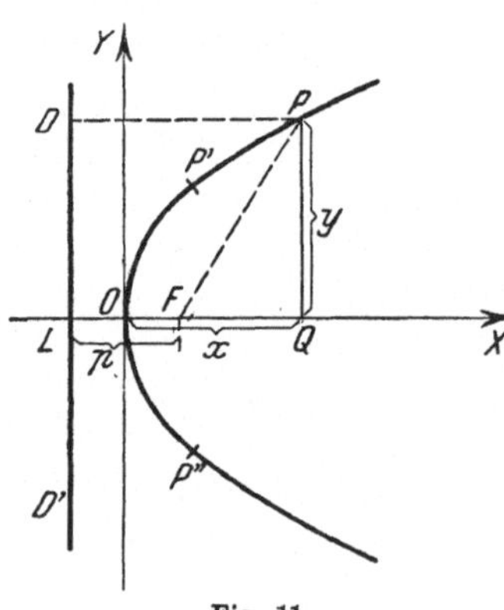

Fig. 11.

P sei ein beliebiger Punkt der Parabel.

Es wird verlangt P D = P F.

Wir bezeichnen F L mit p und nennen diese Strecke den Parameter der Parabel. Der Punkt F heißt der Brennpunkt, die feste Gerade D D′ nennt man Direktrix oder Leitlinie. Wir legen die Y-Achse parallel zu D D′, so daß $O F = L O = \dfrac{p}{2}$ wird; die X-Achse verläuft in der Verlängerung von O F.

Aus dem rechtwinkligen Dreieck F Q P (Fig. 11) folgt:
$$(P F)^2 = (F Q)^2 + (P Q)^2 \quad\ldots\ldots\ldots \quad (I)$$

$P F = P D = x + \dfrac{p}{2}$, denn O als Punkt der Parabel muß von

L und F gleich weit entfernt sein. $FQ = x - \frac{p}{2}$ und $PQ = y$. Folglich wird aus Gleichung I:

$$\left(x + \frac{p}{2}\right)^2 = \left(x - \frac{p}{2}\right)^2 + y^2 \quad \cdots \cdots \text{(II)}$$

$$x^2 + p\,x + \frac{p^2}{4} = x^2 - p\,x + \frac{p^2}{4} + y^2$$

$$y^2 = 2\,p\,x. \qquad\qquad\qquad \text{(III)}$$

Dies ist die Gleichung der Parabel.

Wir stellen uns nun die umgekehrte Aufgabe. Gegeben sei eine Gleichung $y^2 = 2\,p\,x$. Wir wollen die Kurve aufsuchen, die durch die Gleichung dargestellt wird. Man wählt zu dem Zwecke die eine Variable z. B. x unabhängig und ermittelt den Wert der abhängigen Veränderlichen y.

Wird für x ein negativer Wert eingesetzt, so wird y^2 negativ. Da es aber keine reellen Zahlen gibt, deren Quadrat negativ ist, so folgt daraus, daß x nicht negativ sein kann. Die Parabelpunkte müssen demnach alle auf der rechten Seite der Y-Achse liegen, da nur hier x positiv ist.

Ist $x = 0$, so wird auch $y = 0$ d. h. die Parabel geht durch den Koordinatenanfangspunkt O; wir nennen ihn den Scheitel der Parabel.

Ist x positiv, so erhält man für y zwei verschiedene Werte, die sich nur im Vorzeichen unterscheiden. Setzt man beliebig einen Wert für y ein, d. h. ist $x = f(y)$, so ist nach § 1 die Funktion in y zweideutig. Wir finden oberhalb und unterhalb der X-Achse einen Punkt P′ und P″ (Fig. 11). Sie liegen senkrecht übereinander, gleich weit von der X-Achse entfernt. Wir erhalten lauter Punktpaare, die symmetrisch zur X-Achse liegen, und man nennt letztere deshalb auch die Symmetrieachse der Parabel.

Setzt man ferner für x immer größere Werte, so nimmt auch y unbegrenzt zu. Je weiter die Parabel gezeichnet wird, um so weiter wird sie sich nach beiden Seiten von der X-Achse entfernen.

Nachdem so im allgemeinen gefunden worden ist, daß die gesuchte Kurve immer rechts von der Y-Achse liegt, durch den Anfangspunkt geht, zur X-Achse symmetrisch ist und im Unendlichen verläuft, setze man für x in die Gleichung bestimmte Zahlenwerte ein z. B. 1, 2, 4, 6, $7\frac{1}{2}$, 10, 15, 20 usw. und zeichne mit dem Parameter $p = 4$ die in Fig. 11 gegebene Parabel.

Aufgaben:

5. Man zeichne die Parabeln, deren Gleichungen $y^2 = 3\,x$, $y^2 = 5\,x$ und $y^2 = 6\,x$ sind.

6. Man verschiebe das Koordinatensystem parallel zu sich selbst, so daß der Brennpunkt F der neue Anfangspunkt wird. Wie lautet dann die Gleichung der Parabel?

7. Welche Kurve wird durch die Gleichung $y^2 = -2\,p\,x$ dargestellt?

8. Man zeichne die Kurve $x^2 = 2\,p\,y$ und $y = x^2$.

9. Man zeichne die Kurve $s = \dfrac{1}{2}\,g\,t^2$.

4. Die Gleichung der Ellipse.

Die Summe der Entfernungen eines beweglichen Punktes P von 2 festen Punkten F und F′ soll konstant sein.

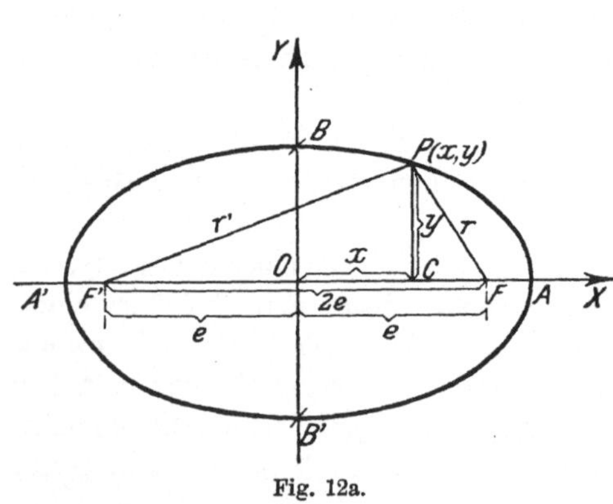

Fig. 12a.

Gesucht wird die Gleichung der Bahnkurve, die der bewegliche Punkt P beschreiben kann.

Man wählt als Koordinatenanfangspunkt O, den Halbierungspunkt der Strecke F F′, deren Länge = 2 e sei. Es ist O F = O F′ = e. Die Punkte F und F′ nennt man die Brennpunkte, die Entfernung e die Exzentrizität der Ellipse.

Die veränderlichen Entfernungen des Punktes P von F und F′ seien r und r′, ihre konstante Summe = 2 a. Wir erhalten als Gleichung der Ellipse:

$$r + r' = 2\,a \quad \ldots \ldots \ldots \quad \text{(I)}$$

Es muß $r + r'$ größer als 2 e sein, denn die Summe zweier Dreiecksseiten ist stets größer als die dritte Seite. Der Punkt P — Fig. 12 a — habe die Koordinaten x und y.

Aus Dreieck P C F folgt:

$$r^2 = (e - x)^2 + y^2$$

$$r = \sqrt{(e - x)^2 + y^2} \quad \ldots \ldots \ldots \quad \text{(II)}$$

Aus Dreieck P C F' folgt:

$$r'^2 = (e + x)^2 + y^2$$

$$r' = \sqrt{(e + x)^2 + y^2} \quad \ldots \ldots \quad \text{(III)}$$

Setzt man die für r und r' gefundenen Werte in Gleichung I ein, so wird:

$$\sqrt{(e - x)^2 + y^2} + \sqrt{(e + x)^2 + y^2} = 2\,a \quad \ldots \ldots \quad \text{(IV)}$$

Man quadriert diese Gleichung zweimal und erhält durch Ausrechnen:

$$x^2 (a^2 - e^2) + y^2 a^2 - a^2 (a^2 - e^2) = 0$$

2 a war größer als 2 e, also auch a $>$ e. Man setzt für $a^2 - e^2$ zur Abkürzung b^2 und erhält nach Division mit $a^2 b^2$ als Gleichung der Ellipse:

$$\frac{x^2}{a^2} + \frac{y^2}{b^2} = 1 \quad \ldots \ldots \ldots \quad \text{(V)}$$

Die Gleichung enthält nur die Quadrate von x und y, sie wird also durch die Koordinaten — x, — y eines Punktes P' in gleicher Weise erfüllt wie durch die Koordinaten x, y unseres Punktes P.

Die Verbindungslinie P P' geht durch den Koordinatenanfangspunkt O und wird in ihm halbiert. Man nennt O den Mittelpunkt der Ellipse und jede durch ihn hindurchgehende Sehne einen Durchmesser. Alle durch O gelegten Durch-

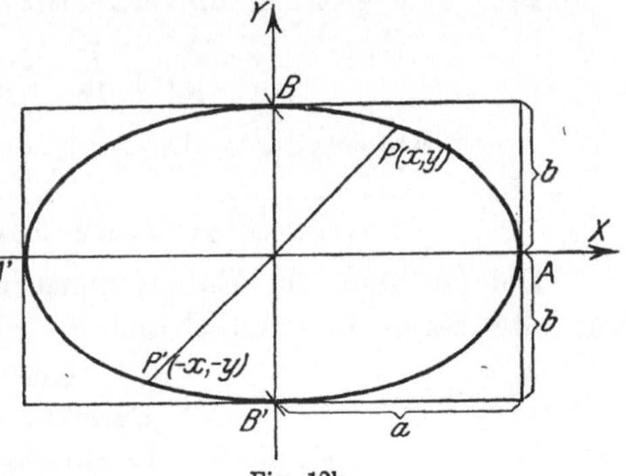

Fig. 12b.

messer treffen somit die Ellipse in zwei zu O symmetrisch gelegenen Punkten (Fig. 12 b). Die Ellipse liegt außerdem symmetrisch zu den Koordinatenachsen und wird durch diese in vier kongruente Quadranten geteilt. Lösen wir die Gleichung V nach y auf, so folgt:

$$y = \frac{b}{a} \sqrt{a^2 - x^2}.$$

Man erkennt, daß y nur für Werte von x zwischen — a und + a reelle Werte besitzt, weil sonst die Wurzel aus einer negativen Größe erhalten wird. Für x $= \pm$ a wird y = 0, und für x = 0 folgt $\frac{y^2}{b^2} = 1$, also y $= \pm$ b. Die Ellipse muß (Fig. 12 b) die X-Achse in zwei Punkten A, A' schneiden, deren Entfernung gleich 2 a ist. Sie muß ferner (y $= \pm$ b) die Y-Achse in zwei Punkten B, B' schneiden, deren Entfernung $= 2$ b ist. Man nennt A A' die große, und B B' die kleine Achse, beide zusammen die Hauptachsen und ihre Endpunkte die Scheitel der Ellipse.

Ist b $=$ a, so wird e $= 0$, weil $a^2 - e^2 = b^2$. Die Ellipse geht dann, wie aus Gleichung V folgt, in die Gleichung eines Kreises mit dem Radius a über: $x^2 + y^2 = a^2$.

Der Kreis ist also eine besondere Ellipse, deren Brennpunkte im Mittelpunkte vereinigt und deren Hauptachsen einander gleich sind.

Aufgaben:

10. Man zeichne die Ellipse, deren Halbachsen a $= 5$ und b $= 7$ sind, indem man für x nacheinander die Werte 1, 2, 3, 4 .. setzt und das zugehörige y berechnet.

11. Wie groß ist die Exzentrizität e der Ellipse

$$\frac{x^2}{36} + \frac{y^2}{16} = 1 ?$$

Antwort: e $= 2 \sqrt{5}$.

5. Die Gleichung der Hyperbel.

Die Differenz der Entfernungen eines beweglichen Punktes P von zwei festen Punkten F und F' soll konstant sein $= 2$ a.

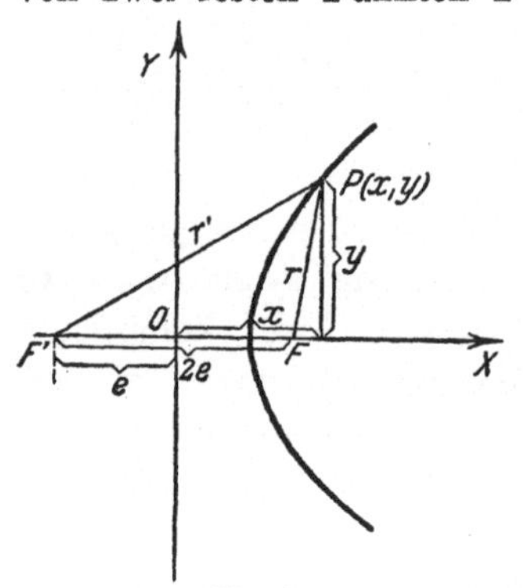

Fig. 13.

Gesucht wird die Gleichung der Bahnkurve, die der bewegliche Punkt P beschreiben kann.

Die beiden festen Punkte F und F' nennt man die Brennpunkte der Hyperbel, ihre Entfernung sei $= 2$ e. Der Koordinatenanfangspunkt ist wieder so gewählt, daß O F $=$ O F' $=$ e ist. Man nennt e die Exzentrizität der Hyperbel. Zieht man von dem beliebig gewählten Hyperbelpunkte P, dessen Koordinaten x und y sein mögen, Strahlen nach den Brennpunkten, so sei deren Länge mit r und r' bezeichnet, also P F $=$ r und P F' $=$ r'; die beiden werden Brennstrahlen genannt.

Nach der Voraussetzung würde die Gleichung der Hyperbel lauten:

$$r' - r = 2\,a \quad . \quad . \quad . \quad . \quad . \quad . \quad . \quad . \quad \text{(I)}$$

wo 2 a die konstante Differenz der Brennstrahlen bedeutet.

Man findet genau wie unter 4 mit Berücksichtigung der Fig. 13, indem man $(x - e)^2 = (e - x)^2$ in III setzt:

$$r' = \sqrt{(e + x)^2 + y^2} \quad . \quad . \quad . \quad . \quad . \quad . \quad \text{(II)}$$

$$r = \sqrt{(e - x)^2 + y^2} \quad . \quad . \quad . \quad . \quad . \quad . \quad \text{(III)}$$

Setzt man diese Werte in Gleichung I ein, so wird:

$$\sqrt{(e + x)^2 + y^2} - \sqrt{(e - x)^2 + y^2} = 2\,a \quad . \quad . \quad . \quad . \quad \text{(IV)}$$

Nach zweimaligem Quadrieren und Umformen erhält man wie bei der Ellipse:

$$x^2\,(a^2 - e^2) + y^2\,a^2 - a^2\,(a^2 - e^2) = 0$$

Da die Differenz zweier Dreiecksseiten immer kleiner sein muß als die dritte Seite, so wird 2 a kleiner sein als 2 e, also $a < e$. Wenn wir jetzt wieder $a^2 - e^2 = b^2$ setzten, so würde im Gegensatz zur Ellipse b^2 einen negativen Wert erhalten. Deshalb setzt man $e^2 - a^2 = b^2$ und erhält nach Division mit $a^2\,b^2$ als Gleichung der Hyperbel:

$$-\frac{x^2}{a^2} + \frac{y^2}{b^2} + 1 = 0$$

und dafür:

$$\frac{x^2}{a^2} - \frac{y^2}{b^2} = 1 \quad . \quad . \quad . \quad . \quad . \quad . \quad . \quad . \quad \text{(V)}$$

Wie bei der Ellipse kann man aus dem Umstande, daß x und y nur im Quadrat auftreten, schließen, daß die Hyperbel symmetrisch zu den Koordinatenachsen verlaufen muß.

Nach Gleichung V findet man:

$$y = \frac{b}{a} \sqrt{x^2 - a^2} \quad . \quad . \quad . \quad . \quad . \quad . \quad . \quad \text{(VI)}$$

Man erhält also für y nur dann reelle Werte, wenn x, absolut genommen, größer als a ist. Legt man daher durch die beiden Punkte $x = + a$ und $x = - a$ der X-Achse 2 Parallelen zur Y-Achse, so finden sich innerhalb dieses Streifens keine Hyperbelpunkte. Dementsprechend kann die Hyperbel die Y-Achse in keinem Punkte erreichen. Für $x = \pm a$ wird $y = 0$, d. h. die Hyperbel trifft die X-Achse in 2 Punkten A und A', deren Entfernung $= 2\,a$ ist

(Fig. 14). A und A′ befinden sich im Gegensatz zur Ellipse zwischen den Brennpunkten, A und A′ heißen die Scheitel der Hyperbel, ihre Verbindungslinie die Hauptachse der Hyperbel.

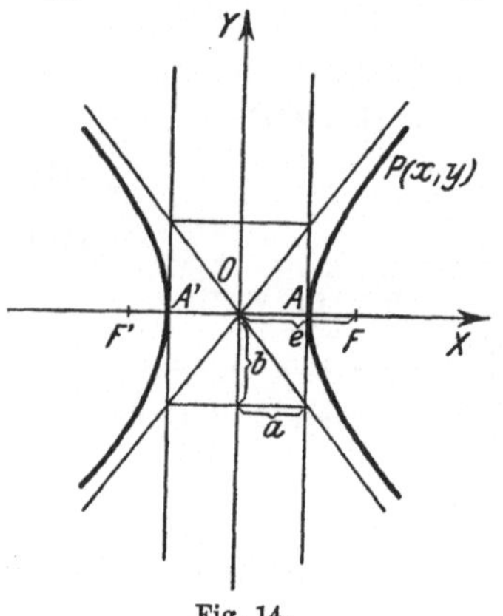

Fig. 14.

Läßt man x von x $=$ a an wachsen, so nimmt auch y immer größere Werte an, wie Gleichung VI zeigt. Für x $=$ e erhält man $y = \dfrac{b}{a}\sqrt{b^2} = \pm\dfrac{b^2}{a}$. Dies ist die zum Brennpunkt F bezw. F′ gehörige Ordinate, die man auch als Halbparameter p der Hyperbel zu bezeichnen pflegt.

Schreibt man Gleichung VI in etwas anderer Form, nämlich:

$$y = \frac{b}{a}\, x\, \sqrt{1 - \left(\frac{a}{x}\right)^2}. \quad \ldots \text{(VII)}$$

so erkennt man leicht, wie mit wachsendem x der Quotient $\dfrac{a}{x}$ sich immer mehr der Null, y selbst immer mehr dem Werte $\dfrac{b}{a}x$ nähert.

$y = \dfrac{b}{a}x$ ist aber nach der unter 1. a) gegebenen Ableitung nichts anderes als die Gleichung einer geraden Linie, die durch den Koordinatenanfangspunkt geht, und deren trigonometrische Tangente $= \dfrac{b}{a}$ ist. In Fig. 14 sind diese Geraden gezeichnet, sie heißen die Asymptoten mit den Gleichungen $y = \dfrac{b}{a}x$ und $y = -\dfrac{b}{a}x$. Diesen Asymptoten nähert sich also die Hyperbel in der Unendlichkeit.

Für den besonderen Fall, daß a $=$ b wird, müssen die Asymptoten aufeinander senkrecht stehen, weil $\dfrac{a}{a} = 1$, also der von der X-Achse und der Geraden eingeschlossene Winkel $=$ 45° sein muß. Man spricht dann von einer gleichseitigen Hyperbel. Ihre Gleichung lautet:

$$x^2 - y^2 = a^2 \quad \ldots \ldots \ldots \text{(VIII)}$$

Im Anhang Seite 121 ist zusammenfassend für Ellipse und Hyperbel eine gemeinsame Gleichung abgeleitet.

Aufgaben:

12. Man zeichne die Hyperbel, für die a = 4 und e = 5 ist.

13. Man bestimme die Brennpunkte und zeichne die Asymptoten der Hyperbel $\dfrac{x^2}{9} - \dfrac{y^2}{16} = 1$.

14. Wie heißt die Gleichung der Hyperbel mit der Hauptachse 2 a = 8 und dem Halbparameter p = 2,5?

15. Man zeichne die Kurven, die den Gleichungen $y = \sqrt{x^2 + a^2}$ und $y = \sqrt{x^2 - a^2}$ entsprechen, z. B. für a = 5.

16. Wie heißen die Gleichungen der Asymptoten einer Hyperbel, und unter welchem Winkel schneiden sie sich bei der gleichseitigen Hyperbel?

Ein kurzer Hinweis auf Raumkoordinaten findet sich im Anhang auf Seite 123.

§ 4.

Grenzwert einer Funktion.

Der Begriff eines Grenzwertes sei erläutert an 4 Beispielen:

1. Ein Bruch, dessen Nenner andere Faktoren als 2 und 5 enthält, gibt bei der Verwandlung einen unendlichen Dezimalbruch. Es ist z. B. $\dfrac{1}{3} = 0{,}3333\ldots$ d. h. die Reihe der Zahlen 0,3; 0,33; 0,333; ... hat den Wert $^1/_3$ zur Grenze.

Die Unterschiede zwischen der ursprünglichen Zahl $\dfrac{1}{3}$ und 0,3 bezw. $\dfrac{1}{3}$ und 0,33 etc. sind:

$$\frac{1}{3} - 0{,}3 = \frac{1}{30}$$

$$\frac{1}{3} - 0{,}33 = \frac{1}{300}$$

$$\frac{1}{3} - 0{,}333 = \frac{1}{3000}$$

usw.

Diese Unterschiede werden kleiner als irgend welche angebbare Zahl, je mehr Dezimalstellen mit dem Werte 3 man anschreibt.

Man drückt dies in der Form aus: $\lim 0,3333 \ldots = \dfrac{1}{3}$*).

2. Aus der Geometrie wissen wir, daß die Fläche eines Kreises die Grenze ist, der sich die Fläche des regelmäßigen eingeschriebenen Polygons nähert, wenn die Anzahl der Polygonseiten unbegrenzt wächst.

3. Wir wissen ferner aus der Trigonometrie, daß die Verhältnisse $\dfrac{\sin x}{x}$ und $\dfrac{\operatorname{tg} x}{x}$ sich dem Grenzwerte 1 nähern, wenn die Bogenlänge x unbegrenzt abnimmt. Nehmen wir x als die unabhängige Variable, so haben wir die Funktion $y = f(x)$. Wir suchen den Grenzwert der Funktion, wenn $y = \dfrac{\sin x}{x}$ ist.

Zu dem Zwecke lassen wir x — in Bogenmaß — etwa von 20^0 bis 0^0 abnehmen. Wir finden unter Berücksichtigung, daß $45^0 = \dfrac{\pi}{4} \ldots 5^0 = \dfrac{\pi}{4} \cdot \dfrac{1}{9} = \dfrac{\pi}{36} \ldots$ ist, für

$$
\begin{array}{ccc}
x & \qquad & y = \dfrac{\sin x}{x} \\[2mm]
20^0 \ldots \dfrac{\pi}{9} & & \dfrac{9}{\pi} \cdot \sin 20^0 = 0{,}9798 \\[3mm]
10^0 \ldots \dfrac{\pi}{18} & & \dfrac{18}{\pi} \cdot \sin 10^0 = 0{,}9949 \\[3mm]
5^0 \ldots \dfrac{\pi}{36} & & \dfrac{36}{\pi} \cdot \sin 5^0 = 0{,}9987 \\[3mm]
1^0 \ldots \dfrac{\pi}{180} & & \dfrac{180}{\pi} \cdot \sin 1^0 = 0{,}9999 \\[3mm]
0^0 \ldots 0 & & \dfrac{0}{0}
\end{array}
$$

Wir erkennen aus der Tabelle, daß mit abnehmendem x unsere Funktion beständig zunimmt und der Zahl 1 immer näher rückt. Wir erkennen jedoch nicht, welchen Wert die Funktion annimmt, wenn x unendlich klein, wenn $x = 0$ wird, denn hier erhalten wir die unbestimmte Form $\dfrac{0}{0}$. Um den wahren Wert der Funktion

---

*) lim Abkürzung für limes, Grenze.

zu finden, verfahren wir in der Weise, daß wir sie zwischen 2 andere
Größen einzuschließen suchen. Ist der Radius eines Kreises $OA = 1$,
so ergibt sich aus Fig. 15

$$\frac{AC}{AO} = \frac{AC}{1} = \sin x$$

$AB = AO.x = x -$ wo x in Bogenmaß
den Bogen AB bedeutet —

$$\frac{DB}{OB} = \frac{DB}{1} = \operatorname{tg} x$$

Die Figur zeigt, daß $\operatorname{tg} x$ größer als
x und x größer als sin x ist.

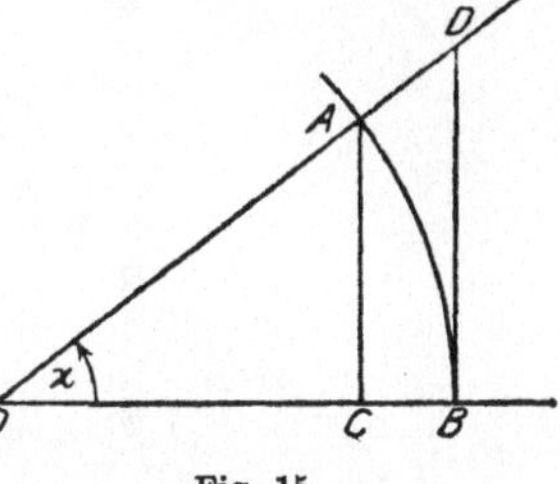

Fig. 15.

Setzen wir $\operatorname{tg} x = \dfrac{\sin x}{\cos x}$ und dividieren dann durch sin x, so wird:

$$\frac{\sin x}{\cos x} > x > \sin x$$

$$\frac{1}{\cos x} > \frac{x}{\sin x} > 1.$$

Daraus folgt für die reziproken Werte:

$$\cos x < \frac{\sin x}{x} < 1.$$

Da nun bekanntlich der Kosinus eines Winkels mit abnehmendem
x dem Werte 1 zustrebt und für $x = 0$ den Wert 1 annimmt, so
fallen die beiden Grenzen, in die wir die Funktion eingeschlossen
hatten, zusammen, und wir können schreiben:

$$\lim_{x \to 0} \frac{\sin x}{x} = 1.$$

Wir erkennen hierbei, daß eine Funktion, die unter der Form
$\dfrac{0}{0}$ erscheint, doch einen ganz bestimmten Zahlenwert haben kann.

4. Ein weiterer wichtiger Grenzwert ist der einer Funktion von
der Form:

$$y = \left(1 + \frac{1}{x}\right)^x \quad \text{für unendlich wachsendes x.}$$

Wenn man sogleich $x = \infty$ setzte, so würde $\dfrac{1}{x} = \dfrac{1}{\infty}$ und $\left(1 + \dfrac{1}{\infty}\right)^\infty$
unbestimmt sein. Es gilt diese Unbestimmtheit an der Grenze
$x = \infty$ zu beseitigen. Wir lassen x das Gebiet der positiven Zahlen

durchlaufen und berechnen mit Hilfe der Logarithmentafel die zugehörigen Werte von y wie folgt:

$$x \qquad\qquad y = \left(1 + \frac{1}{x}\right)^x$$

$$1 \qquad \left(1 + \frac{1}{1}\right)^1 = \; 2$$

$$2 \qquad \left(1 + \frac{1}{2}\right)^2 = \; 2{,}25$$

$$3 \qquad \left(1 + \frac{1}{3}\right)^3 = \; 2{,}37037$$

x		y
4	usw. =	2,44141
10		2,59374
100		2,70483
1000		2,71706
10 000		2,71828..
100 000		2,.......
1 000 000		2,7182816

Man berechne den Wert von y für x = 10 000 und x = 100 000 bis auf 7 Dezimalen.

y nimmt zwar unaufhörlich, aber mit stark wachsendem x immer langsamer zu; es strebt einem Grenzwerte zu. Diesen wollen wir e nennen und die Beziehung zwischen y und x für unendlich wachsendes x folgendermaßen schreiben:

$$\lim_{x=\infty} y = \lim_{x=\infty} \left[\left(1 + \frac{1}{x}\right)^x\right] = e.$$

§ 5.

Ableitung der Zahl e mit Hilfe des binomischen Lehrsatzes.

Die am Schluß des § 4 erläuterte Zahl e ist für die Differentialrechnung und Lösung von Differentialgleichungen von so erheblicher Bedeutung, daß ihre weitere Betrachtung bereits hier gegeben werden möge. Zu dem Zwecke wollen wir den Ausdruck $\left(1 + \frac{1}{n}\right)^n$ — an Stelle von x ist n gesetzt — nach dem binomischen Lehrsatze entwickeln.

1. Der binomische Lehrsatz.

Der unter diesem Namen bekannte Lehrsatz löst die Aufgabe, eine beliebige Potenz eines Binomens z. B. $(a + b)^n$ zu entwickeln.

Wir knüpfen an die bekannte Formel: $(a + b)^2 = a^2 + 2ab + b^2$ an und bilden $(a + b)^3$. Wir multiplizieren $(a + b)^2$ mit $(a + b)$ und erhalten $a^3 + 3a^2b + 3ab^2 + b^3$. Multiplizieren wir nochmals mit $(a + b)$, so wird:

$$(a + b)^4 = a^4 + 4a^3b + 6a^2b^2 + 4ab^3 + b^4 \quad . \quad . \quad . \quad (1)$$

Die Koeffizienten 4, 6, 4 in dieser Formel heißen die Binominialkoeffizienten. Setzt man allgemein für sie K_1, K_2, K_3, usf., so können wir die rechte Seite in der Form schreiben:

$$a^n + K_1 a^{n-1} b + K_2 a^{n-2} b^2 + K_3 a^{n-3} b^3 .. + K_n b^n \quad . \quad (2),$$

indem wir den Exponenten 4 allgemein durch n ersetzen. Wie lassen sich nun diese Binominialkoeffizienten bestimmen? Da das Binomen selbst keine Zahlenkoeffizienten, sondern nur a und b enthält, so können die Binominialkoeffizienten nur vom Exponenten abhängig sein. Wir denken uns $(a + b)^n$ als Produkt von n-Faktoren hingeschrieben: $(a + b) (a + b) (a + b) (a + b) . . $ n mal. Multiplizieren wir aus, so wird das Ergebnis eine Summe von Produkten sein. Jedes Produkt hat n Faktoren, die teils a, teils b lauten. Wir multiplizieren das erste a mit den $n - 1$ übrigen a und erhalten a^n. Dieses Glied kann nur einmal erscheinen, weil dann jeder der n-Faktoren bereits sein a zur Multiplikation geliefert hat, das Gleiche gilt für das letzte Glied b^n.

Das zweite Glied aus Gleichung 2 nämlich $a^{n-1} . b$ ergibt sich, indem $n - 1$ Faktoren ihr a und einer sein b liefert. Diese Möglichkeit besitzen jedoch sämtliche n - Faktoren, denn hat der erste sein b gegeben, so liefern die anderen ihr a. Gibt der zweite sein b, so geben der erste und sämtliche auf den zweiten folgende Faktoren das a. Es beteiligen sich also alle n-Faktoren an der Bildung von $a^{n-1} . b$, und wir erhalten: $n . (a^{n-1} . b)$. Wie steht es mit der Beteiligung der Faktoren an dem Produkt $a^{n-2} b^2$? Hier haben zwei Faktoren ihr b zu geben, die übrigen $n - 2$ ihr a. Dieses Produkt wird so oft gebildet werden können, wie es möglich ist, aus n-Dingen zwei hervorzuheben d. h. aus ihnen ein Paar zu bilden. Wir wählen als Beispiel $n = 4$. Jedes dieser 4 Dinge kann mit jedem anderen, also mit dreien zusammengefaßt werden, wodurch 4 mal 3 Paare entstehen würden. Hierin ist jedoch jedes Paar doppelt gezählt, weil z. B. das erste mit dem letzten, wie auch das letzte mit dem ersten multipliziert werden würde. Wir haben also noch durch 2 zu dividieren und erhalten:

$$\frac{4 \cdot 3}{2} \cdot (a^{n-2}\, b^2) \text{ und allgemein } \frac{n\,(n-1)}{2} \cdot a^{n-2} b^2.$$

Setzt man diese Überlegung folgerichtig fort, so erhält man als Resultat den binomischen Lehrsatz:

$$(a+b)^n = a^n + \frac{n}{1} \cdot a^{n-1} \cdot b + \frac{n\,(n-1)}{1 \cdot 2}\, a^{n-2} \cdot b^2 +$$

$$\frac{n \cdot (n-1)\,(n-2)}{1 \cdot 2 \cdot 3} \cdot a^{n-3} b^3 + \ldots + b^n.$$

Aufgaben:

Man entwickle nach dem binomischen Lehrsatze:

17. $(a+b)^5$ und vergleiche das Resultat mit dem, welches man erhält, wenn Gleichung 1 mit $(a+b)$ multipliziert wird.

18. $(a-1)^6 = a^6 - 6a^5 + 15a^4 - 20a^3 + 15a^2 - 6a + 1.$

19. $(1+x)^8 = 1 + 8x + 28x^2 + 56x^3 + 70x^4 + 56x^5 + 28x^6 + 8x^7 + x^8.$

20. $\left(x - \dfrac{1}{x}\right)^4 = x^4 - 4x^2 + 6 - \dfrac{4}{x^2} + \dfrac{1}{x^4}.$

21. Man setze in Aufgabe 19 der Reihe nach folgende Zahlenwerte für x ein: 10; 1; 0,1; 0,01; 0,001; und entwickle mit ihnen das Binomen.

22. Man setze in Aufgabe 20 der Reihe nach für x die Werte 1; 10; 100; 1000 ein und nehme die Entwicklung vor.

Man betrachte in Aufgabe 21 und 22 den Einfluß der Glieder mit höherem Exponenten auf das Ergebnis.

23. $(1-i)^6 = 8i$, wenn $i = \sqrt{-1}.$

24. $\left(1 + \dfrac{1}{n}\right)^5 = \ldots$

25. $\sqrt{1+x^2} = (1+x^2)^{\frac{1}{2}} = 1 + \dfrac{1}{2} \cdot x^2 - \dfrac{1}{8}\, x^4 + \dfrac{1}{16} \ldots$

2. Ableitung der Zahl e.

$\left(1 + \dfrac{1}{n}\right)^n$ soll nach dem binomischen Lehrsatz entwickelt werden. Wir erhalten:

$$\left(1+\frac{1}{n}\right)^{n} = 1 + \frac{n}{1}\cdot\frac{1}{n} + \frac{n\cdot(n-1)}{1\cdot 2}\cdot\left(\frac{1}{n}\right)^{2} + \frac{n\,(n-1)\,(n-2)}{1\cdot 2\cdot 3}\cdot$$

$$\left(\frac{1}{n}\right)^{3} + \cdots$$

$$= 1 + \frac{1}{1} + \frac{1\left(1-\frac{1}{n}\right)}{1\cdot 2} + \frac{\left(1-\frac{1}{n}\right)\left(1-\frac{2}{n}\right)}{1\cdot 2\cdot 3} + \cdots$$

Setzen wir jetzt wie in § 4 Absatz 4 für n den Wert ∞, so werden auf der rechten Seite alle $\frac{1}{n}$, $\frac{2}{n}$ … gegenüber der 1 im Klammerausdruck gleich Null und wir erhalten:

$$\lim_{n\,=\,\infty}\left(1+\frac{1}{n}\right)^{n} = e = 1 + \frac{1}{1} + \frac{1}{1\cdot 2} + \frac{1}{1\cdot 2\cdot 3} + \frac{1}{1\cdot 2\cdot 3\cdot 4}\cdots\cdots$$

Weitere Ausführungen über die Zahl e und über Reihenentwicklung finden sich im Anhang Seite 125.

Man hat die so definierte Zahl e als Basis eines Logarithmensystems gewählt. Wir erinnern zunächst an Folgendes.

Ist $a^{n} = x$, so ist n der Logarithmus von x zur beliebig genommenen Basis a. Man schreibt: $n = {}_{a}\log x$.

Nimmt man als Basis des Systems die Zahl 10, so hat man die gewöhnlichen Briggischen Logarithmen unserer Tafeln:

$z = \log x$, wenn $10^{z} = x$ ist.

Der gesuchte Logarithmus z soll also so beschaffen sein, daß er zur Basis 10 als Exponent gesetzt x ergibt.

Für $x = 0$, ist $z = -\infty$, denn

$10^{-\infty}$ ist $= \dfrac{1}{10^{\infty}} = 0$.

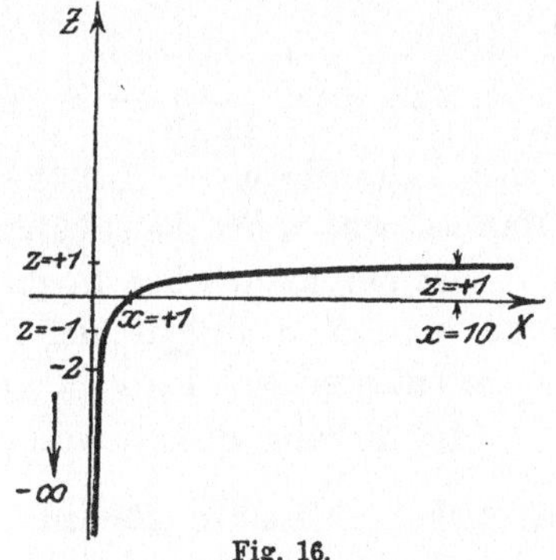

Fig. 16.

Für wachsende Werte von x steigt die entsprechende Kurve beständig an, indem sie sich immer mehr abflacht (vergl. Fig. 16).

Die Größe der Ordinaten z kann aus den Logarithmentafeln entnommen werden.

Aufgabe 26. Man setze für x nacheinander folgende Werte ein: 0; 0,001; 0,01; 0,1; 0,2; 0,4; 1; 4; 6; 10; 100; 1000; 10000; und zeichne die entsprechende Kurve.

Nimmt man nunmehr als Basis des Logarithmensystems die Zahl e, so erhält man die sogenannten natürlichen Logarithmen. Man schreibt: $y = \ln x$ (log. naturalis); dann ist $x = e^y$.

Für $x = 0$, ist y wieder $-\infty$, denn $e^{-\infty} = \dfrac{1}{e^{\infty}} = 0$.

„ $x = 1$, ist $y = 0$, denn $e^0 = f(0)$ ist $= 1$.

Man findet eine Kurve, die der in Fig. 16 gezeichneten ähnlich ist, nur daß an Stelle der Basis 10 überall e getreten ist.

Aufgabe 27. Man zeichne die Kurven für $y = \ln x$ und $y = e^x$.

Welcher Zusammenhang besteht zwischen den Briggischen und den natürlichen Logarithmen?

Der Logarithmus von 10 im natürlichen System ist diejenige Zahl, die — zur Basis e als Exponent gesetzt — die Zahl 10 ergibt. Die gesuchte Zahl schreibt man $\ln 10$. Also ist $10 = e^{\ln 10}$. Bezeichnen wir den natürlichen Logarithmus einer Zahl x mit Y, den Briggischen mit y, so haben wir $x = e^Y$ bezw. $x = 10^y$, also $e^Y = 10^y$. Setzt man für 10 seinen Wert $e^{\ln 10}$ ein, so wird

$$e^Y = e^{y \ln 10} \quad \text{und} \quad Y = y \ln 10$$

$$y = \frac{Y}{\ln 10}.$$

Man setzt $\dfrac{1}{\ln 10} = m$ und nennt m den Modulus der Briggischen Logarithmen $= 0,4342945\ldots$, demnach ist $\ln 10 = 2,3026\ldots$ Man schreibt dafür die gekürzten Werte $m = 0,434$ und $\ln 10 = 2,3$.

Ist ein natürlicher Logarithmus — $\ln x$ — gegeben, so erhält man für ihn in Briggischen Logarithmen: $\ln x = 2,3 \log x$ und für $\log x$ entsprechend $\log x = 0,434 \ln x$.

Im Anhang S. 124 wird gezeigt daß wir $x = e^Y$ in einer Reihe entwickelt schreiben können: $x = 1 + \dfrac{Y}{1} + \dfrac{Y^2}{1.2} + \dfrac{Y^3}{1.2.3}$.

Setzen wir x entsprechend als Funktion der Briggischen Logarithmen, so erhalten wir die Reihe: $x = 1 + \dfrac{y \ln 10}{1} + \dfrac{(y \ln 10)^2}{1.2} + \dfrac{(y \ln 10)^3}{1.2.3} + \cdots$

Die erste Reihe erscheint als die natürlichere und daher der Name: „Natürliche Logarithmen".

Aufgaben:

28. Wie groß ist $y = \ln e$? $= \log 10$? $= {}_a\log a$? Weshalb?
29. Wie groß ist $y = \ln 1$? $= \log 1$? $= {}_a\log 1$?
30. Gegeben $x = e^y$. Was ergibt $\ln x$?
31. Gegeben $\ln x = y$. Wie groß ist x?

§ 6.

Unendlich kleine Größen.

Der im § 4 erläuterte Begriff eines Grenzwertes ist für viele Betrachtungen von grundlegender Bedeutung, wenn es sich darum handelt, aus dem Gesamtverlauf eines Vorganges, seine augenblicklichen Zustände und Eigenschaften zu erforschen. Ohne den Begriff des Grenzwertes ist es z. B. nahezu unmöglich, eine deutliche Vorstellung von der Geschwindigkeit eines Körpers in einem bestimmten Zeitpunkt zu gewinnen. Die durchschnittliche Geschwindigkeit eines Eisenbahnzuges kann ohne weiteres als Quotient des während eines bestimmten Zeitabschnittes zurückgelegten Weges durch die Zeit bestimmt werden. Wenn der Zug zum Durchfahren von 118 km $1\frac{1}{2}$ Stunden gebraucht hat, so ist seine durchschnittliche Geschwindigkeit 78,66.. km in der Stunde oder im absoluten C. G. S.-System 2185 cm in der Sekunde. Wir wissen damit noch nicht, wie groß beispielsweise die Geschwindigkeit am Ende der ersten Stunde war, als der Zug den Ort C durchfuhr. Zur Bestimmung dieser Geschwindigkeit gerade in C beobachtet man die Strecke, die der Zug in der der ersten Stunde unmittelbar folgenden Minute durchfährt. Hat man 1308 m ermittelt, so findet man als durchschnittliche Geschwindigkeit in der Sekunde 2180 cm. Will und kann man noch genauer beobachten, so mißt man die Strecke, die der Zug in der Sekunde zurücklegt, die unmittelbar der vollendeten ersten Stunde folgt. Findet man 2180 cm, so kann man es für wahrscheinlich halten, daß dies die Geschwindigkeit des Zuges am Ende der ersten Stunde war. Den genauen Wert wird man jedoch erst erhalten, wenn man die betrachtete Zeit immer kleiner und kleiner werden läßt. Die ermittelten Strecken werden ebenfalls immer kleiner gemessen werden. Das Verhältnis der jeweilig zurückgelegten Strecke zu der zum Durchfahren gebrauchten Zeit wird der tatsächlichen Geschwindigkeit im Punkte C unmittelbar nach Verlauf der ersten Stunde immer näher und näher kommen. Ja, wenn wir die Zeit nur genügend klein wählen, so wird uns das Verhältnis der sehr kleinen Strecke zur sehr kleinen Zeit nicht nur die wahrscheinliche, sondern die tatsächliche Geschwindigkeit im Punkte C darstellen. Wir können somit die Geschwindigkeit definieren als das Verhältnis zweier sehr kleiner Größen. Wir wollen sie als unendlich kleine Größen bezeichnen, deren Verhältnis sehr wohl eine endliche Größe bedeuten kann, wie hier die Geschwindigkeit.

Andererseits wollen wir unendlich kleine Größen, deren Verhältnis einen endlichen Wert hat, unendlich klein von derselben Ordnung nennen. Was würde man dann unter unendlich kleinen Größen verschiedener Ordnung zu verstehen haben? Um uns diese Beziehung klar zu machen, knüpfen wir an die Betrachtung endlicher Größen verschiedener Ordnung an.

Man nennt zwei endliche Größen von gleicher Ordnung, wenn die kleinere gegenüber der größeren nicht vernachlässigt werden darf. Dies hängt zunächst von dem angestrebten Genauigkeitsgrade der betreffenden Rechnung ab. Will man z. B. ein Kilo Eisenerz abwägen, so wird es dem Käufer im allgemeinen gleichgültig sein, ob er statt 1000 g nur 990 g erhält. Mit 900 g, d. h. mit 100 g weniger, wird er jedoch nicht einverstanden sein. Man sagt: 100 g und 1000 g sind im vorliegenden Falle von derselben Ordnung, während 10 g gegenüber 1000 g der Größenordnung nach klein sind; man kann deshalb hier 10 g als Größe kleinerer Ordnung neben 1000 g vernachlässigen.

Will jemand den Widerstand z. B. eines Elektrolytes aus wissenschaftlichen oder anderen Gründen so genau als überhaupt möglich bestimmen, und steht ihm zum Vergleich ein Präzisionswiderstand von 1 Ohm zur Verfügung, so wird er diesen zweckmäßig vorher in der Phys.-Techn. Reichsanstalt eichen lassen.

Der von der Reichsanstalt beigegebene Beglaubigungsschein gibt für Präzisionswiderstände eine Abweichung von den Normalen der Reichsanstalt bis auf wenigstens $\pm 0{,}0001$ des Sollwertes an.

Bei der geforderten Genauigkeit der Messung wird man somit weder 0,01 noch 0,001 Ohm ... neben 1 Ohm vernachlässigen dürfen. Man wird vielmehr erst einen Fehler von 0,00001 Ohm als Größe kleinerer Ordnung gegenüber dem 1 Ohm außer Betracht lassen dürfen, weil hier die Grenze der von der Reichsanstalt angegebenen Genauigkeit überschritten wird.

Wenn man dagegen den Widerstand einer oberirdischen Telegraphenleitung mißt, der z. B. 3500 Ohm betragen mag, so ist es ziemlich gleichgültig, ob bei der Messung Fehler von einigen Ohm untergelaufen sind, denn bei dem erstrebten geringeren Genauigkeitsgrade können einige Ohm als Größe kleinerer Ordnung gegenüber den 3500 Ohm vernachlässigt werden.

Übertragen wir diese Betrachtung auf die unendlich kleinen Größen, so wird man als das wichtigste Resultat anzusehen haben, daß man eine unendlich kleine Größe neben einer endlichen, zu der sie als Summand tritt, vernachlässigen darf, daß man ferner eine unendlich kleine Größe niederer Ordnung neben einer solchen höherer Ordnung genau wie oben bei endlichen Größen wird vernachlässigen dürfen. In der Differentialrechnung wird von diesem Satze häufig Gebrauch gemacht; an späterer Stelle wird diese Betrachtung noch erläutert werden. Es wird trotzdem nützlich sein, die Definition unendlich kleiner Größen verschiedener Ordnung rein mathematisch zu geben, um die Verschiedenheit der Ordnung aus rein äußerlichen Kennzeichen bereits entnehmen zu können.

Für diese Betrachtung ist nur wesentlich, ob zwei unendlich kleine Größen von derselben Ordnung oder höherer bezw. niederer Ordnung unendlich klein sind. Es seien α und β zwei unendlich kleine Größen derselben Ordnung; dann muß ihr Quotient (wie im Falle der Geschwindigkeit) $\frac{\beta}{\alpha} = n$ eine endliche Größe sein. Ergibt der Quotient keine endliche Größe, sondern ist er selbst wieder unendlich klein oder unendlich groß, so können α und β n i c h t von derselben Ordnung unendlich klein sein. Ergibt $\frac{\beta}{\alpha}$ z. B. die unendlich kleine Größe γ, die mit α von gleicher Ordnung sei, so daß $\frac{\gamma}{\alpha}$ den endlichen Wert m ergeben muß, so findet man — für $\gamma = \alpha$ m — die Gleichung $\frac{\beta}{\alpha} = \alpha$ m oder $\beta = \alpha^2$ m. Dies α^2, d. h. sein Exponent, ist das Kennzeichen, daß β von höherer Ordnung wie α, hier also unendlich klein zweiter Ordnung ist. Addieren wir eine solche Größe zweiter Ordnung zu einer solchen erster Ordnung, so ist:

$$\alpha + \beta = \alpha + \text{m a}^2 = \alpha \,(1 + \text{m}\,\alpha).$$

In der Klammer steht die unendlich kleine Zahl m α additiv mit der endlichen Zahl 1 verbunden. Wir haben bereits gesehen, daß wir einer endlichen Zahl eine unendlich kleine Zahl addieren oder subtrahieren können, ohne an der Größe der endlichen Zahl etwas zu ändern. Mit anderen Worten: wir können $m\alpha$ neben der 1 in der Klammer vernachlässigen und die rechte Seite der Gleichung gibt α. Die Gleichung kann aber jetzt nur noch dann aufrecht erhalten werden, wenn β als unendlich klein höherer Ordnung neben α auf der linken Seite zu vernachlässigen ist. Hieraus folgt, daß wir eine unendlich kleine Zahl höherer Ordnung wie α^2 neben der unendlich kleinen Zahl α vernachlässigen können; desgleichen auch α^3 neben α^2 und α^4 neben α^3 usw.

§ 7.

Differenzen- und Differentialquotient.

Das bereits erläuterte Beispiel eines Eisenbahnzuges diene auch der weiteren Betrachtung als Unterlage. Wir haben in § 6 die Geschwindigkeit des Zuges ohne weiteres als den in der Zeiteinheit zurückgelegten Weg — $c = \dfrac{s}{t}$ — definiert. Sind s und t endliche Größen, so kann diese Definition der Geschwindigkeit nur solange

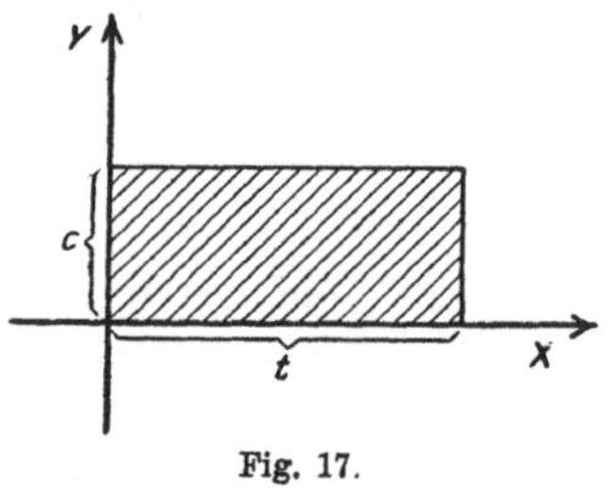

Fig. 17.

Bestand haben, als es sich um eine gleichförmige Bewegung handelt, denn nur bei dieser werden in gleichen Zeiten gleiche Wege zurückgelegt. Der Bewegungsvorgang läßt sich leicht geometrisch wiedergeben. Der zurückgelegte Weg s berechnet sich zu c . t. Man trägt die Geschwindigkeit c auf der Y-Achse, die Zeit t auf der X-Achse ab, dann stellt das schraffierte Rechteck den zurückgelegten Weg dar.

Wir setzen nun den Fall, daß unser Eisenbahnzug aus dem ebenen in ansteigendes Gelände gelangt und sich dort fortbewegt und zwar unter voller Anspannung der Maschine. Wir fragen wiederum nach der Geschwindigkeit des Zuges in einem beliebigen Punkte C der Steigung. Wir werden zunächst keine gleichförmige Bewegung mehr erhalten, weil der Zug in seiner Aufwärtsbewegung durch die Anziehungskraft der Erde gehemmt wird. Bezeichneten wir die konstante Geschwindigkeit mit c, so wollen wir zum Unterschiede jetzt die veränderliche Geschwindigkeit v benennen. Bei gleichmäßiger Steigung wird die Geschwindigkeit eine gleichmäßige Abnahme erfahren, während bei mehr und mehr zunehmender Steigung die Abnahme entsprechend ungleichmäßig erfolgen wird.

Wir betrachten zuerst die gleichmäßige Abnahme. Messen wir in gleichen Zeitintervallen die Geschwindigkeiten des Zuges und tragen wir sie wie in Fig. 18 auf der Y-Achse auf, während die Zeiten auf der X-Achse gemessen werden, so wird man finden, daß die Ordinaten der Geschwindigkeit v_0, v_1, v_2 ... immer um dieselbe Strecke kleiner werden. Die Verbindungslinie der Endpunkte wird eine gerade Linie ergeben. Wir nennen die in der Zeiteinheit erfolgende Abnahme der Geschwindigkeiten die Verzögerung (bei abfallendem Gelände entsprechend Beschleunigung) und bezeichnen sie mit a.

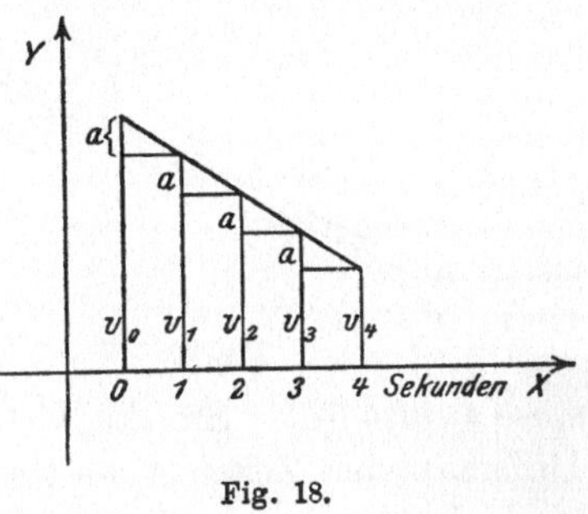

Fig. 18.

Im Falle einer ungleichmäßigen Abnahme — das Gelände wird steiler und steiler — werden die Ordinaten der Geschwindigkeit nicht mehr um den gleichen Betrag abnehmen, sondern von Sekunde zu Sekunde rascher kleiner werden. Infolgedessen muß die Verbindungslinie der Endpunkte der Ordinaten eine Kurve ergeben, wie sie z. B. in Fig. 19 gezeichnet ist.

An dieser Stelle soll nur der Fall der gleichmäßigen Verzögerung betrachtet werden. (Bei späterer Gelegenheit wird der

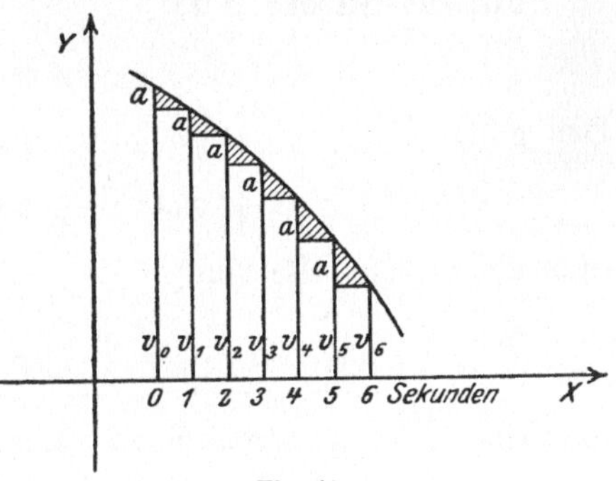

Fig. 19.

Weg, den der Zug unter dem Einfluß einer ungleichmäßigen Verzögerung zurückgelegt hat, einer besonderen Betrachtung unterworfen werden.) Zur Bestimmung der Geschwindigkeit im Punkte C werden wir die auftretende Verzögerung a in irgend einer Weise in Ansatz bringen müssen. Nun ist aus der Experimentalphysik bekannt, daß ein Körper unter dem Einfluß einer gleichmäßigen Beschleunigung bezw. Verzögerung a in der Zeit t einen Weg zurücklegt, der sich nach der Formel berechnen läßt: $s = ct - \frac{1}{2} a t^2$, wo c die Geschwindigkeit bedeutet, mit der der Zug bei A das ebene Gelände verläßt.

Der Zug möge nun in C angelangt die Strecke s cm — gerechnet vom Anfangspunkte der Steigung A — durchfahren und
die Zeit t Sekunden dazu gebraucht haben. In geringer
Entfernung oberhalb C liege
der Punkt D (Fig. 20). Seine
Entfernung von A betrage s_1
cm, zu dieser Strecke habe der
Zug t_1 Sek. gebraucht. Die
Differenz der Entfernungen

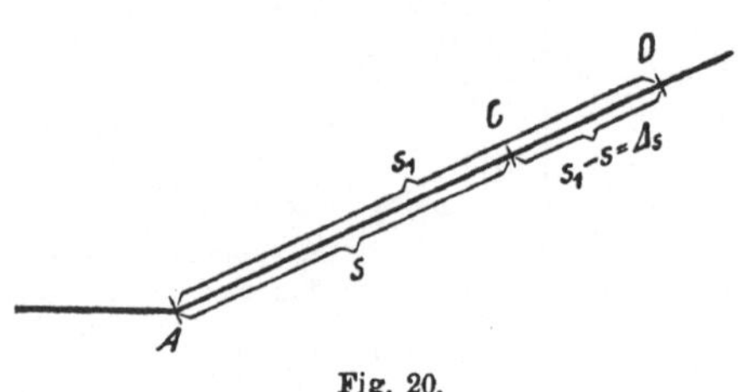

Fig. 20.

$s_1 - s$ also die Strecke C D wollen wir mit Δs (Delta s), die
Differenz der Zeiten $t_1 - t$ mit Δt bezeichnen. Der Weg von A
bis D ist dann $s + \Delta s$ cm, die zugehörige Zeit $t + \Delta t$ Sekunden.
Unter Anwendung der oben gegebenen Formel erhält man 2 Gleichungen:

Für die Strecke A C:

$$s = ct - \frac{1}{2} a t^2 \quad \ldots \ldots \ldots \quad (1)$$

Für die Strecke A D:

$$s + \Delta s = c (t + \Delta t) - \frac{1}{2} a (t + \Delta t)^2 \ldots \ldots \quad (2)$$

Das gibt:

$$s + \Delta s = ct + c \Delta t - \frac{1}{2} a t^2 - a t \Delta t - \frac{1}{2} a \Delta t^2.$$

Subtrahiert man Gleichung 1):

$$s = ct - \frac{1}{2} a t^2$$

so bleibt:

$$\Delta s = c \Delta t - a t \Delta t - \frac{a}{2} \Delta t^2 \quad \ldots \ldots \quad (3)$$

Wir erhalten in Anlehnung an die frühere Formel $c = \dfrac{s}{t}$ den

Quotienten $\dfrac{\Delta s}{\Delta t}$, indem wir beide Seiten durch Δt dividieren. Also

$$\frac{\Delta s}{\Delta t} = c - a \left(t + \frac{\Delta t}{2} \right) \quad \ldots \ldots \quad (3')$$

Man nennt, da Δs eine Weg- und Δt eine Zeitdifferenz darstellt,
$\dfrac{\Delta s}{\Delta t}$ einen Differenzenquotienten — hier eines Weges nach der Zeit.

Denken wir uns jetzt den Punkt D unmittelbar oberhalb C liegend, so daß der Zug zum Durchfahren der sehr kleinen Strecke $\varDelta s$ nur 1 Sekunde gebraucht, ja lassen wir D immer näher an C heranrücken, so daß die Zeitdifferenz $\dfrac{1}{10}$; $\dfrac{1}{100}$; $\dfrac{1}{1000}$ ... Sekunde wird, so kommen wir zu denselben Erwägungen, wie wir sie im Eingang des § 6 angestellt haben.

Denn lassen wir D nur genügend nahe an C heranrücken, so wird $\varDelta t$ eine unendlich kleine Größe — dasselbe gilt von $\varDelta s$ —, und wir können in Gleichung 3' das unendlich kleine Glied $\dfrac{\varDelta t}{2}$ neben dem endlichen t vernachlässigen, weil nach § 6 eine unendlich kleine Größe, die zu einer endlichen als Summand gesetzt ist, neben der endlichen Größe vernachlässigt werden darf. Da jedoch $\varDelta s$ und $\varDelta t$ jetzt unendlich klein geworden sind, so nähert sich der Differenzenquotient $\dfrac{\varDelta s}{\varDelta t}$ einem Grenzwert. Man schreibt wie im § 4:

$$\lim \frac{\varDelta s}{\varDelta t} = c - a\,t \quad \ldots \ldots \ldots \quad (4)$$

Diesen Grenzwert des Differenzenquotienten bezeichnet man als Differentialquotienten. Man schreibt:

$$\lim \frac{\varDelta s}{\varDelta t} = \frac{d\,s}{d\,t} \quad \ldots \ldots \ldots \quad (5)$$

Der Differentialquotient entsteht also aus einem Differenzenquotienten immer dann, wenn wir zur Grenze übergehen, also die Differenzen unendlich klein werden lassen.

Man bezeichnet d s und d t als Differentiale. Über die Natur dieser Differentiale ist noch einiges zu sagen. Sie bedeuten zweifellos, wie aus der bisherigen Betrachtung hervorgeht, unendlich kleine Größen. Werden wir sie deshalb aber der Größe Null gleichsetzen dürfen? Wenn sie als Summanden zu einer endlichen Größe gesetzt werden, darf man sie vernachlässigen, also weglassen.

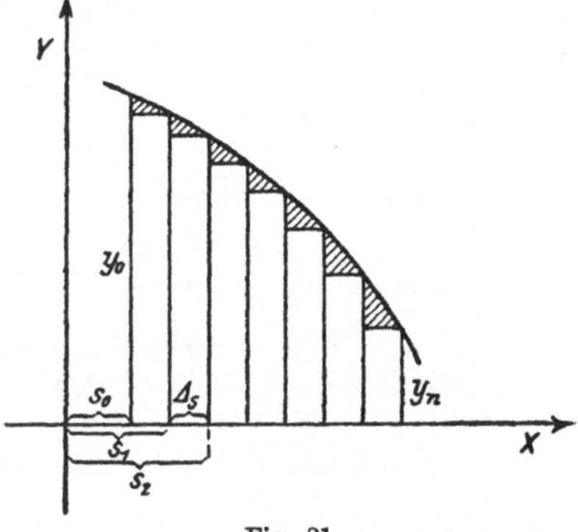

Fig. 21.

Für sich allein jedoch unter keinen Umständen. Ein Beispiel möge die Betrachtung erläutern. Will man den Inhalt einer Fläche (Fig. 21) berechnen, die von einer Kurve, der X-Achse und 2 Ordinaten z. B. y_0 und y_n begrenzt wird, so denkt man sich, wie später ausführlich gezeigt wird, die Fläche in beliebig viele Streifen zerlegt. Die Fläche eines jeden solchen Streifens wird als Rechteck angesehen und berechnet. Man vernachlässigt dabei die kleinen schraffierten Dreiecke. Nimmt man die Streifen nur hinreichend schmal an, d. h. macht man die Differenz der Strecken $s_3 - s_2$ oder $s_6 - s_5 \ldots$ $= \varDelta\,s$ nur genügend klein, so werden auch die Dreiecke so klein, daß man ihren Inhalt gegenüber dem des Rechteckes vernachlässigen darf. Diese sehr kleine Differenz $\varDelta\,s$ stellt uns immer dann das Differential ds dar, wenn für die Genauigkeit unserer Rechnung eine weitere Verkleinerung nicht notwendig erscheint. Man berechnet nun den Inhalt eines solchen Streifens als $h\,.\,d\,s$, wo h die zugehörige Höhe bedeuten möge.

Der gesamte Flächeninhalt ergibt sich durch Addition aller dieser Rechtecksinhalte. Wenn man also ds mit dem Werte 0 verwechselte, d. h. $d\,s = 0$ setzte, so würde jedes $h\,.\,d\,s = 0$ werden, und die Berechnung des Flächeninhaltes würde in sich zusammenfallen.

Nach der mathematischen Ausdrucksweise läßt man die Differentiale immer als unendlich kleine Größen auftreten. Das im Anschluß an diese Betrachtung gerechnete Zahlenbeispiel auf Seite 34 zeigt aber, daß praktisch — im Rahmen der jeweiligen Betrachtungen — hier also des freien Falles, es bereits ausreicht, wenn wir das Differential $d\,t = {}^1/_{10000}$ Sekunde annehmen.

Was bedeutet nun aber der Differentialquotient des Weges nach der Zeit $\dfrac{d\,s}{d\,t} = c - a\,t$? Er ist, wie im § 6 das Verhältnis einer sehr kleinen Wegstrecke zur sehr kleinen Zeit, also eine Geschwindigkeit, und zwar eine Geschwindigkeit, die sich von der am Orte C gemessenen um so weniger unterscheidet, als die Entfernung zwischen C und D so unmerklich klein geworden ist, daß wir die Größe dieser Entfernung durch endliche Zahlenwerte nicht mehr anzugeben vermögen. Wir dürfen somit sagen, der Differentialquotient $\dfrac{d\,s}{d\,t} = c - a\,t$ ist die gesuchte Geschwindigkeit unseres Zuges im Punkte C.

Wir wollen die eben durchgeführte Überlegung an einem Zahlenbeispiel erläutern und wählen als solches den freien Fall, bei dem die Beschleunigung $g = 981 \dfrac{cm}{sec}$ beträgt. Ein Körper habe t Sekunden zum Durchfallen einer Strecke $A\,P = s$ cm gebraucht. Der Punkt Q liege gleich unterhalb P, seine Entfernung von A sei $s + \varDelta s$ cm, die zugehörige Fallzeit $t + \varDelta t$ Sekunden. Wir fragen nach der Geschwindigkeit des Körpers im Punkte P. Wir sehen von der Luftreibung ab und finden die bekannten Gleichungen:

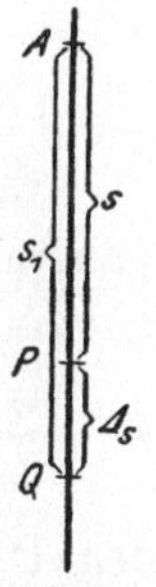

$$s = \frac{1}{2}\,g\,t^2 \quad \cdots \quad \cdots \quad \cdots \quad (1)$$

Fig. 22.

$$s + \varDelta s = \frac{1}{2}\,g\,(t + \varDelta t)^2 \quad \cdots \quad \cdots \quad (2)$$

Hieraus folgt:

$$\frac{\varDelta s}{\varDelta t} = g\left(t + \frac{\varDelta t}{2}\right) \quad \cdots \quad \cdots \quad (3)$$

Die Fallzeit des Körpers bis zum Punkte P betrage 5 Sekunden, wir wählen für die Zeit $\varDelta t$ nacheinander $\dfrac{1}{2}$; $\dfrac{1}{10}$; $\dfrac{1}{100}$ $\cdots\cdots$ Sekunde, indem wir den Punkt Q immer näher an P heranrücken lassen. Wir betrachten zunächst den Einfluß der Größe $\dfrac{\varDelta t}{2}$ und fragen: wie klein müssen wir $\varDelta t$ wählen, um $\dfrac{\varDelta t}{2}$ praktisch neben t vernachlässigen zu können? Wir setzen die Zahlenwerte ein und erhalten, wenn wir die Erdbeschleunigung g rund gleich $981\,\dfrac{cm}{sec^2}$ einsetzen:

$$\text{Für } \varDelta t = \frac{1}{2}\ \sec\quad \frac{\varDelta s}{\varDelta t} = 981\left(5 + \frac{0{,}5}{2}\right)\quad = 5150{,}250\ \frac{cm}{sec}$$

$$\text{„}\quad\text{„}\ = \frac{1}{10}\quad\text{„}\quad\text{„}\ = 981\left(5 + \frac{0{,}1}{2}\right)\quad = 4954{,}050\ \text{„}$$

$$\text{„}\quad\text{„}\ = \frac{1}{100}\quad\text{„}\quad\text{„}\ = 981\left(5 + \frac{0{,}01}{2}\right)\quad = 4909{,}905\ \text{„}$$

$$\text{„}\quad\text{„}\ = \frac{1}{1000}\quad\text{„}\quad\text{„}\ = 981\left(5 + \frac{0{,}001}{2}\right)\quad = 4905{,}491\ \text{„}$$

$$\text{Für } \varDelta t = \frac{1}{10000} \text{ sec } \frac{\varDelta s}{\varDelta t} = 981 \left(5 + \frac{0,0001}{2}\right) = 4905,049 \frac{cm}{sec}$$

$$\text{„ „ } = \frac{1}{100000} \text{ „ „ } = 981 \left(5 + \frac{0,00001}{2}\right) = 4905,0049 \text{ „}$$

Wir sehen also, daß wir uns einem Grenzwert 4905,0 . . . nähern, den wir praktisch bereits erreichen, wenn wir $\varDelta t$ zu $^1/_{10000}$ Sekunde annehmen. Wir kommen aber ungleich schneller zum Ziele, wenn wir an Stelle des Differenzenquotienten $\frac{\varDelta s}{\varDelta t}$ sofort den Differentialquotienten $\frac{ds}{dt} = g \cdot t = 981 \cdot 5 = 4905,0 \frac{cm}{sec}$ setzen, indem wir $\varDelta t$ neben t vernachlässigen. Hier würden wir also das Resultat in gewünschter Genauigkeit bereits erhalten, wenn wir das Differential $dt = {}^1/_{10000}$ Sekunde setzen.

Von Wichtigkeit ist es, im Zahlenbeispiel zu erkennen, wie wir mit kleiner werdenden $\varDelta t$ die durchschnittliche Geschwindigkeit — denn etwas anderes bedeutet ja $\frac{\varDelta s}{\varDelta t}$ nicht — für einen der fünften Sekunde immer näher liegenden Zeitabschnitt erhalten, ja für einen Zeitpunkt, der dem Ende der fünften Sekunde so unmittelbar folgt, daß (siehe letzte Zeile der Berechnung) zwischen beiden Zeitmomenten nur noch $\frac{1}{100000}$ Sekunde Differenz besteht.

Unsere Schlußfolgerung, daß der Grenzwert, dem sich die mittlere Geschwindigkeit $\frac{\varDelta s}{\varDelta t}$ nähert, nichts anderes mehr sein kann, als die Geschwindigkeit im Augenblick der Vollendung der fünften Sekunde, also im Punkte P, gewinnt durch das Zahlenbeispiel nahezu greifbare Gestalt.

§ 8.

Geometrische Bedeutung der Differentialquotienten und Bestimmung der Tangente einer Kurve.

Eine wichtige Anwendung findet der Differentialquotient bei der Bestimmung der Tangente an eine Kurve im beliebigen Punkte P (Fig. 23).

Wir wählen auf der Kurve einen zweiten Punkt P_1 und verbinden ihn mit P, so daß PP_1 eine Sehne der Kurve darstellt. Die Sehne bilde mit der X-Achse den Winkel σ. Die Punkte P und P_1 der Kurve seien durch die Koordinaten x, y bezw. x_1, y_1 bestimmt. Gehen wir jetzt auf der Kurve von P nach P_1, so müssen wir auf der X-Achse um die Strecke $x_1 - x$ vorschreiten und auf der Y-Achse um die Strecke $y_1 - y$.

Bezeichnen wir in Anlehnung an §. 7 diese Differenzen der Koordinaten mit Δx bezw.

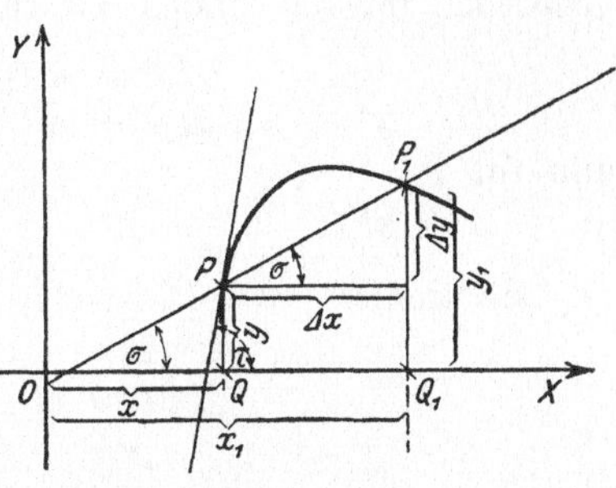

Fig. 23.

Δy und übertragen diese Größen auf das rechtwinklige Dreieck über PP_1 der Fig. 23, so erhalten wir:

$$\operatorname{tg} \sigma = \frac{y_1 - y}{x_1 - x} = \frac{\Delta y}{\Delta x} \quad . \ . \ . \ . \ . \ . \ . \ . \quad (1)$$

Lassen wir jetzt den Punkt P_1 auf der Kurve sich nach P hin bewegen, so dreht sich die Sehne um den Punkt P. Die Differenzen Δy und Δx nehmen dabei fortgesetzt ab, bis P_1 so nahe an P heran gekommen ist, daß statt der Differenzen, die unendlich klein werden, die Differentiale d y und d x gesetzt werden können, und an Stelle des Differenzenquotienten der Differentialquotient $\frac{d\,y}{d\,x}$ tritt.

Man sagt in diesem Falle, daß P und P_1 unendlich nahe benachbart sind. Die Sehne ist aber dabei zur Tangente geworden, der Winkel σ ist in den Tangentenwinkel τ übergegangen, und man kann schreiben:

$$\lim_{P_1 = P} \operatorname{tg} \sigma = \operatorname{tg} \tau = \lim \frac{\Delta y}{\Delta x} = \frac{d\,y}{d\,x} \quad . \ . \ . \ . \ . \quad (2)$$

Wir können also sagen: Die trigonometrische Tangente des Neigungswinkels einer Kurve mit Bezug auf den beliebigen Punkt P ist gleich dem Differentialquotienten mit den Koordinaten des Punktes P.

Ein Beispiel diene als Erläuterung.

Wir wollen den Grenzübergang von der Sehne zur Tangente für den Fall ausführen, daß z. B. die Kurve der Fig. 23 eine Parabel darstellt, also der Gleichung $y^2 = 2\,px$ gehorcht (vergl. § 3 Nr. 3). Der Punkt P hat die Koordinaten x, y und für den

Punkt P_1 können wir die Koordinaten $x + \Delta x$ und $y + \Delta y$ schreiben (Fig. 23). Da beide Punkte der Parabelgleichung $y^2 = 2\,p\,x$ gehorchen müssen, finden wir für P_1:

$$(y + \Delta y)^2 = 2\,p\,(x + \Delta x)$$
$$y^2 + 2\,y\,\Delta y + \Delta y^2 = 2\,p\,x + 2\,p\,\Delta x \quad \ldots \ldots \text{(I)}$$

und für P:

$$y^2 \qquad\qquad = 2\,p\,x \qquad\qquad \ldots \ldots \text{(II)}$$

Subtrahiert man II von I, so folgt:

$$2\,y\,\Delta y + \Delta y^2 = 2\,p\,\Delta x$$
$$\Delta y\,(2\,y + \Delta y) = 2\,p\,\Delta x$$
$$\frac{\Delta y}{\Delta x} = \frac{2\,p}{2\,y + \Delta y} \quad \ldots \ldots \ldots \text{(III)}$$

Gehen wir jetzt zur Grenze über, indem wir Δx und Δy unendlich klein werden lassen, so können wir auf der rechten Seite Δy als unendlich kleine Größe neben dem endlichen $2\,y$ vernachlässigen. Wir erhalten:

$$\operatorname{limes} \frac{\Delta y}{\Delta x} = \frac{dy}{dx} = \frac{p}{y} = \operatorname{tg} \tau \quad \ldots \ldots \text{(IV)}$$

Mit anderen Worten: Die Differentialrechnung liefert uns ein Mittel, die Neigung einer Kurve an jedem beliebigen Punkte zu bestimmen, denn wir brauchen nur festzustellen, um welche Größe y wächst, wenn wir x um das sehr kleine Stück Δx wachsen lassen. Dieser Zuwachs Δy wird, wie wir eben gesehen haben, mit Hilfe der allgemeinen Gleichung der Kurve ermittelt, und der Quotient $\operatorname{limes} \dfrac{\Delta y}{\Delta x} = \dfrac{dy}{dx}$ stellt die trigonometrische Tangente des Neigungswinkels dar, sobald wir Δx unendlich klein werden lassen.

Wir werden später sehen, wie wir mit Hilfe der noch abzuleitenden Differentiationsregeln oder allgemein mit Hilfe der Differentialrechnung dieses Resultat sofort rechnerisch ermitteln können.

Aufgabe 32. Man leite das Resultat $\dfrac{dy}{dx} = \dfrac{p}{y}$ in der Weise ab, daß man in Gleichung 1.: $\operatorname{tg} \sigma = \dfrac{y_1 - y}{x_1 - x}$ für y den Wert $\sqrt{2\,p\,x}$ und für y_1 den Wert $\sqrt{2\,p\,x_1}$ setzt und beim Grenzübergange $x = x_1$ bezw. $\sqrt{x} = \sqrt{x_1}$ setzt.

2. Kapitel.
Differentialrechnung.

§ 9.
Ableitung des Differentialquotienten der algebraischen Funktionen.

Der Differentialquotient einer Funktion wird nach dem in § 7 und § 8 dargelegten Verfahren gebildet.

Wir schreiben als Gleichung I die Funktionsbeziehung zwischen x und y hin — als Beispiel wird die Parabelgleichung $y^2 = 2\,p\,x$ wiederholt —.

In dieser Ursprungsgleichung setzen wir für y und x die Werte $y + \varDelta y$ bezw. $x + \varDelta x$ ein und finden Gleichung II. Wir subtrahieren Gleichung I von Gleichung II und erhalten $\varDelta y = \ldots$ als Gleichung III. Danach dividiert man beide Seiten mit $\varDelta x$ und erhält den Differenzenquotienten und hieraus durch Übergang zur Grenze den gesuchten Differentialquotienten.

Beispiel: Gegeben ist die Funktion $y^2 = 2\,p\,x$.

$$y^2 = 2\,p\,x \quad\ldots\ldots\ldots \quad \text{(I)}$$

$$(y + \varDelta y)^2 = 2\,p\,(x + \varDelta x) \quad\ldots\ldots \quad \text{(II)}$$

$$\varDelta y = \frac{2\,p\,\varDelta x}{2\,y + \varDelta y} \quad\ldots\ldots \quad \text{(III)}$$

$$\frac{\varDelta y}{\varDelta x} = \frac{2\,p}{2\,y + \varDelta y}$$

$$\lim \frac{\varDelta y}{\varDelta x} = \frac{d\,y}{d\,x} = \frac{p}{y} \quad\ldots\ldots\ldots \quad \text{(IV)}$$

Will man das Differential $d\,y$ benutzen, so schreibt man $d\,y = \dfrac{p}{y}\,d\,x$.

1. Gegeben ist eine Funktion $f(x)$ als **Summe zweier Funktionen** $\varphi(x)$ und $\psi(x)$. Gesucht wird der Differentialquotient dieser Summe.

$$y = f(x) = \varphi(x) + \psi(x) \quad\ldots\ldots \quad \text{(I)}$$

$$y + \varDelta y = f(x + \varDelta x) = \varphi(x + \varDelta x) + \psi(x + \varDelta x) \quad \text{(II)}$$

$$\varDelta y = f(x + \varDelta x) - f(x) = \varphi(x + \varDelta x) - \varphi(x)$$
$$+ \psi(x + \varDelta x) - \psi(x) \quad \ldots \ldots \quad \text{(III)}$$

$$\frac{\varDelta y}{\varDelta x} = \frac{f(x + \varDelta x) - f(x)}{\varDelta x} = \frac{\varphi(x + \varDelta x) - \varphi(x)}{\varDelta x}$$
$$+ \frac{\psi(x + \varDelta x) - \psi(x)}{\varDelta x} \quad \ldots \ldots \quad \text{(III')}$$

Aus diesem Differenzenquotienten entsteht der Differentialquotient, wenn wir $\varDelta x$ sich der Grenze 0 nähern lassen.

Man schreibt dann zur Abkürzung:

$$\lim \frac{f(x + \varDelta x) - f(x)}{\varDelta x} = f'(x) = \frac{d\, f(x)}{d\, x}$$

$$\lim \frac{\varphi(x + \varDelta x) - \varphi(x)}{\varDelta x} = \varphi'(x) = \frac{d\, \varphi(x)}{d\, x}$$

$$\lim \frac{\psi(x + \varDelta x) - \psi(x)}{\varDelta x} = \psi' x = \frac{d\, \psi(x)}{d\, x}.$$

Man sagt, $f'(x)$ ist die Ableitung der Funktion $f(x)$, $\varphi'(x)$ die von $\varphi(x)$ usw. Wir können also die Gleichung schreiben:

$$\frac{d\,y}{d\,x} = f'(x) = \varphi'(x) + \psi'(x) \quad \ldots \ldots \quad \text{(IV)}$$

oder auch:

$$d y = f'(x)\, d x = \varphi'(x)\, d x + \psi'(x)\, d x \quad \ldots \quad \text{(IV')}$$

Gleichung IV besagt: Der Differentialquotient einer Summe von Funktionen der nämlichen Variablen ist gleich der Summe der Differentialquotienten der einzelnen Funktionen oder, was dasselbe sagt: Die Ableitung einer Summe ist gleich der Summe der Ableitungen.

Gleichung IV', nur in anderer Form, sagt: Das Differential einer Summe von Funktionen ist gleich der Summe der Differentiale der einzelnen Funktionen.

Derselbe Satz gilt für eine Summe beliebig vieler Funktionen, wie auch für die Differenz beliebig vieler Funktionen.

Es gilt demnach allgemein:

$$d(u + v - w) = d u + d v - d w,$$

wo wir unter u, v und w irgendwelche Funktionen von x verstehen.

2. Der Differentialquotient einer konstanten Größe

       I. $f(x) = \varphi(x) + C.$

       II. $f(x + \varDelta x) = \varphi(x + \varDelta x) + C.$

Man subtrahiere I von II und dividiere mit $\varDelta$x, so folgt:

$$\frac{f(x+\varDelta x)-fx}{\varDelta x}=\frac{\varphi(x+\varDelta x)-\varphi(x)}{\varDelta x}\quad\text{oder:}\quad f'(x)=\varphi'(x),$$

d. h. die Konstante C hebt sich fort und man sagt: Der Differentialquotient einer additiv oder subtraktiv auftretenden Konstanten ist stets $=0$.

Um daher die Ableitung einer Summe (oder Differenz) einer Reihe von Gliedern, von denen einige konstant sind, zu erhalten, bildet man einfach die Summe (resp. Differenz) der Ableitungen aller Glieder, die Funktionen von x sind, ohne die Konstanten zu berücksichtigen.

3. Ist eine Funktion von x das Produkt einer Konstanten und einer anderen Funktion von x, d. h.

$$f(x)=C\cdot\varphi(x),$$

so ist: $f'(x)=C\cdot\varphi'(x)$. In Worten: Der Differentialquotient des Produktes einer Konstanten und einer Funktion ist gleich der Konstanten multipliziert mit dem Differentialquotienten der Funktion.

$$\text{Beweis:}\qquad f(x+\varDelta x)=C\,\varphi(x+\varDelta x)\ .\ \cdot\ \cdot\ \cdot\ \cdot\ \text{(II)}$$

$$f(x)=C\,\varphi(x)\ \ \cdot\ \cdot\ \cdot\ \cdot\ \cdot\ \text{(I)}$$

$$\frac{f(x+\varDelta x)-f(x)}{\varDelta x}=C\cdot\frac{\varphi(x+\varDelta x)-\varphi(x)}{\varDelta x}\ \cdot\ \cdot\ \text{(III)}$$

$$f'(x)=C\,\varphi'(x).$$

4. Wir suchen den Differentialquotienten, wenn eine Funktion das Produkt zweier Funktionen von x ist.

$$f(x)=\varphi(x)\cdot\psi(x)\ \ \cdot\ \cdot\ \cdot\ \cdot\ \cdot\ \text{(I)}$$

$$f(x+\varDelta x)=\varphi(x+\varDelta x)\cdot\psi(x+\varDelta x)\ \cdot\ \cdot\ \cdot\ \text{(II)}$$

$$\frac{f(x+\varDelta x)-f(x)}{\varDelta x}=\frac{\varphi(x+\varDelta x)\cdot\psi(x+\varDelta x)-\varphi(x)\cdot\psi(x)}{\varDelta x}\quad\text{(III)}$$

Man addiere und subtrahiere dem Zähler der rechten Seite die Größe $\varphi(x)\cdot\psi(x+\varDelta x)$, wozu man berechtigt ist, da die gleichzeitige Addition und Subtraktion der gleichen Größe den Wert unverändert lassen muß. Die rechte Seite wird alsdann:

$$\frac{\varphi(x+\varDelta x)\psi(x+\varDelta x)-\varphi(x)\psi(x+\varDelta x)+\varphi(x)\psi(x+\varDelta x)-\varphi(x)\psi(x)}{\varDelta x}$$

$$=\psi(x+\varDelta x)\cdot\frac{\varphi(x+\varDelta x)-\varphi(x)}{\varDelta x}+\varphi(x)\cdot\frac{\psi(x+\varDelta x)-\psi(x)}{\varDelta x}.$$

Betrachten wir die einzelnen Glieder der Reihe nach, so sehen wir, daß

der Grenzwert von

$$\psi(x + \Delta x) = \psi(x) \quad \text{ist,}$$

$$\text{„} \qquad \text{„} \qquad \text{„} \quad \frac{\varphi(x + \Delta x) - \varphi(x)}{\Delta x} = \varphi'(x) \quad \text{„ ,}$$

$$\text{„} \qquad \text{„} \qquad \text{„} \quad \varphi(x) = \varphi(x) \quad \text{„ ,}$$

$$\text{und „} \qquad \text{„} \qquad \text{„} \quad \frac{\psi(x + \Delta x) - \psi(x)}{\Delta x} = \psi'(x) \quad \text{„ .}$$

Somit wird die rechte Seite der Gleichung $\psi(x)\,\varphi'(x) + \varphi(x)\,\psi'(x)$, während die linke Seite beim Grenzübergang zu $f'(x)$ wird. Die Gleichung lautet also:

$$f'(x) = \psi(x)\,\varphi'(x) + \varphi(x)\,\psi'(x) \quad \ldots \quad \text{(IV)}$$

Hieraus folgt der Satz: Die **Ableitung eines Produktes zweier Funktionen ist gleich der Summe der Produkte ihrer Ableitungen jede multipliziert mit der anderen Funktion,** einfacher: gleich der Summe der Produkte jedes Faktors mit der Ableitung des anderen. Für die Folge wird an Stelle des umständlicheren Wortes „Differentialquotient" meist das Wort „Ableitung" gesetzt, solange es sich um die Herleitung dieser sogenannten Grundformeln handelt.

5. Gesucht wird die Ableitung, wenn eine **Funktion der Quotient zweier Funktionen von x ist.**

Es läßt sich diese Differentiation auf die vorhergehende eines Produktes zurückführen, indem wir die gegebene Funktion:

$$f(x) = \frac{\varphi_1(x)}{\psi_1(x)}$$

in der Form schreiben: $\varphi_1(x) = f(x)\,\psi_1(x)$.
Dann ist nach 4:

$$\varphi_1'(x) = f(x)\,\psi_1'(x) + \psi_1(x)\,f'(x)$$

oder

$$f'(x) = \frac{\varphi_1'(x) - f(x)\,\psi_1'x}{\psi_1(x)}$$

und da $f(x) = \dfrac{\varphi_1(x)}{\psi_1(x)}$:

$$f'(x) = \frac{\varphi_1'(x) - \dfrac{\varphi_1(x)}{\psi_1(x)}\,\psi'x}{\psi(x)}$$

$$f'(x) = \frac{\psi(x)\,\varphi'(x) - \varphi(x)\,\psi'x}{[\psi(x)]^2}$$

Die Ableitung eines Quotienten ist gleich dem Nenner mal der Ableitung des Zählers vermindert um den Zähler mal der Ableitung des Nenners, das Ganze dividiert durch das Quadrat des Nenners.

6. Gesucht wird die Ableitung der Funktion $y = x^n$, wo n zunächst eine positive ganze Zahl sein möge.

$$y = x^n \quad \ldots \ldots \ldots \quad \text{(I)}$$

$$y + \varDelta y = (x + \varDelta x)^n \quad \ldots \ldots \quad \text{(II)}$$

Wir entwickeln die rechte Seite der Gleichung II nach dem aus § 5 bekannten binomischen Lehrsatze:

$$y + \varDelta y = x^n + \frac{n}{1} x^{n-1} \varDelta x + \frac{n(n-1)}{1 \cdot 2} x^{n-2} (\varDelta x)^2$$

$$+ \ldots + (\varDelta x)^n.$$

Man subtrahiert Gleichung I, dividiert beide Seiten durch $\varDelta x$ und erhält:

$$\frac{\varDelta y}{\varDelta x} = \frac{n}{1} n\, x^{n-1} + \frac{n(n-1)}{1 \cdot 2} x^{n-2} \cdot \varDelta x + \ldots + (\varDelta x)^{n-1} \quad \text{(III)}$$

Lassen wir jetzt $\varDelta x$ unendlich klein werden, so nehmen alle Glieder der rechten Seite bis auf das erste unbegrenzt ab. Wir können alle diese unendlich kleinen Glieder neben dem ersten endlichen Gliede vernachlässigen, und erhalten:

$$\lim \frac{\varDelta y}{\varDelta x} = \frac{dy}{dx} = n\, x^{n-1} \quad \ldots \ldots \quad \text{(IV)}$$

Man erhält die Ableitung einer Potenz, indem man eine neue Potenz bildet, deren Exponent um 1 verringert ist, und diese neue Potenz mit dem ursprünglichen Exponenten — hier n — multipliziert. Dieser Satz gilt auch für Potenzen mit negativen und gebrochenen Exponenten.

Setzt man $y = a\, x^n$, so liefert genau dieselbe Rechnung:

$$\frac{dy}{dx} = a\, n\, x^{n-1}$$

Die bisherigen Betrachtungen fassen wir in folgende Lehrsätze zusammen:

Der Differentialquotient einer Summe ist = Summe der Differentialquotienten der einzelnen Glieder. Für die Differenz gilt das Gleiche.

Der Differentialquotient einer Konstanten ist 0.

Zur Differentiation einer Funktion, die mit einer Konstanten multipliziert ist, bildet man den Differentialquotienten der Funktion und multipliziert mit der nämlichen Konstanten.

Der Differentialquotient eines Produktes ist = der Summe jedes Faktors mit der Ableitung des anderen.

Der Differentialquotient eines Quotienten ist = Nenner mal Zählerableitung weniger Zähler mal Nennerableitung dividiert durch Nennerquadrat.

Der Differentialquotient einer Potenz ist = dem Exponenten multipliziert mit der im Exponenten um 1 verminderten Potenz.

Diese Lehrsätze wird man sich zweckmäßig an folgenden Differentiationsformeln einprägen. Es ist zur Abkürzung u′ für $\dfrac{d\,u}{d\,x}$, v′ für $\dfrac{d\,v}{d\,x}$ und wie schon bisher y′ für $\dfrac{d\,y}{d\,x}$ gesetzt.

Differentiationsformeln:

1. $y = u + v - w$ $\qquad\qquad$ $y' = u' + v' - w'$
2. $y = C$ $\qquad\qquad$ $y' = 0$
3. $y = C\,u$ $\qquad\qquad$ $y' = C\,u'$
4. $y = u\,v$ $\qquad\qquad$ $y' = v\,u' + u\,v'$
5. $y = \dfrac{u}{v}$ $\qquad\qquad$ $y' = \dfrac{v\,u' - u\,v'}{v^2}$
6. $y = x^n$ $\qquad\qquad$ $y' = n\,x^{n-1}$

Es bedeuten u und v also einfach Funktionen von x, was wir bisher mit $\varphi(x)$, $\psi(x)$ ... zu bezeichnen pflegten. Die Formeln in dieser Schreibweise prägen sich dem Gedächtnis leichter ein. Man löse die in § 9a gestellten Übungsaufgaben.

§ 9a.

Aufgaben:

33. $y = \dfrac{1}{x} = x^{-1}$ $\qquad$ $\dfrac{d\,y}{d\,x} = -1 \cdot x^{-1-1} = -x^{-2} = -\dfrac{1}{x^2}$

34. $y = \dfrac{1}{x^4} = x^{-4}$ $\qquad$ $\dfrac{d\,y}{d\,x} = -4\,x^{-4-1} = -4\,x^{-5} = -\dfrac{4}{x^5}$

35. $y = a$ $\qquad\qquad \dfrac{dy}{dx} = 0$

36. $y = a\,x$ $\qquad\qquad \dfrac{dy}{dx} = a$

37. $y = a\,x + b$ $\qquad\qquad \dfrac{dy}{dx} = a$

38. $y = a\,x^2$ $\qquad\qquad \dfrac{dy}{dx} = 2\,a\,x$

39. $y = 6 \cdot a\,x^6$ $\qquad\qquad \dfrac{dy}{dx} = 36\,a\,x^5$

40. $y = -\dfrac{4\,x^3}{a}$ $\qquad\qquad \dfrac{dy}{dx} = -\dfrac{12 \cdot x^2}{a}$

41. $y = \dfrac{a}{x}$ $\qquad\qquad \dfrac{dy}{dx} = -\dfrac{a}{x^2}$

42. $y = \sqrt[3]{x^2} = x^{\frac{2}{3}}$ $\qquad\qquad \dfrac{dy}{dx} = \dfrac{2}{3} \cdot x^{-\frac{1}{3}} = \dfrac{2}{3} \cdot \dfrac{1}{\sqrt[3]{x}}$

43. $y = \sqrt[3]{x^4} = x^{\frac{4}{3}}$ $\qquad\qquad \dfrac{dy}{dx} = \dfrac{4}{3}\,x^{\frac{1}{3}} = \dfrac{4}{3}\sqrt[3]{x}$

44. $y = -\dfrac{a}{x^2} + \dfrac{b}{x} + c$ $\qquad\qquad \dfrac{dy}{dx} = \dfrac{2\,a}{x^3} - \dfrac{b}{x^2}$

45. $y = \dfrac{1}{\sqrt{x}} = x^{-\frac{1}{2}}$ $\qquad\qquad \dfrac{dy}{dx} = -\dfrac{1}{2}\,x^{-\frac{3}{2}} = -\dfrac{1}{2\,x\,\sqrt{x}}$

46. $y = x^2\,\sqrt{x} = x^{\frac{5}{2}}$ $\qquad\qquad \dfrac{dy}{dx} = \dfrac{5}{2}\,x^{\frac{3}{2}} = \dfrac{5}{2}\,x\,\sqrt{x}$

Die unter 33—46 gegebenen Aufgaben sollen teilweise auf die Richtigkeit der Lösung geprüft werden, indem beliebige Zahlenwerte in die Rechnung eingesetzt werden. Man erhält auf diese Weise eine praktische Anwendung der Differentialrechnung und erkennt, wie klein in jedem Einzelfalle das Differential mindestens zu wählen ist.

47 (zu 37). $y = 3\,x + 5$ $\qquad\qquad \dfrac{dy}{dx} = 3.$

Man setze:

$$\begin{aligned} x_1 &= 12 & y_1 &= 41 \\ x_2 &= 12{,}1 & y_2 &= 41{,}3 \\ \text{also } dx &= \ 0{,}1 & dy &= \ 0{,}3 \end{aligned}$$

$$\dfrac{dy}{dx} = \dfrac{0{,}3}{0{,}1} = 3.$$

48 (zu 39).　$y = 6 \cdot 2 \cdot x^6$　　　　$\dfrac{dy}{dx} = 36 \cdot 2 \cdot 32 = 2304$

$$\text{für } x = 2.$$

$x_1 = 2$　　　　$y_1 = 768$

$x_2 = 2,01$　　$y_2 = 791,4$　　　　$\dfrac{dy}{dx} = \dfrac{23,4}{0,01} = 2340.$

$dx = 0,01$　　$dy = 23,4$

Hier ist also das Differential dx nicht hinreichend klein gewählt, wir nehmen deshalb:

$x_1 = 2$　　　　$y_1 = 768$

$x_2 = 2,005$　$y_2 = 779,5$　　　　$\dfrac{dy}{dx} = \dfrac{11,5}{0,005} = 2300.$

$dx = 0,005$　$dy = 11,5$

Für jedes andere x erhält man entsprechend andere Werte des Differentialquotienten.

49 (zu 41).　$y = \dfrac{18}{x}$　　　　$\dfrac{dy}{dx} = \dfrac{-18}{x^2} = -2$

$$\text{für } x = 3.$$

$x_1 = 3$　　　　$y_1 = \dfrac{18}{3} = 6$

$x_2 = 3,02$　　$y_2 = \dfrac{18}{3,02} = 5,96$

$dx = 0,02$　　$dy = -0,04$　　　$\dfrac{dy}{dx} = \dfrac{-0,04}{0,02} = -2.$

50 (zu 43).　$y = \sqrt[3]{x^4}$　　　$\dfrac{dy}{dx} = \dfrac{4}{3}\sqrt[3]{x} = 1,68$

$$\text{für } x = 2.$$

$x_1 = 2$　　　　$y_1 = \sqrt[3]{16} = 2,52\,..$

$x_2 = 2,02$　　$y_2 = \sqrt[3]{16,65} = 2,554$　　$\dfrac{dy}{dx} = \dfrac{0,034}{0,02} = 1,70$

$dx = 0,02$　　$dy = 0,034$

51 (zu 44).　$y = -\dfrac{4}{x^2} + \dfrac{5}{x} + 6$　　$\dfrac{dy}{dx} = \dfrac{8}{x^3} - \dfrac{5}{x^2} = -0,25$

$$\text{für } x = 2.$$

$x_1 = 2$　　　　$y_1 = -1 + 2,5 + 6$

　　　　　　　　　$= 7,5$

$x_2 = 2,05$　　$y_2 = -0,952 + 2,439$

　　　　　　　　　$+ 6 = 7,487$　　$\dfrac{dy}{dx} = \dfrac{-0,013}{0,05} = -0,25.$

$dx = 0,05$　　$dy = -0,013$

52 (zu 46).　$y = x^2 \sqrt{x}$　　　　$\dfrac{dy}{dx} = \dfrac{5}{2} \cdot 4 \cdot 2 = 20$

$$\text{für } x = 4.$$

$$x_1 = 4 \qquad y_1 = 16.2 = 32$$
$$x_2 = 4{,}01 \qquad y_2 = 32{,}20 \qquad\qquad \frac{d\,y}{d\,x} = \frac{0{,}20}{0{,}01} = 20.$$
$$d\,x = 0{,}01 \qquad d\,y = 0{,}20$$

Man wähle so beliebige Zahlenwerte und rechne die Aufgaben 33—46 in der angegebenen Weise durch. Die Berechnung erfolgt zweckmäßig mit der Logarithmentafel.

53. $\quad z = (x^2 + a^2)^4 \quad x^2 + a^2 = y \quad d\,y = 2\,x\,d\,x$

$\qquad\quad z = y^4 \qquad d\,z = 4\,y^3\,d\,y \qquad \dfrac{d\,z}{d\,x} = 8\,x\,(x^2 + a^2)^3.$

54. $\quad z = \dfrac{a}{(b + c\,x)^2} = a\,y^{-2} \qquad d\,z = -\,2\,a\,y^{-3}\,d\,y$

$\qquad\qquad\quad d\,y = c\,d\,x \qquad\qquad \dfrac{d\,z}{d\,x} = \dfrac{-\,2\,a\,c}{(b + c\,x)^3}.$

55. $\quad z = \dfrac{1}{3\,(a + x)^3} \qquad\qquad \dfrac{d\,z}{d\,x} = -\,\dfrac{1}{(a + x)^4}.$

56. $\quad z = \sqrt[3]{(1 - 3\,x^2 + 2\,x^3)^4}$

$\qquad\qquad\qquad \dfrac{d\,z}{d\,x} = 8\,x\,(x - 1)\,\sqrt[3]{1 - 3\,x^2 + 2\,x^3}.$

Zur Erläuterung der Aufgaben 53—56 sei eine Betrachtung eingefügt, auf die später vielfach verwiesen wird. Es handelt sich um: **Funktionen von Funktionen und deren Differentialquotienten.**

Ist z eine Funktion von y und y wieder eine Funktion von x, so muß auch z eine Funktion von x sein. Wir haben also:

$$z = f\,(y) \quad \text{und} \quad y = \varphi\,(x) \quad \ldots \ldots \quad \text{(I)}$$

Man beachte den Wechsel des Funktionszeichens; man wählt verschiedene f, φ, ψ ... zum Zeichen, daß die Abhängigkeit nicht die gleiche ist. So bedeutet z. B. $z = \log \sin x$, daß z eine Funktion des $\sin x$ ist, wobei $\sin x$ aber wieder eine Funktion von x ist. Wir können für Gleichung I auch schreiben:

$$z = f\,\big(\varphi\,(x)\big) \quad . \quad . \quad . \quad . \quad \text{(II)}$$

Wir bilden $\dfrac{d\,y}{d\,x} = \varphi'\,(x)$ und $\dfrac{d\,z}{d\,y} = f'\,(y)$

$$d\,y = \varphi'\,(x)\,d\,x \qquad\qquad d\,z = f'\,(y)\,d\,y.$$

Es folgt: $\qquad\qquad d\,z = f'\,(y)\,\varphi'\,(x)\,d\,x \quad . \quad . \quad . \quad . \quad \text{(III)}$

Also: $\qquad \dfrac{dz}{dx} = f'(y) \cdot \varphi'(x) \quad$ oder $\quad \dfrac{dz}{dx} = \dfrac{dz}{dy} \cdot \dfrac{dy}{dx} \cdot \quad \cdot \quad \cdot \quad$ (IV)

Wir können sagen: Eine Zunahme des x um $\mathit{\Delta} x$ ruft eine Zunahme des y um $\mathit{\Delta} y$, und diese wieder eine Zunahme des z um $\mathit{\Delta} z$ hervor. Die gesuchte Ableitung der Funktion ergibt sich nach obiger Formel durch Multiplikation zweier Ableitungen. Man würde also für $z = \log \sin x$ die Ableitung $\dfrac{dz}{dx}$ erhalten, indem man die Ableitung eines Logarithmus bildet und diese Ableitung mit der Ableitung des Sinus multipliziert.

In Aufgabe 53 würde man nach dieser Regel über Funktionen von Funktionen die Ableitung einer Potenz y^4 bilden müssen (wobei $y = x^2 + a^2$); man findet $4\,y^3$. Dies ist zu multiplizieren mit der Ableitung von y nach x:

$$y = x^2 + a^2, \quad \text{also } \frac{dy}{dx} = 2\,x \quad \text{und}$$

$$\frac{dz}{dx} = 4\,y^3 \cdot 2\,x = 8\,x \cdot y^3 = 8\,x\,(x^2 + a^2)^3.$$

Die Einführung der Hilfsgröße y kann fortfallen, sobald die nötige Übung vorhanden ist. Der Gedankengang und die Ausführung bleiben natürlich genau dieselben.

In den folgenden Aufgaben ist für $\dfrac{dy}{dx}$ das kürzere Zeichen y' gewählt, das wie bekannt die Ableitung von y nach x bedeutet. Es ist nicht mehr z als abhängige Variable gesetzt, sondern einfach y. Will man z. B. in Aufgabe 63 eine Zwischenvariable einführen, so nehme man beliebige Größen, wie z, u, v, w ...

Aufgaben:

57. $\quad y = \dfrac{x}{1 + x} \qquad y' = \dfrac{(1 + x) \cdot 1 - x}{(1 + x)^2} = \dfrac{1}{(1 + x)^2}.$

58. $\quad y = \dfrac{a + x}{b + x} \qquad y' = \dfrac{(b + x) \cdot 1 - (a + x) \cdot 1}{(b + x)^2} = \dfrac{b - a}{(b + x)^2}.$

59. $\quad y = \dfrac{x^2 - 1}{x^2 + 1} \qquad y' = \dfrac{4\,x}{(x^2 + 1)^2}.$

60. $\quad y = \dfrac{x}{9 + 4\,x^2} \qquad y' = \dfrac{9 - 4\,x^2}{(9 + 4\,x^2)^2}.$

61. $y = \dfrac{3 + 5\,x^2}{5 - 3\,x^2}$ $y' = \dfrac{68\,x}{(5 - 3\,x^2)^2}.$

62. $y = \dfrac{a + b\,x}{a - b\,x}$ $y' = \dfrac{2\,a\,b}{(a - b\,x)^2}.$

63. $y = \dfrac{(x + 3)^3}{(x + 2)^2}$ $y' = \dfrac{(x + 3)^2\,(3\,x + 6 - 2\,x - 6)}{(x + 2)^3}$

$$= \dfrac{x\,(x + 3)^2}{(x + 2)^3}.$$

64. Man bestimme die in § 5 abgeleiteten Binominalkoeffizienten jetzt mit Hilfe der Differentialrechnung. Wir setzen statt $(a + b)^n$ jetzt $(a + x)^n$ und bezeichnen die Koeffizienten mit $K_1, K_2 \ldots \ldots K_n$. Dann ist:

$$(a + x)^n = a^n + K_1\,a^{n-1}\cdot x + K_2\,a^{n-2}\cdot x^2$$
$$+ K_3\,a^{n-3}\cdot x^3 + \ldots K_n\cdot x^n \quad \ldots \quad \text{(I)}$$

Man differentiiere beide Seiten der Gleichung nach x und erhält:

$$n\,(a + x)^{n-1} = K_1\,a^{n-1}\cdot 1 + 2\,K_2\,a^{n-2}\cdot x$$
$$+ 3\,K_3\,a^{n-3}x^2 + \ldots \ldots n\cdot K_n\cdot x^{n-1} \quad \ldots \quad \text{(II)}$$

Diese Gleichung II gilt für jeden Wert von x, also auch für $x = 0$. Für $x = 0$ wird:

$$n\,a^{n-1} = K_1\,a^{n-1},$$

denn alle übrigen Glieder werden $= 0$.

Es ist also: $K_1 = \dfrac{n}{1}$

Zur Berechnung von K_2 wird Gleichung II nochmals nach x differentiiert. Das gibt:

$$n\,(n - 1)\,(a + x)^{n-2} = 2\,K_2\,a^{n-2} + 2\cdot 3\,K_3\,a^{n-3}x \ldots \text{(III)}$$

Für $x = 0$ wird:

$$n\,(n - 1)\,a^{n-2} = 2\,K_2\,a^{n-2}$$

Es ist: $K_2 = \dfrac{n\,(n - 1)}{1\cdot 2}$

65. Wie groß sind $K_3, K_4 \ldots$? Man bestimme zur Übung eine größere Zahl solcher Koeffizienten, z. B. für $(a + x)^7$ und $(a - b\,x)^4$, indem man genau wie oben verfährt.

66. $s = c\,t - \dfrac{1}{2}\,a\,t^2$ $\dfrac{d\,s}{d\,t} = c - a\,t$ Vergleiche § 7.

67. $s = \dfrac{1}{2}\,g\,t^2$ $\dfrac{d\,s}{d\,t} = g\,t$ Seite 31 und 34.

68. $y^2 = 2\,p\,x$

$$y = \sqrt{2\,p\,x} = (2\,p\,x)^{-\frac{1}{2}}$$

$$\frac{dy}{dx} = \frac{1}{2}\,2\,p\,.\,1\,.\,(2\,p\,x)^{-\frac{1}{2}} = \frac{p}{\sqrt{2\,p\,x}} = \frac{p}{y}.$$

Vergleiche § 8 Seite 37.

§ 10.

Differentialquotient von Logarithmus und Exponentialfunktion.

A. Gesucht wird der Differentialquotient der transzendenten Funktion $y = \ln x$.

Die Kenntnis des § 6 wird vorausgesetzt. Sodann wird an folgende Sätze erinnert:

$$\log a - \log b = \log \frac{a}{b}. \quad\quad\quad\quad (1)$$

Dasselbe gilt natürlich auch im natürlichen Logarithmensystem, also

$$\ln a - \ln b = \ln \frac{a}{b}.$$

Ferner gilt in jedem Logarithmensystem der Satz:

$$a \log b = \log(b^a) \quad\quad\quad\quad\quad (2)$$

Wir erhalten wieder unsere Gleichungen:

$$y = \ln x \quad\quad\quad\quad\quad\quad\quad\quad (I)$$
$$y + \varDelta y = \ln(x + \varDelta x) \quad\quad\quad\quad (II)$$
$$\varDelta y = \ln(x + \varDelta x) - \ln x \quad\quad\quad (III)$$
$$\varDelta y = \ln \frac{x + \varDelta x}{x}.$$

Wir erweitern mit $\dfrac{x}{\varDelta x}$ und erhalten:

$$x\frac{\varDelta y}{\varDelta x} = \frac{x}{\varDelta x}\ln\frac{x + \varDelta x}{x}$$

oder
$$x\frac{\varDelta y}{\varDelta x} = \frac{x}{\varDelta x}\ln\left(1 + \frac{\varDelta x}{x}\right). \quad\quad (III')$$

Man wendet auf die rechte Seite den unter 2. genannten Satz an und erhält:

$$x\frac{\varDelta y}{\varDelta x} = \ln\left[\left(1 + \frac{\varDelta x}{x}\right)^{\frac{x}{\varDelta x}}\right]$$

Setzt man $\dfrac{x}{\varDelta x} = m$ und $\dfrac{\varDelta x}{x} = \dfrac{1}{m}$, so wird die rechte Seite

$$= \ln\left[\left(1 + \frac{1}{m}\right)^{m}\right].$$

Lassen wir jetzt $\varDelta x$ unendlich klein werden, so wird $m = \dfrac{x}{\varDelta x}$ immer größer und größer, und es wird nach § 4 Absatz 4 bezw. § 5: $\lim\left(1 + \dfrac{1}{m}\right)^{m} = e$. Unsere Gleichung wird:

$$x\frac{dy}{dx} = \ln e = 1$$

oder

$$\frac{dy}{dx} = \frac{1}{x}, \qquad \ldots \ldots \ldots \quad (IV)$$

wenn
$$y = \ln x.$$

Haben wir keinen natürlichen Logarithmus, sondern einen mit beliebiger Basis a, also

$$y = {}_a\log x, \quad \text{wenn } x = a^y,$$

so wird
$$\ln x = y \ln a$$
$$y = \frac{\ln x}{\ln a}.$$

Wir haben also durch einfaches Umformen die Gleichung auf den natürlichen Logarithmus zurückgeführt. Da $\ln a$ eine konstante Größe ist, so ergibt die Differentiation:

$$\frac{dy}{dx} = \frac{1}{x} \cdot \frac{1}{\ln a} = \frac{1}{x \cdot \ln a}.$$

B. Die Ableitung der Exponentialfunktion.

Gegeben ist die Funktion $y = a^x$. Gesucht der Differentialquotient. Nach § 6 dürfen wir schreiben: $\ln y = x \ln a$, d. h.

$$x = \frac{\ln y}{\ln a}.$$

Aus dem unter A. gefundenen Resultat ergibt sich:

$$\frac{dx}{dy} = \frac{1}{y} \cdot \frac{1}{\ln a}.$$

Hieraus folgt:
$$\frac{dy}{dx} = y \ln a$$

oder, da $y = a^x$
$$\frac{dy}{dx} = a^x \ln a.$$

Die Ableitung der Exponentialfunktion ist gleich der Funktion selbst multipliziert mit dem natürlichen Logarithmus ihrer Basis.

Wir betrachten noch den speziellen Fall:

$$y = e^x.$$

Wir finden nach dem eben Gesagten:

$$\frac{d\,y}{d\,x} = e^x \cdot \ln e$$

$$\frac{d\,y}{d\,x} = e^x.$$

Der Differentialquotient der Funktion e^x ist gleich der Funktion selbst.

§ 10a.

Aufgaben:

69. $\quad y = \ln x - \ln x^2 + \ln x^3 + 4 \qquad y' = \dfrac{1}{x} - \dfrac{2}{x} + \dfrac{3}{x} = \dfrac{2}{x}.$

70. $\quad y = \ln (bx - a) \qquad\qquad\qquad y' = \dfrac{b}{bx - a}.$

Man könnte hier eine zweite Variable w einführen, so daß

$$y = \ln w, \quad y' = \frac{1}{w} \cdot \frac{d\,w}{d\,x}, \quad \frac{d\,w}{d\,x} = b \cdot 1, \quad \text{also} \quad y = \frac{b}{w} = \frac{b}{bx - a}.$$

Bei unerwarteten Schwierigkeiten in den folgenden Aufgaben wird man gut tun, eine solche Variable einzuführen.

71. $\quad y = \ln (x^2 + x + 1) \qquad\qquad\qquad y' = \dfrac{2x + 1}{x^2 + x + 1}.$

72. $\quad y = \ln \sqrt{a^2 + x^2} = \dfrac{1}{2} \ln (a^2 + x^2) \quad y' = \dfrac{x}{a^2 + x^2}.$

73. $\quad y = \ln \sqrt[3]{a + bx^3} = \dfrac{1}{3} \ln (a + bx^3) \qquad y' = \dfrac{bx^2}{a + bx^3}.$

74. $\quad y = (\ln x)^2 \qquad\qquad\qquad\qquad\qquad y' = \dfrac{2 \ln x}{x}.$

75. $\quad y = \ln \dfrac{1 + x}{1 - x} = \ln (1 + x) - \ln (1 - x) \quad y' = \dfrac{2}{1 - x^2}.$

76. $\quad y = \ln \dfrac{x - a}{x + a} \qquad\qquad\qquad y' = \dfrac{1}{x - a} - \dfrac{1}{x + a}$

$$= \ln (x - a) - \ln (x + a) \qquad\qquad = \frac{2a}{x^2 - a^2}.$$

77. $y = \ln \dfrac{m + x^2}{2\,n\,x}$ $\qquad\qquad$ $y' = \dfrac{x^2 - m}{x^3 + m\,x}.$

78. $y = \ln \dfrac{1}{x}$ $\qquad\qquad$ $y' = -\dfrac{1}{x}.$

79. Man bilde die in § 9 unter 4 und 5 abgeleiteten Differential-quotienten eines Produktes und eines Quotienten mit Hilfe der logarithmischen Ableitung nach den bekannten Sätzen, daß

$$\ln a \,.\, b = \ln a + \ln b \quad \text{und}$$

$$\ln \frac{a}{b} = \ln a - \ln b.$$

80. $y = e^{mx}$ $\qquad\qquad$ $y' = m\,e^{mx}.$

81. $y = a^{x^3 + 1}$ $\qquad\qquad$ $y' = 3\,x^2 \,.\, a^{x^3 + 1}\ln a.$

Es wird hier an die Erläuterungen des § 9a (S. 45) erinnert.

Haben wir z. B. $a^{x^2} = y$, so muß $\dfrac{d\,y}{d\,x} = a^{x^2}\ln a$ sein. Dieses

Resultat muß noch mit der Ableitung von x^2 nach x multipliziert werden, also mit $2\,x$. Man erhält:

82. $y = a^{x^2}$ $\qquad\qquad$ $y' = 2\,x \,.\, a^{x^2}\ln a.$

83. $y = 5^{x^2 - 2}$ $\qquad\qquad$ $y' = 2\,x \,.\, 5^{x^2 - 2}\ln 5.$

84. $y = x\,e^x$ $\qquad\qquad$ $y' = e^x \,.\, 1 + x \,.\, e^x$
$$= e^x\,(x + 1).$$

85. $y = (x + 2)\,e^x$ $\qquad\qquad$ $y' = (x + 3)\,e^x.$

86. $y = (x - 1)\,e^x$ $\qquad\qquad$ $y' = x\,e^x.$

87. $y = (4\,x^3 - 6\,x^2 + 6\,x - 3)\,e^{2x}$ $\quad$ $y' = 8\,x^3 \,.\, e^{2x}.$

88. $y = x^3\,e^x$ $\qquad\qquad$ $y' = e^x\,x^2 \,.\, (3 + x).$

89. $y = \dfrac{a^x}{x}$ $\qquad\qquad$ $y' = \dfrac{x\ln a - 1}{x^2} \,.\, a^x.$

90. $y = \dfrac{x}{a^x}$ $\qquad\qquad$ $y' = \dfrac{1 - x\ln a}{a^x}.$

91. $y = \dfrac{e^x + 1}{e^x - 1}$ $\qquad\qquad$ $y' = -\dfrac{2\,e^x}{(e^x - 1)^2}$

92. $y = \ln \dfrac{e^x - 1}{e^x + 1}$ $\qquad\qquad$ $y' = \dfrac{2\,e^x}{e^{2x} - 1}$

§ 11.

Der Differentialquotient der trigonometrischen Funktionen.

Wir schicken der eigentlichen Betrachtung folgendes voraus. Es werden gebraucht die Grenzwerte von sin x und cos x für x = 0.

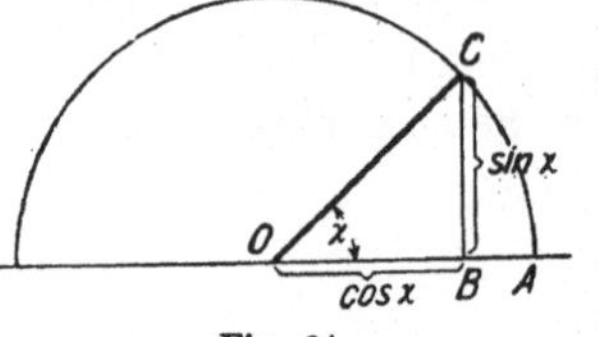

Fig. 24.

Aus der bekannten Fig. 24 ergibt sich:

$$\lim \sin x = 0 \quad . \quad . \quad . \quad (1)$$
$$\lim \cos x = 1 \quad . \quad . \quad . \quad (2)$$

Der Winkel x wird in Bogengraden gemessen, der Radius OC ist = 1.

Ferner wird im Laufe der Untersuchung nach dem $\lim \dfrac{\sin x}{x}$ und dem $\lim \dfrac{1 - \cos x}{x}$ gefragt werden.

Nach § 4 Abs. 3 Seite 19 ist

$$\lim \frac{\sin x}{x} = 1 \quad . \quad . \quad . \quad . \quad . \quad . \quad (3)$$

Für $\dfrac{1 - \cos x}{x}$ schreiben wir $\dfrac{2 \sin^2 \dfrac{x}{2}}{x} = \dfrac{\sin \dfrac{x}{2}}{\dfrac{x}{2}} \cdot \sin \dfrac{x}{2}$

$\lim \dfrac{\sin \dfrac{x}{2}}{\dfrac{x}{2}}$ wird nach Gl. 3 gleich 1 und $\lim \sin \dfrac{x}{2}$ ist nach Gl. 1 gleich 0.

Wir erhalten: $\quad \lim \dfrac{1 - \cos x}{x} = 0 \quad . \quad . \quad . \quad . \quad . \quad (4)$

Wir bilden nunmehr die Differentialquotienten:

1. Gegeben: y = sin x. Gesucht: $\dfrac{dy}{dx}$.

$$y = \sin x \quad . \quad . \quad . \quad . \quad . \quad . \quad (I)$$
$$y + \varDelta y = \sin (x + \varDelta x) \quad . \quad . \quad . \quad . \quad (II)$$
$$\varDelta y = \sin (x + \varDelta x) - \sin x.$$

Nach dem bekannten trigonometrischen Satze:

$$\sin (\alpha + \beta) = \sin \alpha \cos \beta + \cos \alpha \sin \beta$$

schreiben wir:

$$\varDelta y = \sin x \cdot \cos \varDelta x + \cos x \sin \varDelta x - \sin x \quad . \quad . \quad (III)$$

$$\frac{\varDelta y}{\varDelta x} = \cos x \, \frac{\sin \varDelta x}{\varDelta x} - \sin x \, . \, \frac{1 - \cos \varDelta x}{\varDelta x} \quad . \quad . \quad \text{(III)}$$

Gehen wir zur Grenze über, indem wir $\varDelta x$ unendlich klein werden lassen, so wird:

$$\frac{d y}{d x} = \cos x \quad . \quad . \quad . \quad . \quad . \quad . \quad . \quad \text{(IV)}$$

oder $d y = \cos x \, d x$, d. h. $d (\sin x) = \cos x \, d x$,

denn nach Gl. 3 ist

$$\lim \frac{\sin \varDelta x}{\varDelta x} = 1$$

und nach Gl. 4 ist

$$\lim \frac{1 - \cos \varDelta x}{\varDelta x} = 0.$$

2. $\qquad y = \cos x \qquad \cos x = \sqrt{1 - \sin^2 x} = (1 - \sin^2 x)^{\frac{1}{2}}.$

Wir suchen somit

$$\frac{d y}{d x} \;\text{ für }\; y = (1 - \sin^2 x)^{\frac{1}{2}}.$$

Nach den Erläuterungen des § 9a auf Seite 45 wird:

$$\frac{d y}{d x} = \frac{1}{2} \, . \, [- 2 \sin x] \, \frac{d (\sin x)}{d x} \, . \, (1 - \sin^2 x)^{-\frac{1}{2}}.$$

Nach Abs. 1 für $d (\sin x)$ nun $\cos x \, d x$ gesetzt, wird

$$\frac{d y}{d x} = - \sin x \, . \, \cos x \, . \, (1 - \sin^2 x)^{-\frac{1}{2}}$$

$$\frac{d y}{d x} = - \frac{\sin x \cos x}{\sqrt{1 - \sin^2 x}} = - \frac{\sin x \cos x}{\cos x}$$

$$\frac{d y}{d x} = - \sin x.$$

3. $\qquad\qquad y = \operatorname{tg} x = \frac{\sin x}{\cos x}.$

Nach Formel 5 (§ 9, Seite 42):

$$\frac{d \left(\dfrac{u}{v} \right)}{d x} = \frac{v \, u' - u \, v'}{v^2}$$

erhält man:

$$\frac{d y}{d x} = \frac{\cos x \, \dfrac{d (\sin x)}{d x} - \sin x \, \dfrac{d (\cos x)}{d x}}{\cos^2 x}$$

$$= \frac{\cos x \cdot \cos x - \sin x \cdot (-\sin x)}{\cos^2 x}$$

$$= \frac{\cos^2 x + \sin^2 x}{\cos^2 x}$$

$$\frac{dy}{dx} = \frac{1}{\cos^2 x}.$$

4.
$$y = \operatorname{ctg} x = \frac{\cos x}{\sin x}$$

$$\frac{dy}{dx} = \frac{\sin x \dfrac{d(\cos x)}{dx} - \cos x \dfrac{d(\sin x)}{dx}}{\sin^2 x}$$

$$= \frac{\sin x \cdot (-\sin x) - \cos x \cdot \cos x}{\sin^2 x}$$

$$= \frac{-(\sin^2 x + \cos^2 x)}{\sin^2 x}$$

$$\frac{dy}{dx} = -\frac{1}{\sin^2 x}.$$

Wir fassen die gefundenen Resultate zusammen und schreiben die **Differentialquotienten der trigonometrischen Funktionen**:

y	$\sin x$	$\cos x$	$\operatorname{tg} x$	$\operatorname{ctg} x$
$\dfrac{dy}{dx}$	$\cos x$	$-\sin x$	$\dfrac{1}{\cos^2 x}$	$-\dfrac{1}{\sin^2 x}$

§ 11a.

Aufgaben:

93. $y = \cos x + x \sin x$ $\qquad$ $y' = -\sin x + 1 \cdot \sin x$
$$+ x \cos x = x \cos x$$

94. $y = \sin x - x \cos x$ $\qquad$ $y' = x \sin x$

95. $y = \frac{1}{3} \cos^3 x - \cos x$ $\qquad$ $y' = \sin^3 x$

96. $y = \sin x - \frac{1}{3} \sin^3 x$ $\qquad$ $y' = \cos^3 x$

97. $\quad y = \ln \sin x \qquad\qquad\qquad y' = \operatorname{ctg} x$

98. $\quad y = \operatorname{tg} x - x \qquad\qquad\qquad y' = \operatorname{tg}^2 x$

99. $\quad y = \sin^3 x \cos x \qquad\qquad y' = (3 - 4 \sin^2 x) \sin^2 x$

100. $\quad y = a \sin \dfrac{a}{x} \qquad\qquad\quad y' = -\dfrac{a^2}{x^2} \cdot \cos \dfrac{a}{x}$

101. $\quad y = a \cos \dfrac{1}{x} \qquad\qquad\quad y' = \dfrac{a}{x^2} \cdot \sin \dfrac{1}{x}$

102. $\quad y = \operatorname{ctg} x + \dfrac{1}{3} \operatorname{ctg}^3 x \qquad y' = \dfrac{-1}{\sin^4 x}$

103. $\quad y = \ln \sqrt{\sin x} + \ln \sqrt{\cos x} \quad y' = \operatorname{ctg} 2 x$

104. $\quad y = e^x \cos x \qquad\qquad\qquad y' = (\cos x - \sin x)\, e^x$

105. $\quad y = x \cdot e^{\cos x} \qquad\qquad\quad y' = (1 - x \sin x)\, e^{\cos x}$

106. Es soll die Stromintensität eines Stromkreises mit der Tangentenbussole gemessen werden. Wann wird ein Ablesefehler das Resultat am wenigsten beeinflussen, mit anderen Worten, bei welcher Stellung der Nadel wird die Ablesung am günstigsten stattfinden?

Die Stromintensität i ist proportional der trigonometrischen Tangente des Ausschlagwinkels φ. Ist c die Konstante des Instruments, so ist $i = c \operatorname{tg} \varphi$ d. h. i ist eine Funktion des Winkels φ. Ändert sich infolge ungenauer Ablesung φ um $\varDelta \varphi$, so ändert sich für das Resultat der Rechnung i um $\varDelta$ i.

Wir schreiben wieder die Gleichungen hin:

$$i = c \operatorname{tg} \varphi \quad\ldots\ldots\ldots\ldots \quad \text{(I)}$$

$$i + \varDelta i = c \operatorname{tg}(\varphi + \varDelta \varphi) \quad\ldots\ldots \quad \text{(II)}$$

$$\varDelta i = c \operatorname{tg}(\varphi + \varDelta \varphi) - c \operatorname{tg} \varphi$$

$$\frac{\varDelta i}{\varDelta \varphi} = c \, \frac{\operatorname{tg}(\varphi + \varDelta \varphi) - \operatorname{tg} \varphi}{\varDelta \varphi} \quad\ldots\ldots \quad \text{(III)}$$

Auf der rechten Seite der Gleichung haben wir den Differenzenquotienten von $\operatorname{tg} \varphi$.

Bleiben die Änderungen von φ, wie bei Ablesefehlern angenommen werden darf, sehr klein, so stellt

$$\frac{d i}{d \varphi} = c \, \frac{1}{\cos^2 \varphi}$$

die Änderung der Stromstärke dar bei kleiner Änderung des Winkels φ.

Ist $d\varphi$ der Fehler der Ablesung, so ist:

$$d\,i = c \cdot \frac{1}{\cos^2 \varphi} \cdot d\varphi$$

der Fehler des Resultats.

Dividiert man diese Gleichung durch $i = c\,\mathrm{tg}\,\varphi$, so wird:

$$\frac{d\,i}{i} = \frac{d\varphi}{\cos^2\varphi \cdot \mathrm{tg}\,\varphi} = \frac{d\varphi}{\cos\varphi\,\sin\varphi}.$$

Hieraus wird nach Formel 16 der am Schluß des Buches stehenden trigonometrischen Formelsammlung:

$$\frac{d\,i}{i} = \frac{2\,d\varphi}{\sin 2\varphi} \quad \ldots \ldots \ldots \quad \text{(IV)}$$

Man nennt dies den Fehler des Resultats in Bruchteilen des letzteren; er ist umgekehrt proportional dem Sinus des doppelten Ausschlagwinkels. Kann der Ablesefehler $d\varphi$ über die ganze Skala als konstant betrachtet werden, so wird der relative Ausschlagwinkel am kleinsten für $\sin 2\varphi = 1$ d. h. für $\sin 2\varphi = 90^0$, also für $\varphi = 45^0$. Wir erhalten den kleinsten Fehler bei einem Ausschlagwinkel von 45^0; man wird zweckmäßig bei der Bestimmung von Stromstärken mit der Tangentenbussole das Instrument mit Hilfe eines bekannten Nebenschlusses so einstellen, daß die Nadel in der Nähe von 45^0 zur Ruhe kommt.

<h2 style="text-align:center">§ 12.</h2>

<h3 style="text-align:center">Der Differentialquotient der zyklometrischen Funktionen.</h3>

Die zyklometrischen Funktionen sind die Umkehrungen der trigonometrischen; deshalb lassen sich auch ihre Differentialquotienten aus denen der trigonometrischen Funktionen durch Umkehrung ableiten.

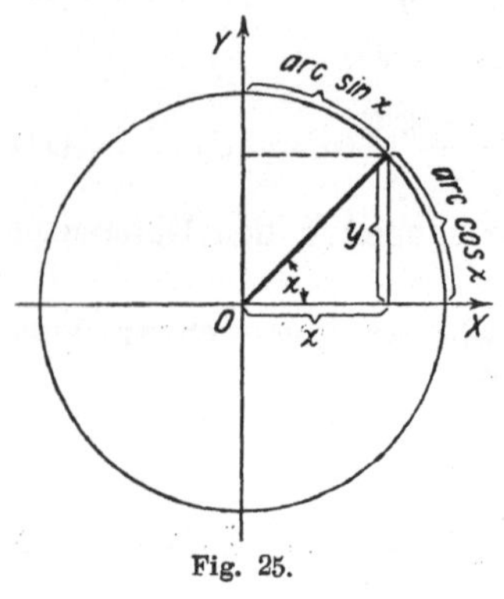

Fig. 25.

Man braucht nur in den trigonometrischen Funktionen die Rolle der abhängigen und unabhängigen Variablen zu vertauschen und findet:

aus $x = \sin y$ durch Umkehr

       $y = \mathrm{arc}\,\sin x$ (Arcus-Sinus)

aus $x = \cos y$ durch Umkehr

       $y = \mathrm{arc}\,\cos x$ usw.

Man versteht unter $y = \mathrm{arc}\,\sin x$ den Bogen, dessen Sinus $= x$ ist (vgl. Fig. 25).

Wir erhalten durch Zeichnung der Kurven eine bessere Anschauung der Abhängigkeit der Variablen und schicken diese Betrachtung unserer eigentlichen Aufgabe — der Bestimmung des

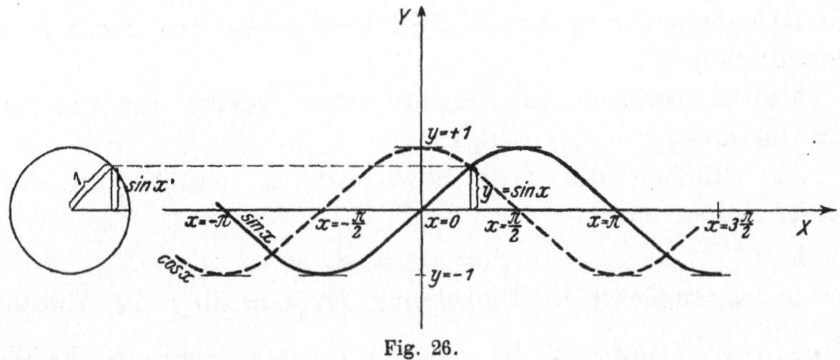

Fig. 26.

Differentialquotienten — voraus. Man konstruiert die Sinus- und Kosinus-Kurve in gewöhnlichen rechtwinkligen Koordinaten, indem man den Kreisumfang auf der X-Achse ausbreitet und zu jedem Punkte des Umfanges die Sinusstrecke senkrecht aufträgt.

Man findet dann — der Radius sei $= 1$ — für den Sinus die ausgezogene, für den Kosinus die gestrichelte Linie. Aus dieser Figur erhalten wir durch Vertauschen der Variablen die Kurven für $y = \text{arc sin} \, x$ und arc cos x. Dies ergibt Fig. 27. Die ausgezogene Linie bedeutet den arc sin x, die gestrichelte den arc cos x. Die Kurven sehen genau so wie die in Fig. 26 aus, sie sind nur anders gelegen. Während die Sinus-(Kos.-)Kurve in einen horizontalen Streifen von der Breite 2 eingeschlossen war, findet man die Arc-Sinus-(Kos.-)Kurve in einem vertikalen Streifen. Wir erkennen schon durch Vergleich der beiden Figuren, daß z. B. der sin x für jeden Wert der unabhängigen Variablen x einen bestimmten Wert liefert; sin x ist eine eindeutige Funktion. Dagegen muß $y = \text{arc sin} \, x$ eine unendlich vieldeutige

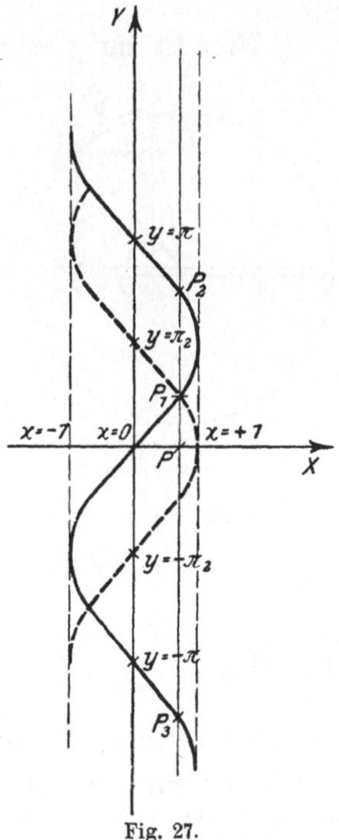

Fig. 27.

Funktion sein, welche nur für Werte des x zwischen — 1 und $+$ 1 reell ist, aber für diese beliebig viele Werte liefert, denn eine im Punkte P errichtete Ordinate schneidet die Kurve immer von neuem, je höher und tiefer man ihren Weg verfolgt in P_1, P_2, P_3 .... (Die Bedeutung der zyklometrischen Funktionen liegt mehr in der Integralrechnung.)

Man konstruiere die entsprechenden Kurven für tg x und ctg x, für arc tg x und arc ctg x.

Die Bildung des Differentialquotienten macht jetzt keine Schwierigkeiten mehr.

1. $\qquad\qquad\qquad y = \mathrm{arc}\ \sin x.$

Wir bilden zunächst in Umkehrung für $x = \sin y$ die Ableitung $\dfrac{dx}{dy} = \cos y$. Dann muß die gesuchte Ableitung der reziproke Wert

$\dfrac{1}{\dfrac{dx}{dy}}$ sein, also: $\qquad \dfrac{dy}{dx} = \dfrac{1}{\cos y} = \dfrac{1}{\pm\sqrt{1 - \sin^2 y}}.$

Nun ist $\sin^2 y = x^2$, also

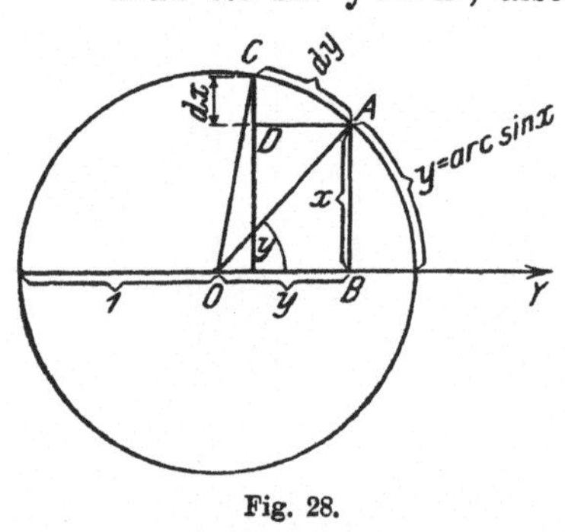

$$\frac{dy}{dx} = \pm\frac{1}{\sqrt{1 - x^2}}$$

d. h. eine Ableitung mit unbestimmten Vorzeichen.

Die geometrische Betrachtung ergibt die Richtigkeit dieser Formel. Wir konstruieren im Einheitskreise die zu den Bogen y und $y + dy$ gehörigen Winkel und finden Dreieck O A B ähnlich A C D, indem wir den sehr kleinen Bogen A C

Fig. 28.

als Gerade ansehen dürfen. Es verhält sich

$$\frac{dy}{dx} = \frac{OA}{OB} \quad \text{und, da } OA = 1,\ OB^2 = 1^2 - x^2,$$

also $OB = \pm\sqrt{1 - x^2}$, so wird: $\dfrac{dy}{dx} = \pm\dfrac{1}{\sqrt{1 - x^2}}.$ y ist dabei $= $ arc sin x, denn A B ist mit x bezeichnet.

Nimmt man die Koordinatenachsen in der gebräuchlichen Weise an, legt also die X-Achse horizontal, so wird $OB = x$ und y bedeutet dann den arc cos x. Man hat dann dieselbe geometrische Ableitung für arc cos x.

2. $$y = \text{arc cos } x.$$

Wir berechnen aus der Umkehrfunktion für $x = \cos y$ den Wert

$$\frac{dx}{dy} = -\sin y. \quad \text{Also} \quad \frac{dy}{dx} = \frac{1}{-\sin y} = \frac{1}{\pm \sqrt{1 - \cos^2 y}}$$

$$\frac{dy}{dx} = \pm \frac{1}{\sqrt{1 - x^2}}$$

ebenfalls unbestimmt im Vorzeichen. Der Grund für diese Unbestimmtheit liegt in der Mehrdeutigkeit der Funktionen $y = \text{arc sin } x$ bezw. arc cos x.

Was besagt dieser Umstand für ihre Differentialquotienten?

Wir müssen die Tangentialrichtungen betrachten und zeichnen deshalb arc sin x und arc cos x der Fig. 27 jetzt nebeneinander. Die eingeschriebenen Zahlen 1, 2, 3, 4 bedeuten die einzelnen

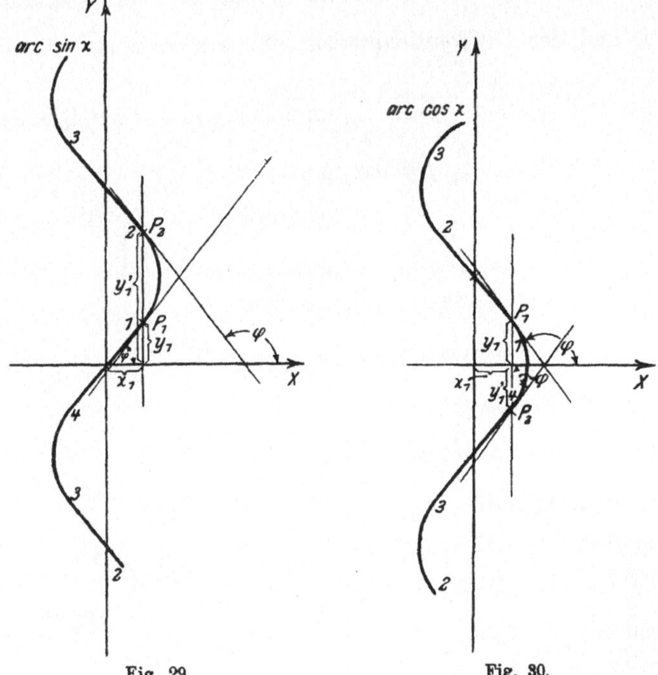

Fig. 29.   Fig. 30.

Quadranten, denen die Kurvenpunkte zugehörten, bevor der Kreisumfang abgerollt wurde.

Zu jedem Wert von x zwischen -1 und $+1$ gehörten, wie wir sahen, unendlich viele Werte von y.

Zu $x = x_1$ z. B. y_1, y'_1, $y''_1 \ldots$ Die entsprechenden Kurvenpunkte sind in den Fig. 29 u. 30 mit P_1, P_2, P_3 usw. bezeichnet.

Legen wir in diesen Punkten die Tangenten an die Kurven, so sehen wir, daß den unendlich vielen Kurvenpunkten, welche einem x entsprechen, 2 verschiedene Tangentenrichtungen zugehören, die sich stets wiederholen. Die eine schließt mit der X-Achse einen spitzen, die andere einen stumpfen Winkel (φ) ein. Im ersteren Falle ist $\operatorname{tg} \varphi = \dfrac{dy}{dx}$ eine positive, im zweiten eine negative Größe, wie ja auch die Differentialquotienten aussagen. Wir fassen diese Betrachtungen dahin zusammen, daß wir sagen: Der Differentialquotient von arc sin x ist $+\dfrac{1}{\sqrt{1-x^2}}$ oder $-\dfrac{1}{\sqrt{1-x^2}}$, je nachdem wir uns im ersten und vierten oder im zweiten und dritten Quadranten befinden, und der Differentialquotient von arc cos x ist $+\dfrac{1}{\sqrt{1-x^2}}$ im dritten und vierten, $\dfrac{-1}{\sqrt{1-x^2}}$ im ersten und zweiten Quadranten.

3. $$y = \operatorname{arc} \operatorname{tg} x.$$

Es folgt $x = \operatorname{tg} y$ und

$$\frac{dx}{dy} = \frac{1}{\cos^2 y}.$$

Durch Umkehr der Funktion folgt wieder:

$$\frac{dy}{dx} = \cos^2 y = \frac{1}{1 + \operatorname{tg}^2 y} \quad \text{(vergl. Nr. 7 der Formelsammlung).}$$

Nun ist $\operatorname{tg}^2 y = x^2$, also

$$\frac{dy}{dx} = \frac{1}{1 + x^2}.$$

4. $$y = \operatorname{arc} \operatorname{ctg} x \qquad\qquad x = \operatorname{ctg} y$$

$$\frac{dx}{dy} = -\frac{1}{\sin^2 x} = -(1 + \operatorname{ctg}^2 y) = -(1 + x^2),$$

(vergl. Nr. 6 der Formelsammlung)

also $$\frac{dy}{dx} = -\frac{1}{1 + x^2}.$$

Wir geben dieselbe Zusammenstellung wie in § 11 jetzt für die **Differentialquotienten der zyklometrischen Funktionen:**

y	arc sin x	arc cos x	arc tg x	arc ctg x
$\dfrac{dy}{dx}$	$+\dfrac{1}{\sqrt{1-x^2}}$	$-\dfrac{1}{\sqrt{1-x^2}}$	$+\dfrac{1}{1+x^2}$	$-\dfrac{1}{1+x^2}$

Die Vorzeichen bei arc sin x und arc cos x beziehen sich in der Tabelle auf den ersten Quadranten.

§ 12a.

Aufgaben:

107. $y = \arcsin(bx)$ $\qquad y' = \dfrac{b}{\sqrt{1-b^2x^2}}$

108. $y = \arcsin\dfrac{b^2-x^2}{b^2+x^2}$ $\qquad y' = \dfrac{-2b}{b^2+x^2}$

109. $y = \arcsin\dfrac{1}{x}$ $\qquad y' = -\dfrac{1}{x\sqrt{x^2-1}}$

110. $y = \arcsin\dfrac{x}{\sqrt{1+x^2}}$ $\qquad y' = \dfrac{1}{1+x^2}$

Erläuterung:

$$dy = \frac{d\,\dfrac{x}{\sqrt{1+x^2}}}{\sqrt{1-\dfrac{x^2}{1+x^2}}} = \frac{\dfrac{\sqrt{1+x^2}-x\cdot\dfrac{2x}{2\sqrt{1+x^2}}}{1+x^2}}{\sqrt{\dfrac{1+x^2-x^2}{1+x^2}}}\cdot dx$$

$$\frac{dy}{dx} = \frac{1+x^2-x^2}{(1+x^2)\sqrt{1}} = \frac{1}{1+x^2}.$$

Man verfahre bei den folgenden Aufgaben ähnlich.

111. $y = \arccos\dfrac{a\cos x+b}{b\cos x+a}$ $\qquad y' = \dfrac{a^2-b^2}{(b\cos x+a)\sqrt{a^2-b^2}}$

112. $y = \operatorname{arc\,tg}\sqrt{\dfrac{1-x}{1+x}}$ $\qquad y' = \dfrac{-1}{2\sqrt{1-x^2}}$

113. $\quad y = \text{arc ctg} \dfrac{x}{\sqrt{1-x^2}}$ $\qquad\qquad y' = \dfrac{-1}{\sqrt{1-x^2}}$

114. $\quad y = \text{arc ctg} \dfrac{1}{\sqrt{x}}$ $\qquad\qquad y' = \dfrac{1}{2(x+1)\sqrt{x}}$

115. $\quad y = a \cdot \text{arc sin} \sqrt{\dfrac{2ax-x^2}{a}} - \sqrt{2ax-x^2}$

$$y' = \dfrac{x}{\sqrt{2ax-x^2}}$$

116. $\quad y = \ln(x + \sqrt{1+x^2})$ $\qquad y' = \dfrac{1}{\sqrt{1+x^2}}$

117. $\quad y = \dfrac{1}{2}\ln\dfrac{1+x}{1-x}$ $\qquad\quad y' = \dfrac{1}{1-x^2}$

118. $\quad y = \ln \sin x$ $\qquad\qquad\quad y' = \text{ctg }x$

119. $\quad y = \ln \cos x$ $\qquad\qquad\quad y' = -\text{tg }x$

120. $\quad y = \ln \text{tg} \dfrac{x}{2}$ $\qquad\qquad\quad y' = \dfrac{1}{\sin x}$

121. $\quad y = \ln \text{tg}\left(\dfrac{\pi}{4} + \dfrac{x}{2}\right)$ $\qquad y' = \dfrac{1}{\cos x}$

Die Aufgaben 116—121 zeichnen sich dadurch aus, daß die Lösung eine besonders einfache Form hat. Ihre Nutzanwendung wird sich im Gebiet der Integralrechnung erweisen.

Die Ableitungen für 116—121 sind nachstehend gegeben:

116. $\quad y = \ln(x + \sqrt{1+x^2})$.   Man setze: $x + \sqrt{1+x^2} = u$

$$y = \ln u \qquad\qquad\qquad dy = \dfrac{du}{u} = \dfrac{d(x + \sqrt{1+x^2})}{x + \sqrt{1+x^2}}$$

Ferner für $\sqrt{1+x^2} = \sqrt{v}$

$$dy = \dfrac{d(x + \sqrt{v})}{1 + \sqrt{v}} = \dfrac{dx + \dfrac{dv}{2\sqrt{v}}}{1 + \sqrt{v}} = \dfrac{dx + \dfrac{dv}{2\sqrt{v}}}{x + \sqrt{v}}.$$

Nun ist $dv = d(1+x^2) = 2x\,dx$.   Setzen wir dies ein, so wird:

$$dy = \dfrac{dx + \dfrac{2x\,dx}{2\sqrt{1+x^2}}}{x + \sqrt{1+x^2}} = dx\,\dfrac{\left(1 + \dfrac{x}{\sqrt{1+x^2}}\right)}{x + \sqrt{1+x^2}}$$

$$= \dfrac{dx(\sqrt{1+x^2} + x)}{\sqrt{1+x^2}(x + \sqrt{1+x^2})}.$$

$$\frac{d\,y}{d\,x} = \frac{1}{\sqrt{1+x^2}}.$$

117. $y = \dfrac{1}{2}\ln\dfrac{1+x}{1-x}.$ $\dfrac{1+x}{1-x} = u$ $y = \dfrac{1}{2}\ln u$

$$d\,y = \frac{1}{2}\frac{d\,u}{u} = \frac{1}{2}\,\frac{d\left(\dfrac{1+x}{1-x}\right)}{\dfrac{1+x}{1-x}}$$

$$= \frac{1}{2}\,\frac{\dfrac{(1-x)\,d\,x-(1+x)(-d\,x)}{(1-x)^2}}{\dfrac{1+x}{1-x}}$$

$$d\,y = \frac{1}{2}\frac{d\,x-x\,d\,x+d\,x+x\,d\,x}{(1-x)\,(1+x)} = \frac{d\,x}{1-x^2}$$

$$\frac{d\,y}{d\,x} = \frac{1}{1-x^2}.$$

Die Lösung dieser Gleichung kann auch in folgender Weise geschehen:

$$y = \frac{1}{2}\left[\ln\,(1+x) - \ln\,(1-x)\right]$$

$$d\,y = \frac{1}{2}\left[\frac{d\,(1+x)}{1+x} - \frac{d\,(1-x)}{1-x}\right] = \frac{1}{2}\left(\frac{d\,x}{1+x} - \frac{d\,x}{1-x}\right)$$

$$d\,y = \frac{d\,x}{2}\frac{1-x+1+x}{1-x^2} = \frac{d\,x}{1-x^2}\qquad \frac{d\,y}{d\,x} = \frac{1}{1-x^2}.$$

Die rechte Seite der Gleichung unterscheidet sich von der in § 12 Nr. **3** Seite 60 gegebenen Ableitung des arc tg x nur durch das Vorzeichen des x^2. Wir schließen auf eine gewisse Verwandtschaft zwischen $\dfrac{1}{2}\ln\dfrac{1+x}{1-x}$ und arc tg x. Ersetzt man in $\dfrac{1}{2}\ln\dfrac{1+x}{1-x}$ die Veränderliche x durch i x, wobei $i = \sqrt{-1}$, so daß $y = \dfrac{1}{2}\ln\dfrac{1+i\,x}{1-i\,x}$, so wird $d\,y = \dfrac{d\,(i\,x)}{2}\dfrac{1-i\,x+1+i\,x}{1-i^2\,x^2}$. Nun ist $i^2 = 1$, es wird $d\,y = \dfrac{i\,d\,x}{1+x^2}$ und $\dfrac{d\,y}{d\,x} = \dfrac{i}{1+x^2}$. Die rechte Seite stimmt bis auf den Faktor i mit der rechten Seite der Ableitung für arc tg x überein.   Wir schließen daraus:

$$\text{arc tg } x = \frac{1}{2\,i} \ln \frac{1 + i\,x}{1 - i\,x}.$$

118. $y = \ln \sin x$ $\sin x = u$ $y = \ln u$

$$d\,y = \frac{d\,u}{u} = \frac{d \sin x}{\sin x} = \frac{\cos x \, d\,x}{\sin x}$$

$$\frac{d\,y}{d\,x} = \text{ctg } x.$$

119. $y = \ln \cos x$ $d\,y = \frac{d \cos x}{\cos x} = - \frac{\sin x \, d\,x}{\cos x}$

$$\frac{d\,y}{d\,x} = -\text{ tg } x.$$

120. $y = \ln \text{tg } \dfrac{x}{2}$ $d\,y = \dfrac{d \text{ tg } \dfrac{x}{2}}{\text{tg } \dfrac{x}{2}} = \dfrac{\dfrac{\dfrac{1}{2}\,d\,x}{\cos^2 \dfrac{x}{2}}}{\text{tg } \dfrac{x}{2}} = \dfrac{d\,x}{2 \cos^2 \dfrac{x}{2} \, \text{tg } \dfrac{x}{2}}$

Nun ist $\cos x \cdot \text{tg } x = \sin x$, also $d\,y = \dfrac{d\,x}{2 \sin \dfrac{x}{2} \cdot \cos \dfrac{x}{2}}$ (vgl. Nr. 16 der trigon. Formel-sammlung)

$$\frac{d\,y}{d\,x} = \frac{1}{\sin x}.$$

121. $y = \ln \text{tg } \left(\dfrac{\pi}{4} + \dfrac{x}{2} \right)$

$$d\,y = \frac{d \text{ tg } \left(\dfrac{\pi}{4} + \dfrac{x}{2} \right)}{\text{tg } \left(\dfrac{\pi}{4} + \dfrac{x}{2} \right)} = \frac{\dfrac{\dfrac{1}{2}\,d\,x}{\cos^2 \left(\dfrac{\pi}{4} + \dfrac{x}{2} \right)}}{\text{tg } \left(\dfrac{\pi}{4} + \dfrac{x}{2} \right)}$$

$$d\,y = \frac{1}{2} \frac{d\,x}{\cos^2 \left(\dfrac{\pi}{4} + \dfrac{x}{2} \right) \cdot \dfrac{\sin \left(\dfrac{\pi}{4} + \dfrac{x}{2} \right)}{\cos \left(\dfrac{\pi}{4} + \dfrac{x}{2} \right)}}$$

$$= \frac{d\,x}{2\sin\left(\dfrac{\pi}{4}+\dfrac{x}{2}\right)\cos\left(\dfrac{\pi}{4}+\dfrac{x}{2}\right)}$$

$$\frac{d\,y}{d\,x}=\frac{1}{\sin\left(\dfrac{\pi}{2}+x\right)}=\frac{1}{\cos x},\ \text{denn } 2\sin\frac{x}{2}\cos\frac{x}{2}=\sin x.$$

§ 13.

Der zweite Differentialquotient. Maxima und Minima. Wendepunkte.

Die Ableitung der Funktion $2\,x^4$ ist $8\,x^3$. Die Ableitung von $8\,x^3$ ist $24\,x^2$. Die Ableitung von einer Ableitung wird die zweite Ableitung der ursprünglichen Funktion genannt.

Ist $f(x)$ die ursprüngliche Funktion, so ist

    $f'(x)$ der 1. Differentialquotient oder die 1. Ableitung

und $f''(x)$ der 2.   „   „ „ 2.   „   ·

Da $f'(x)=\dfrac{d\,y}{d\,x}$ geschrieben wurde, so ist

$$f''(x)=\frac{d\left(\dfrac{d\,y}{d\,x}\right)}{d\,x}=\frac{d^2\,y}{d\,x^2}$$

und dies ist die gebräuchlichste Schreibweise. Es heißt wohlbemerkt $d\,x^2$, aber nicht $d\,y^2$, sondern $d^2\,y$, gesprochen „d zwei y".

Im § 7 Seite 32 definierten wir die Geschwindigkeit als den Differentialquotienten des Weges nach der Zeit. Wir wollen nunmehr dafür genauer setzen: als den ersten Differentialquotienten, als die erste Ableitung, da wir der zweiten bezw. den folgenden Ableitungen jetzt eine von der ersten Ableitung verschiedene Deutung werden zuerkennen müssen. Wir werden sehen, wie die erste Ableitung die Probleme der Geschwindigkeit, der Tangentialneigung einer Kurve usw. dem Verständnis näherrückt, so beleuchtet die zweite Ableitung die Fragen der Beschleunigung, der Krümmung einer Kurve usw.

Wir erläuterten z. B. im § 7 Seite 33, daß für den frei fallenden Körper die zurückgelegte Wegstrecke $s=\dfrac{1}{2}\,g\,t^2$ ist.

Die Geschwindigkeit des Körpers zu einer bestimmten Zeit ergab sich durch Differentiation dieser Gleichung als

$$\frac{ds}{dt} = g\,t \quad \cdots \cdots \cdots \quad (I)$$

Differentiieren wir nochmals nach t, bilden wir die zweite Ableitung, so finden wir:

$$\frac{d^2 s}{dt^2} = g \quad \text{oder}, \quad \text{da} \quad \frac{ds}{dt} = v \quad \text{war},$$

so wird:

$$\frac{dv}{dt} = g, \quad \cdots \cdots \cdots \quad (II)$$

d. h. die erste Ableitung der Geschwindigkeit des frei fallenden Körpers nach der Zeit ergibt die Erdbeschleunigung g.

Die Beschleunigung ist also das Verhältnis einer sehr kleinen Geschwindigkeit dv zu dem entsprechend kurzen Zeitintervall dt. dv bedeutet nichts anderes als eine Zunahme oder Abnahme an Geschwindigkeit, $\frac{dv}{dt} = \frac{d^2 s}{dt^2}$ die Beschleunigung. Für die Dimension der Beschleunigung finden wir entsprechend $\frac{d^2 s}{dt^2}$ das Verhältnis einer Länge zum Quadrat einer Zeit $= [l \cdot t^{-2}]$ oder im [C.G.S.]-System [cm/sec^2].

Ein solcher Zuwachs an Geschwindigkeit ist aber nur unter dem Einfluß einer äußeren Kraft möglich. In unserem Falle muß es die Anziehungskraft der Erde sein, die dem Körper die Beschleunigung g erteilt. Da wir durch zweimalige Differentiation tatsächlich g als diese Beschleunigung finden, so zeigt das Resultat der Differentialrechnung die Richtigkeit der von uns benutzten Gleichung $s = \frac{1}{2}\,g\,t^2$.

Im § 8 fanden wir dann weiter, daß die erste Ableitung $\frac{dy}{dx}$ die trigonometrische Tangente desjenigen Winkels τ ergab, welchen die geometrische Tangente im Punkte $P\,(x, y)$ mit der Abszissenachse bildete.

Die erste Ableitung stellte — kurz gesagt — die Neigung

unserer Kurve in einem beliebigen Punkte P dar, denn wir fanden:

$$\operatorname{tg} \tau = \frac{dy}{dx}.$$

Bilden wir die zweite Ableitung, so erhalten wir $\frac{d^2y}{dx^2}$. Was

bedeutet $\frac{d^2y}{dx^2}$ für unsere Kurve? (Fig. 31.)

Wächst x um d x, so stellt DD_1 die Größe d y dar. Wächst x nochmals um d x, so wächst auch y und zwar um die Strecke $F F_1$, die wir mit $d y_1$ bezeichnen wollen. Wir verstehen dann unter $d^2 y$ die Strecke F G. Denn diese bedeutet die Veränderung von d y mit nochmaliger Zunahme des x um d x. $F G = d^2 y$ ist $= d y_1 - d y = F F_1 - G F_1$, weil nach Fig. 31 $G F_1$ $= D D_1$ sein soll.

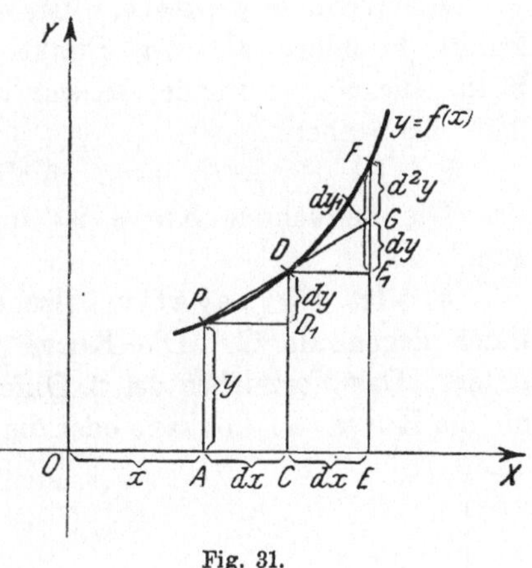

Fig. 31.

Es bedeutet $\frac{d^2y}{dx^2}$ somit das Verhältnis der sehr kleinen Strecke $d^2 y$ zu dem Quadrat der Strecke d x.

Hinsichtlich der Dimension erhalten wir eine Länge durch das Quadrat einer Länge, also $[1^{-1}]$ oder im [C-G-S]-System $\left[\frac{\mathrm{cm}}{\mathrm{cm}^2}\right]$

$= \left[\frac{1}{\mathrm{cm}}\right].$

Welche Bedeutung können wir aber geometrisch dem 2. Differentialquotienten zuerkennen? Augenscheinlich ist er das Maß, in dem sich die Neigung der Kurve im Punkte P mit wachsendem x ändert, denn wir können für $\frac{d^2y}{dx^2}$ auch schreiben:

$$\frac{d\left(\frac{dy}{dx}\right)}{dx} = \frac{d\operatorname{tg}\tau}{dx}.$$

Ändert sich x um dx, so soll sich die trigonometrische Tangente τ um $d\,\mathrm{tg}\,\tau$ ändern; und das kann nichts anderes heißen als, wie ändert sich die Neigung der Kurve im Punkte P. Es stellt uns $\dfrac{d^2 y}{dx^2}$ das dar, was wir Krümmung der Kurve in P mit Bezug auf die X-Achse nennen können.

Man wird nun drei wichtige Fälle unterscheiden:

1. Wenn $d^2 y$ positiv ist, d. h. wenn $dy_1 > dy$, so liegt der Punkt F höher als der Punkt P. Dies ist in Figur 31 der Fall. Die Kurve wendet an der betrachteten Stelle ihre **konkave** Seite nach oben.

2. Ist $d^2 y = 0$, wenn nämlich $dy_1 = dy$ ist, so heißt das: Die betrachtete Kurve ist in dem betreffenden Intervall eine gerade Linie.

3. Ist $d^2 y$ negativ, also $dy_1 < dy$, so muß der Punkt F tiefer liegen als G. Die Kurve wendet ihre konkave Seite nach unten. Das Vorzeichen des 2. Differentialquotienten entscheidet also, ob die Kurve die konkave oder die konvexe Seite nach oben wendet.

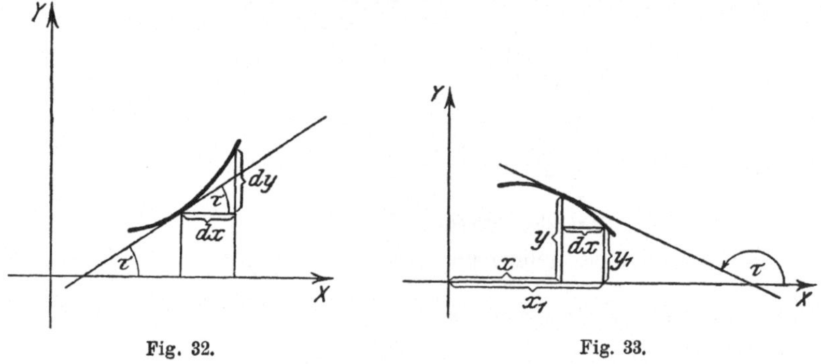

Fig. 32.   Fig. 33.

Was sagt uns das **Vorzeichen des 1. Differentialquotienten** aus? Ist es auch wichtig für die Gestalt der Kurve?

Es war $\dfrac{dy}{dx} = \mathrm{tg}\,\tau$.

1. Ist $\dfrac{dy}{dx}$ positiv, so muß, wenn x um dx wächst, auch y wachsen; einem positiven dx muß auch ein positives dy entsprechen. Nimmt aber dy zu, so steigt die Kurve; die Tangente bildet mit der X-Achse einen spitzen Winkel τ (Fig. 32).

2. Ist $\dfrac{dy}{dx}$ negativ, so nimmt dy ab, die Kurve fällt mit wachsendem x. Nach Fig. 33 ist:

$$x_1 - x = + dx$$
$$y_1 - y = - dy.$$

Die Tangente bildet mit der X-Achse den stumpfen Winkel τ.

3. Wenn die Kurve aus dem Steigen ins Fallen übergeht oder umgekehrt, so muß der Differentialquotient sein Vorzeichen wechseln und durch 0 gehen. An diesen Stellen ist die Tangente an die Kurve der X-Achse parallel (Fig. 34), denn, $\dfrac{dy}{dx} = 0$, heißt tg $\tau = 0$, und das bedeutet: $\tau = 0^0$ oder 180^0.

Die Stellen, an denen die Ordinaten der Kurve Größtwerte annehmen, d. h. Werte, die größer sind, als die Nachbarwerte zu beiden Seiten, nennt man Maxima, an denen sie Mindestwerte annehmen, Minima der Kurve. Für alle Werte von x, denen Maxima oder Minima der Kurve entsprechen, ist der 1. Differentialquotient = 0.

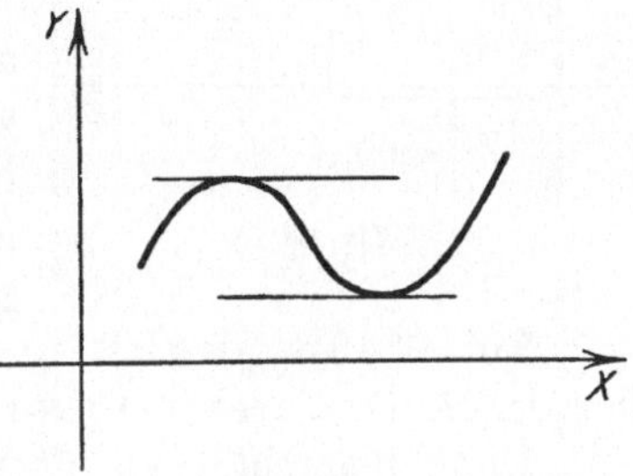

Fig. 34.

Wir finden umgekehrt solche Maxima und Minima, indem wir die Gleichung der Kurve differentieren und den Differentialquotienten = 0 setzen, also diejenigen Werte des x suchen, für die die 1. Ableitung = 0 ist.

Der 1. Differentialquotient entscheidet also darüber, ob ein Maximum oder ein Minimum vorhanden ist, nicht aber, welches von beiden. Dazu gebrauchen wir den 2. Differentialquotienten.

Wir haben gesehen, daß $\dfrac{d^2y}{dx^2}$, je nachdem die Kurve die konkave Seite nach oben oder nach unten wendet, positiv oder negativ ist (Fall 1 und 3 auf Seite 68). Hierin unterscheiden sich aber gerade Maxima und Minima.

Beim Maximum liegt die konkave Kurvenseite (Fig. 34) nach unten; in solchen Fällen war $\dfrac{d^2y}{dx^2}$ negativ.

Beim Minimum liegt die konkave Kurvenseite nach oben, wir sahen: $\dfrac{d^2 y}{d x^2}$ war positiv.

Für denjenigen Wert von x, für den die Kurve ein Maximum hat, muß demnach der erste Differentialquotient gleich 0 und der zweite negativ sein.

Für einen Wert von x, für den die Kurve dagegen ein Minimum zeigt, muß der erste Differentialquotient gleich 0 und der zweite positiv sein.

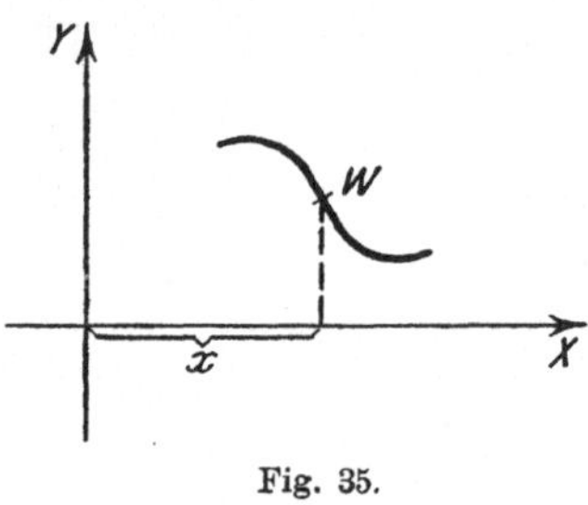

Fig. 35.

Hat die Kurve an der betrachteten Stelle von x (Fig. 35) die konkave Seite zum Teil nach oben, zum Teil nach unten, so spricht man von einem Wendepunkte an der Übergangsstelle. Der 2. Differentialquotient ist also, wenn wir vom Maximum kommen, bis zum Punkte W (Wendepunkt) negativ, von W ab aber positiv, d. h. er geht bei W durch 0 hindurch.

Ein Wendepunkt ist somit dadurch charakterisiert, daß für ihn der 2. Differentialquotient $= 0$ wird.

Diese Betrachtungen über den 2. Differentialquotienten sollen noch dadurch erläutert werden, daß wir ihn als Grenzwert von Differenzenquotienten definieren, ohne auf den 1. Differentialquotienten zurückgreifen zu müssen.

Wir gingen beim 1. Differentialquotienten von dem Differenzenquotienten

$$\frac{f(x + \varDelta x) - f(x)}{\varDelta x} = \frac{\varDelta y}{\varDelta x}$$

aus. Hieraus können wir einen 2. Differenzenquotienten bilden, indem wir zu $x + \varDelta x$ und x noch je ein $\varDelta x$ hinzufügen, von diesem neuen Quotienten den ursprünglichen subtrahieren und die Differenz nochmals durch $\varDelta x$ dividieren:

$$\frac{\dfrac{f(x + 2\varDelta x) - f(x + \varDelta x)}{\varDelta x} - \dfrac{f(x + \varDelta x) - f(x)}{\varDelta x}}{\varDelta x}$$

und das ergibt:

$$\frac{f(x + 2\varDelta x) - 2 f(x + \varDelta x) + f(x)}{\varDelta x^2} = \frac{\varDelta^2 y}{\varDelta x^2}.$$

Den Ausdruck im Zähler nennt man die 2. Differenz und bezeichnet sie mit $\Delta^2 y$.

Lassen wir in diesem 2. Differenzenquotienten Δx sich der Grenze 0 nähern, so erhalten wir konsequenterweise $\dfrac{d^2 y}{d x^2}$.

Aufgaben:

122. Die Gestalt einer durch ihre Gleichung gegebenen Kurve festzustellen.

Die Gleichung lautet:

$$\frac{y}{b} = \frac{3\,x^2}{l^2} - \frac{2\,x^3}{l^3}.$$

Es folgt durch Differentiation, die man ausführen möge:

$$\frac{d\,y}{d\,x} = \frac{6\,b}{l}\left(\frac{x}{l} - \frac{x^2}{l^2}\right)$$

$$\frac{d^2 y}{d\,x^2} = \frac{6\,b}{l^2}\left(1 - \frac{2\,x}{l}\right).$$

Um festzustellen, ob die Kurve Maxima und Minima hat, setzen wir $\dfrac{d\,y}{d\,x} = 0$ und berechnen x:

$$\frac{d\,y}{d\,x} \quad \text{wird 0 für } x = 0 \text{ und } x = l.$$

Jetzt stellen wir fest, welches Vorzeichen der 2. Differentialquotient für $x = 0$ und $x = l$ besitzt:

$$1. \quad x = 0 \qquad \frac{d^2 y}{d\,x^2} = \frac{6\,b}{l^2},$$

d. h. positiv. Also befindet sich im **Koordinatenanfangspunkt**, wo $x = 0$ ist, ein **Minimum**.

$$2. \quad x = l \qquad \frac{d^2 y}{d\,x^2} = \frac{6\,b}{l^2}(1 - 2) = -\frac{6\,b}{l^2},$$

also negativ. Der Stelle $x = l$ entspricht ein **Maximum**.

Zur Ermittelung der Wendepunkte wird $\dfrac{d^2 y}{d\,x^2} = 0$ gesetzt, also

$$\frac{6\,b}{l^2}\left(1 - \frac{2\,x}{l}\right) = 0 \text{ gibt } x = \frac{l}{2}.$$

Die Kurve besitzt bei $x = \dfrac{1}{2}$ einen Wendepunkt.

Um die Kurve zu zeichnen, ermitteln wir die zu den verschiedenen x gehörigen y-Werte.

Wir setzen in die erste Gleichung als Werte von x ein 0, 1, $\dfrac{1}{2}$ und finden:

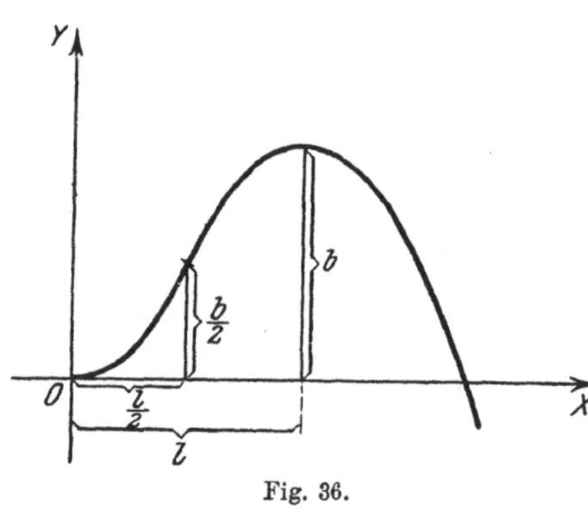

x	y
0	0
1	b
$\dfrac{1}{2}$	$\dfrac{b}{2}$

wo $x = 0$ ein Minimum, $x = \dfrac{1}{2}$ einen Wendepunkt und $x = 1$ ein Maximum bedeutet. Die gesuchte Gestalt der Kurve ist nach der Tabelle in Fig. 36 gezeichnet.

Fig. 36.

123. Für die Ableitung der Differentialgleichung der elastischen Linie, welche Gleichung später gefunden wird, ist es von Wichtigkeit, den Krümmungsradius des Krümmungskreises einer Kurve zu kennen.

Gesucht der Krümmungsradius ϱ.

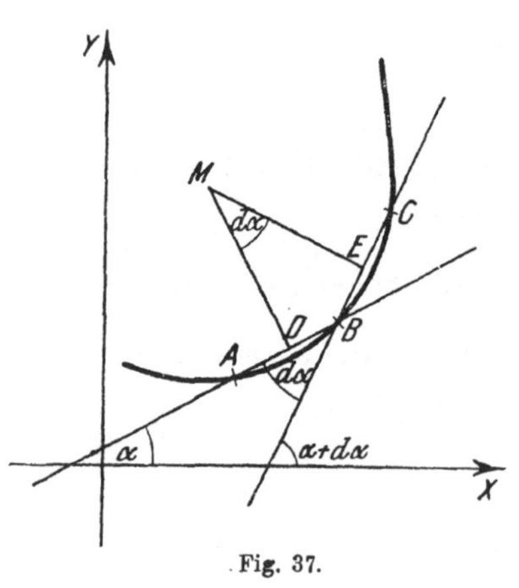

Fig. 37.

In der nebenstehenden Fig. 37 seien AB und BC zwei unendlich kleine, benachbarte Bogenelemente ds einer beliebigen Kurve, die durch die Punkte A, B und C gehe. Durch die Punkte A und B lassen sich unendlich viele Kreise legen, deren Mittelpunkte sich auf der Mittelsenkrechten von AB befinden. Nur einer dieser Kreise wird auch durch den Punkt C gehen. Sein Mittelpunkt ist der Schnittpunkt der auf AB und

BC errichteten Mittelsenkrechten. Dieser Kreis hat mit der Kurve drei unendlich nahe beieinander liegende Punkte A, B und C gemeinsam, er schmiegt sich also von allen Kreisen am innigsten an die Kurve an. Durch ihn kann daher die Krümmung der Kurve gemessen werden. Man nennt ihn den Krümmungskreis, seinen Radius ϱ den Krümmungsradius und seinen Mittelpunkt den Krümmungsmittelpunkt.

Wir bestimmen nun den Krümmungsradius ϱ dieses Kreises wie folgt: Das Bogenelement ds zwischen den Punkten A und B war unendlich klein gedacht, die Punkte A und B kann man sich deshalb im Fußpunkte der Mittelsenkrechten MD als unendlich benachbarte Punkte vereinigt denken. Man kann dann die Sehne AB als Tangente an den Krümmungskreis im Punkte D ansprechen. Sie bilde mit der X-Achse den Winkel α. Ebenso kann man die Sehne BC als Tangente an den Kreis im Punkte E betrachten, die mit der X-Achse den Winkel $\alpha + d\alpha$ bildet. Der Winkel, den die beiden Tangenten miteinander einschließen, ist demnach gleich $d\alpha$. Denselben Winkel finden wir auch (Fig. 37) zwischen den Mittelsenkrechten.

Der zu diesem Zentriwinkel $d\alpha$ gehörige Bogenteil kann gleich $\dfrac{ds}{2} + \dfrac{ds}{2} = ds$ gesetzt werden, da sich der Bogen ABC von einer Geraden nur unendlich wenig unterscheiden soll.

Es ist nun $ds = \varrho\,d\alpha$, also

$$\varrho = \frac{ds}{d\alpha} \quad \cdots \cdots \cdots \quad \text{(I)}$$

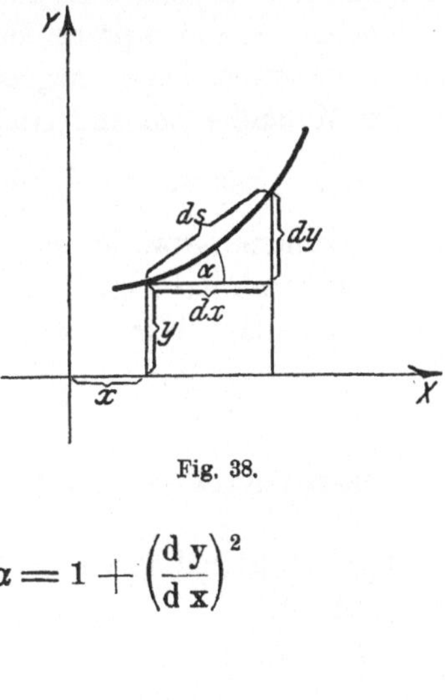

Aus Fig. 38 folgt:

$$ds^2 = dx^2 + dy^2 \quad \text{d. h.} \quad ds = \sqrt{dx^2 + dy^2}$$

$$ds = \pm\,dx\sqrt{1 + \left(\frac{dy}{dx}\right)^2} \quad \cdot\ \cdot \quad \text{(II)}$$

Ferner ergibt sich: $\operatorname{tg}\alpha = \dfrac{dy}{dx}$.

Durch Differentiation dieser Gleichung erhält man:

$$\frac{d\alpha}{\cos^2\alpha} = d\left(\frac{dy}{dx}\right)$$

Fig. 38.

$$\frac{1}{\cos^2\alpha} \quad \text{ist gleich} \quad 1 + \operatorname{tg}^2\alpha = 1 + \left(\frac{dy}{dx}\right)^2$$

$$\mathrm{d}\,\alpha = \mathrm{d}\left(\frac{\mathrm{d}\,y}{\mathrm{d}\,x}\right) \cdot \cos^2 \alpha = \frac{\mathrm{d}\left(\dfrac{\mathrm{d}\,y}{\mathrm{d}\,x}\right)}{1 + \left(\dfrac{\mathrm{d}\,y}{\mathrm{d}\,x}\right)^2} \quad \cdot \quad \cdot \quad \cdot \quad \text{(III)}$$

Setzt man nunmehr die aus Gleichung II und III für d s bezw. d α gefundenen Werte in Gleichung I ein, so wird:

$$\varrho = \frac{\pm\, \mathrm{d}x\, \sqrt{1 + \left(\dfrac{\mathrm{d}\,y}{\mathrm{d}\,x}\right)^2} \cdot \left[1 + \left(\dfrac{\mathrm{d}\,y}{\mathrm{d}\,x}\right)^2\right]}{\mathrm{d}\left(\dfrac{\mathrm{d}\,y}{\mathrm{d}\,x}\right)}$$

Dividiert man Zähler und Nenner mit d x, so wird der Nenner gleich $\dfrac{\mathrm{d}\left(\dfrac{\mathrm{d}\,y}{\mathrm{d}\,x}\right)}{\mathrm{d}\,x} = \dfrac{\mathrm{d}^2 y}{\mathrm{d}\,x^2}$, während im Zähler d x fortfällt. Man erhält als Resultat:

$$\varrho = \frac{\pm\, \left[1 + \left(\dfrac{\mathrm{d}\,y}{\mathrm{d}\,x}\right)^2\right]^{\frac{3}{2}}}{\dfrac{\mathrm{d}^2 y}{\mathrm{d}x^2}}.$$

Bei den folgenden Aufgaben über Maxima und Minima verfahre man nach folgender Regel. Man bilde den ersten Differentialquotienten der betreffenden Funktion und setze diesen gleich 0. Daraus berechne man x. Nunmehr bilde man den zweiten Differentialquotienten und erprobe, ob dieser für den berechneten Wert von x einen positiven bezw. negativen Wert ergibt. Dann hat man für x ein Minimum, im anderen Falle ein Maximum.

124. Für welche Werte von x wird die Funktion $f(x) = x + \dfrac{1}{x}$ ein Maximum bezw. Minimum?

Die Funktion zeigt für $x = +1$ ein Minimum und für $x = -1$ ein Maximum. Wir erhalten nämlich:

$$f'(x) = 1 - \frac{1}{x^2} \quad \text{und} \quad f''(x) = \frac{2}{x^3}.$$

Setzt man $1 - \dfrac{1}{x^2} = 0$, so wird $x = \pm 1$. Für $x = +1$ wird

$f''(1) = +2$ und für $x = -1$ wird $f''(-1) = \dfrac{2}{-1^3} = -2.$

125. $y = x^2 (a - x)^2$ — $\begin{cases} \text{Maximum für } x = \dfrac{a}{2} \\[2mm] \text{Minimum } \quad,, \quad x = a \end{cases}$

126. $y = (a + x)\sqrt{a^2 + x^2}$ — Maximum $\quad,, \quad x = \dfrac{a}{2}$

127. $y = x\, e^{\frac{1}{x}}$ — Minimum $\quad,, \quad x = 1$

128. $y = x^x$ — Minimum $\quad,, \quad x = \dfrac{1}{e}$

129. $y = x^{\frac{1}{x}}$ — Maximum $\quad,, \quad x = e$

130. $y = \dfrac{e^x}{\sin x}$ — $\begin{cases} \text{Minimum } \quad,, \quad x = \dfrac{\pi}{4} \\[2mm] \text{Maximum } \quad,, \quad x = \dfrac{5\,\pi}{4} \end{cases}$

131. Gegeben ist ein Dreieck. In dasselbe ist ein Rechteck von größter Fläche zu konstruieren und zwar so, daß die Grundlinie des Rechtecks mit der des Dreiecks zusammenfällt und die Ecken des Rechtecks auf den Seiten des Dreiecks liegen.

Die Grundlinie des Dreiecks sei a, seine Höhe h. Die Grundlinie des Rechtecks sei y, seine Höhe x, dann ist die Fläche S des Rechtecks gleich x . y, worin y eine Funktion von x ist. Aus Fig. 39 findet man:

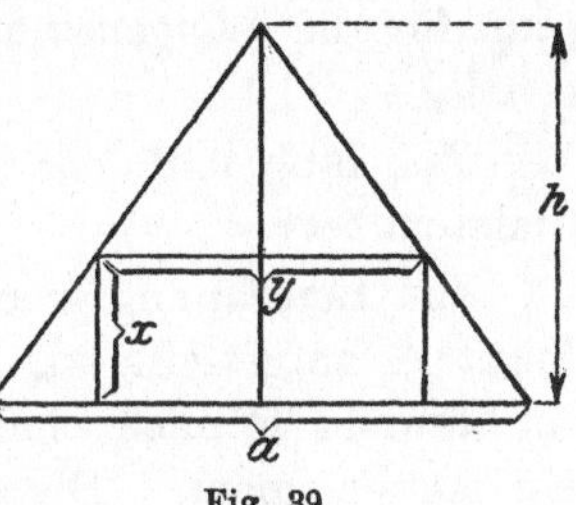

Fig. 39.

$$\frac{y}{a} = \frac{h - x}{h}, \quad \text{also} \quad y = \frac{a}{h}(h - x).$$

Wir erhalten für die Fläche:

$$S = \frac{a}{h}(h - x) . x = \frac{a}{h}(h\,x - x^2).$$

Da die Fläche ein Maximum sein soll, setzt man:

$$\frac{dS}{dx} = \frac{a}{h}(h - 2x) = 0 \quad \text{d. h.} \quad x = \frac{h}{2},$$

indem wir den Klammerausdruck $h - 2x = 0$ setzen und den konstanten Faktor $\dfrac{a}{h}$ unberücksichtigt lassen. Dies dürfen wir tun, da das Produkt $\dfrac{a}{h}(h\,x - x^2)$ einen größten Wert annehmen soll, und es hierzu allein auf den Wert der Klammer ankommt. Bilden wir jetzt den zweiten Differentialquotienten, so erhalten wir den Wert — 2. Wir erhalten also ein Maximum für $x = \dfrac{h}{2}$, d. h. die Fläche des Rechtecks wird dann am größten sein, wenn wir seine Höhe gleich der halben Höhe des Dreiecks wählen. Die Grundlinie $y = \dfrac{a}{h}(h - x)$ wird entsprechend gleich $\dfrac{a}{2}$ zu wählen sein.

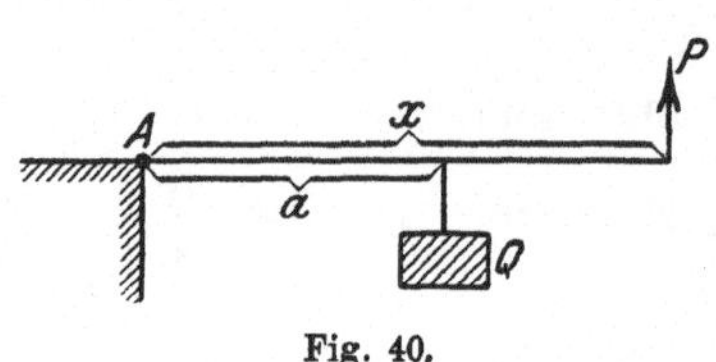

Fig. 40.

132. Ein prismatischer Stab, der in dem einen Endpunkt A drehbar befestigt ist und in der Entfernung a cm von diesem Endpunkt eine Last Q kg trägt, soll durch eine am anderen Ende angreifende, vertikal nach oben wirkende Kraft P kg im Gleichgewicht gehalten werden. Das Eigengewicht des Stabes, das im Schwerpunkt konzentriert gedacht werden soll, sei q kg für die Längeneinheit, d. h. für 1 cm, insgesamt also gleich q . x kg.

Wie lang muß der Hebelarm x sein, damit das Gewicht P ein Minimum ist?

Zur Berechnung von x wird eine Momentengleichung für den Punkt A aufgestellt, d. h. man bestimmt, mit welchem Hebelarm das Gewicht P nach oben dreht, mit anderen Worten: man sucht sein Drehmoment. Diesem gleich, aber entgegengesetzt gerichtet, müssen die Drehmomente der Last Q und des Eigengewichts q . x zusammen sein.

Die Momentengleichung lautet: $P . x = Q . a + q . x . \dfrac{x}{2}$

$$P = \frac{Q . a}{x} + \frac{q . x}{2} \quad \ldots \ldots \ldots \quad \text{(I)}$$

P soll ein Minimum sein, also: $-\dfrac{Q . a}{x^2} + \dfrac{q}{2} = 0$

$$x = \sqrt{\frac{2 Q a}{q}} \quad \ldots \ldots \ldots \quad \text{(II)}$$

Der zweite Differentialquotient gibt:

$$- Q . a . \left(\frac{-2}{x^3}\right) = \frac{2 Q . a}{x^3}.$$

Wenn wir den Wert von x aus II einsetzen, so erhalten wir etwas Positives. Für dieses x muß also P ein Minimum sein.

Wir erhalten das kleinste P, wenn wir den gefundenen Wert von x in Gleichung I einsetzen:

$$P_{Min} = \frac{Q\,a}{\sqrt{\dfrac{2\,Q\,a}{q}}} + \frac{q}{2}\sqrt{\frac{2\,Q\,a}{q}} = \sqrt{\frac{Q\cdot q\cdot a}{2}} + \sqrt{\frac{Q\cdot q\cdot a}{2}}$$

$$P_{Min} = \sqrt{2\,Q\cdot q\cdot a}.$$

133. Aus einem kreisrunden Baumstamme vom Durchmesser d soll ein rechteckiger Balken von größter Tragfähigkeit geschnitten werden.

Diese Tragfähigkeit hängt ab vom Widerstandsmoment. Dieses Widerstandsmoment W ist nach der Festigkeitslehre für einen rechteckigen Querschnitt $\dfrac{x\cdot y^2}{6}$.

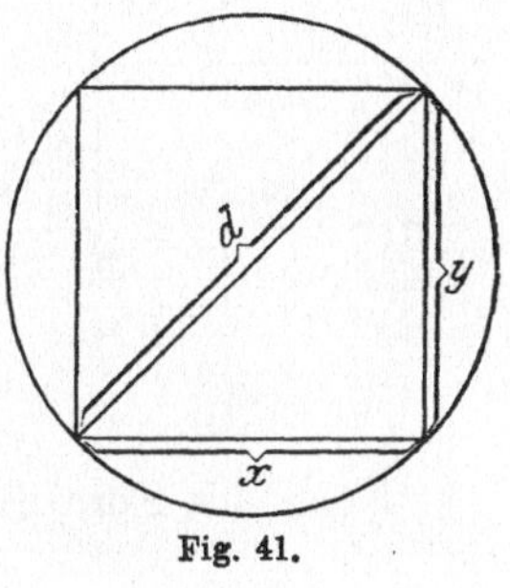

Fig. 41.

Nach der Aufgabe soll demnach $W = \dfrac{x\,y^2}{6}$ ein Maximum werden. y ist von x abhängig, denn nach Fig. 41 ist $y^2 = d^2 - x^2$, also wird $W = \dfrac{1}{6}(d^2\,x - x^3)$.

Für die erste Ableitung erhält man $\dfrac{1}{6}(d^2 - 3\,x^2)$. Wenn der konstante Faktor unberücksichtigt bleibt, wird $x^2 - \dfrac{d^2}{3} = 0$; also $x = \dfrac{d}{\sqrt{3}}$. Die zweite Ableitung gibt $-6\,x$, und für x den Wert eingesetzt, $-\dfrac{6\,d}{\sqrt{3}}$, also negativ. Für diesen Wert wird die Funktion ein Maximum, und der Balken erhält die größte Tragfähigkeit für $x = \dfrac{d}{\sqrt{3}}$ und $y = d\sqrt{\dfrac{2}{3}}$, denn es ist $y = \sqrt{d^2 - x^2} = \sqrt{d^2 - \dfrac{d^2}{3}}$. Hieraus folgt $\dfrac{x}{y} = \dfrac{1}{\sqrt{2}} = \sqrt{\dfrac{1}{2}} = 0,7$.

Man erhält für die Tragfähigkeit des Balkens das günstigste

Verhältnis, wenn sich die Breite zur Höhe wie $5:7$ verhält, denn $\dfrac{5}{7}$ ist annähernd 0,7.

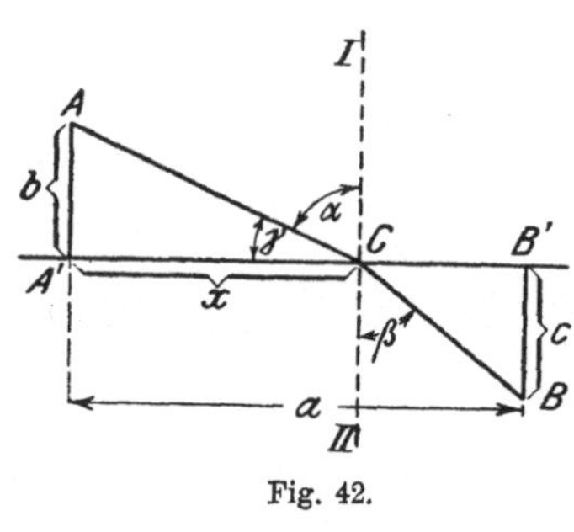

Fig. 42.

134. Eine Gerade A'B' trennt zwei Gelände von verschiedener Beschaffenheit. Auf welchem Wege gelangt man in der kürzesten Zeit von Punkt A nach Punkt B, wenn die Geschwindigkeit im Gelände I mit v_1, im Gelände II mit v_2 angenommen wird. Die relative Lage der Punkte A und B sei durch die Größen a, b und c gegeben (Fig. 42). Der Weg im Gelände I sei A C, in II C B.

Nach der Formel $v = \dfrac{s}{t}$ oder $t = \dfrac{s}{v}$ wird die Gesamtzeit

$$t = \frac{A C}{v_1} + \frac{C B}{v_2}.$$

Nach der Figur ist: $\quad A C = \sqrt{b^2 + x^2}$

$$C B = \sqrt{(a - x)^2 + c^2}$$

Es soll also $t = \dfrac{\sqrt{b^2 + x^2}}{v_1} + \dfrac{\sqrt{(a - x)^2 + c^2}}{v_2}$ ein Minimum

sein. Wir bilden

$$f'(t) = \frac{1}{v_1} \cdot \frac{2 x}{2 \sqrt{b^2 + x^2}} + \frac{1}{v_2} \cdot \frac{- 2 (a - x)}{2 \sqrt{(a - x)^2 + c^2}} = 0.$$

Aus Fig. 42 folgt:

$$\frac{x}{\sqrt{b^2 + x^2}} = \frac{A'C}{A C} = \cos \gamma = \sin \alpha \quad \text{und}$$

$$\frac{a - x}{\sqrt{(a - x) + c^2}} = \frac{B'C}{B C} = \sin \beta.$$

Es ist also $\dfrac{1}{v_1} \sin \alpha - \dfrac{1}{v_2} \sin \beta = 0$ und das gibt: $\dfrac{\sin \alpha}{\sin \beta} = \dfrac{v_1}{v_2}$.

Dieses Resultat erinnert an das Brechungsgesetz des Lichtes. Das Licht wählt stets den Weg auf dem es in kürzester Zeit von einem Punkt des einen Mediums zu einem Punkte eines anderen Mediums gelangen kann; denn es ist experimentell nachgewiesen, daß das Verhältnis der Fortpflanzungsgeschwindigkeiten — der sogenannte

Brechungsexponent n — gleich dem Sinus des einfallenden Strahles dividiert durch den Sinus des gebrochenen Strahles ist d. h.

$$\frac{v_1}{v_2} = n = \frac{\sin \alpha}{\sin \beta}.$$

135. Ein zylinderförmiges Hohlgefäß, dessen Inhalt 1 Liter betragen möge, soll mit einem Minimum an Material bei gegebener Blechdicke hergestellt werden. Wie groß ist der Radius der Grundfläche zu wählen?

Der Mantel und die Grundfläche des Zylinders werden wie folgt berechnet. Ist x der Radius der Grundfläche und y die Höhe des Zylinders, so erhält man für die Grundfläche den Wert $x^2 \pi$ und für den Mantel $2 x \pi y$. Der Inhalt des Zylinders ist gegeben als $x^2 \pi y = 1$; hieraus berechnet sich y zu $\dfrac{1}{x^2 \pi}$. Die Mantelfläche

wird dann
$$= 2 x . \pi \frac{1}{x^2 \pi} = \frac{2}{x}.$$

Das erforderliche Material ist für die Grundfläche und Mantelfläche in Ansatz zu bringen, also für

$$x^2 \pi + \frac{2}{x} \quad . \quad . \quad . \quad . \quad . \quad . \quad . \quad . \quad \text{(I)}$$

Dieser Ausdruck soll ein Minimum werden. Man setzt den ersten Differentialquotienten $= 0$, also

$$2 x \pi - \frac{2}{x^2} = 0 \quad . \quad . \quad . \quad . \quad . \quad . \quad \text{(II)}$$

Hieraus berechnet sich x zu $\sqrt[3]{\dfrac{1}{\pi}}$.

Durch Bildung des zweiten Differentialquotienten überzeugt man sich, ob wirklich ein Minimum vorliegt; man findet $2 \pi + \dfrac{4}{x^3}$

Das gibt: $2 \pi + \dfrac{4}{\dfrac{1}{\pi}} = 6 \pi$ d. h. einen positiven Wert.

Man erhält also das Hohlgefäß mit einem Minimum an Materialverbrauch, wenn man den Radius der Grundfläche gleich $\sqrt[3]{\dfrac{1}{\pi}}$

und die Höhe $= \dfrac{1}{\sqrt[3]{\pi}}$ setzt, denn $\sqrt[3]{\dfrac{1}{\pi^2}} . \pi . \dfrac{1}{\sqrt[3]{\pi}}$ ergibt den Wert 1, wie in der Aufgabe gefordert wurde.

§ 14.
Die höheren Differentialquotienten.

In derselben Weise wie wir aus der Funktion $y = f(x)$ den
1. Differentialquotienten $\dfrac{dy}{dx} = f'(x)$ und aus dieser neuen Funktion
wieder den zweiten Differentialquotienten bildeten, können wir durch
fortgesetzte Differentiation den dritten, vierten usw. Differentialquotienten bilden. Wir erhalten allgemein den n^{ten} Differentialquotienten $f^n(x)$ durch n-malige Anwendung des Differentiations-
prozesses. (Vergl. auch Aufgabe 64 u. 65 der Seite 47).

Als Erweiterung der früheren Betrachtungen sollen für einen
Teil der behandelten Funktionen die höheren Differentialquotienten
im folgenden angegeben werden:

$$1. \quad y = x^n; \quad y' = n\,x^{n-1}; \quad y'' = n\,(n-1)\,x^{n-2}; \dots$$
$$\dots y^{(n)} = n\,(n-1)\,(n-2)\dots$$

Alle folgenden Differentialquotienten werden gleich 0. Zum
Beispiel:

$$y = x^4; \quad y' = 4\,x^3; \quad y'' = 12\,x^2; \quad y''' = 24\,x; \quad y'''' = 24;$$
$$y''''' = 0.$$

$$2. \quad y = e^x; \quad y' = e^x; \quad y'' = e^x; \quad y''' = e^x$$
$$\text{und alle folgenden.}$$

$$3. \quad y = \ln x; \quad y' = \frac{1}{x}; \quad y'' = -\frac{1}{x^2}; \quad y''' = 1 \cdot 2 \cdot x^{-3} = \frac{1 \cdot 2}{x^3}$$
$$y'''' = -1 \cdot 2 \cdot 3 \cdot x^{-4} = -\frac{1 \cdot 2 \cdot 3}{x^4} \dots$$

$$4. \quad y = \sin x; \quad y' = \cos x; \quad y'' = -\sin x; \quad y''' = -\cos x;$$
$$y'''' = \sin x. \quad \text{Die Ab-}$$
leitungen kehren periodisch wieder.

Aufgaben:

Man bilde die höheren Differentialquotienten von:

136. $y = \cos x$ $y' \dots? \; y'' \dots? \dots$

137. $y = x^7$ $y' \dots? \; y'' \dots? \dots$

138. $y = \text{arc}\,\sin x$ $y' \dots? \; y'' \dots? \dots$

§ 15.

Partielle Differentialquotienten.

Bisher haben wir nur Funktionen e i n e r Veränderlichen differentiiert. Jetzt sei z eine Funktion der beiden Veränderlichen x und y. Man drückt diese Abhängigkeit des z aus durch die Gleichung:

$$z = f(x, y).$$

Beispiele für solche Abhängigkeiten lassen sich leicht anführen:

Die Geschwindigkeit eines Segelschiffes kann man u. a. als eine Funktion der Kraft des Windes und des Winkels ansehen, den die Segel mit der Windrichtung bilden.

Der Druck p eines Gases ist abhängig von der Temperatur t und dem Volumen v. Wir schreiben: $p = f(t, v)$. Hiermit wird ausgesagt, daß Änderungen sowohl der Temperatur, als auch des Volumens Änderungen von p zur Folge haben. Man hat jedoch mehrere Arten von Änderungen zu unterscheiden. Hält man z. B. die Temperatur des Gases konstant, so bringen nur Volumänderungen eine Druckänderung hervor und umgekehrt. Man kann natürlich auch das Volumen des Gases konstant halten, so daß nur Temperaturänderungen eine Änderung des Druckes herbeiführen. Man nennt solche Änderungen von p, bei denen die eine unabhängige Variable konstant gehalten wird, partielle Änderungen.

Wir wollen $z = f(x, y)$ solchen partiellen Änderungen unterwerfen. Wir stellen uns vor, dem y werde ein fester Wert beigelegt, so daß nur x variabel sei, dann würde z nur noch eine Funktion von x sein. Man kann das Differential und den Differentialquotienten wie bisher definieren. Die Herleitung der Beziehungen wollen wir wieder mit Hilfe des Differenzenquotienten ausführen. Es möge $\varDelta z_x$ den kleinen Zuwachs des z nach x bedeuten, wenn y konstant genommen wird, und $\varDelta z_y$ den Zuwachs des z nach y, wenn x konstant bleibt. Wir haben genau wie früher die Gleichungen:

$$z = f(x, y) \ldots \ldots \ldots \ldots \quad \text{(I)}$$

$$z + \varDelta z_x = f(x + \varDelta x, y) \ldots \ldots \quad \text{(II)}$$

Subtrahieren wir I von II, so wird:

$$\varDelta z_x = f(x + \varDelta x, y) - f(x, y) \ldots \ldots \quad \text{(III)}$$

In genau derselben Weise finden wir:

$$\varDelta z_y = f(x, y + \varDelta y) - f(x, y) \ldots \ldots \quad \text{(IV)}$$

Dividiert man Gleichung III durch $\varDelta$x und Gleichung IV durch $\varDelta$y, so erhält man die partiellen Differenzenquotienten:

$$\frac{\varDelta z_x}{\varDelta x} \quad \text{und} \quad \frac{\varDelta z_y}{\varDelta y}.$$

Läßt man $\varDelta$x bezw. $\varDelta$y unendlich klein werden, geht man zur Grenze über, so ergeben sich die partiellen Differentialquotienten, die man zum Unterschiede von den gewöhnlichen Differentialquotienten mit $\dfrac{\partial z}{\partial x}$ und $\dfrac{\partial z}{\partial y}$ bezeichnet. Wir erhalten somit die Gleichungen:

$$\lim \frac{\varDelta z_x}{\varDelta x} = \lim \frac{f(x + \varDelta x, y) - f(x, y)}{\varDelta x} = \frac{\partial z}{\partial x} \quad \cdot \quad \cdot \quad \text{(V)}$$

$$\lim \frac{\varDelta z_y}{\varDelta y} = \lim \frac{f(x, y + \varDelta y) - f(x, y)}{\varDelta y} = \frac{\partial z}{\partial y} \quad \cdot \quad \cdot \quad \text{(VI)}$$

Diese partiellen Differentialquotienten werden genau so berechnet wie die gewöhnlichen, indem man in der Gleichung für f(x, y) die Variable, welche man nicht ändern will, den Differentiationsregeln unterwirft, die wir für konstante Größen abgeleitet haben.

Aufgaben:

139. $z = f(x, y) = 3\,a\,x^3 + 4\,b\,x\,y + 2\,c\,y^2$

$$\frac{\partial z}{\partial x} = 9\,a\,x^2 + 4\,b \cdot y + 0 \quad \text{(y konstant)}$$

$$\frac{\partial z}{\partial y} = 0 + 4\,b\,x + 4\,c\,y \quad \text{(x konstant)}$$

140. $z = f(x, y) = \sin x + \cos y$

$$\frac{\partial z}{\partial x} = \cos x + 0 \quad \text{(y konstant)}$$

$$\frac{\partial z}{\partial y} = 0 + (-\sin y) \quad \text{(x konstant)}$$

Ändern wir jetzt in der Gleichung $z = f(x, y)$ die beiden Unabhängigen x und y gleichzeitig um $\varDelta$x bezw. $\varDelta$y, so ändert sich z um $\varDelta$z; diese Änderung nennt man eine totale.

Wir erhalten:

$$z = f(x, y) \quad \cdot \ \cdot \ \cdot \ \cdot \ \cdot \ \cdot \ \cdot \ \cdot \quad \text{(1)}$$

$$z + \varDelta z = f(x + \varDelta x, y + \varDelta y) \quad \cdot \ \cdot \ \cdot \ \cdot \quad \text{(2)}$$

Aus beiden Gleichungen folgt:

$$\varDelta z = f(x + \varDelta x, y + \varDelta y) - f(x, y) \quad \cdot \ \cdot \ \cdot \quad \text{(3)}$$

Subtrahiert und addiert man auf der rechten Seite der Gleichung 3,

$$f(x, y + \varDelta y),$$

so erhält man:

$$\varDelta z = f(x + \varDelta x, y + \varDelta y) - f(x, y + \varDelta y)$$
$$+ f(x, y + \varDelta y) - f(x, y).$$

Hierfür kann man auch schreiben:

$$\varDelta z = \frac{f(x + \varDelta x, y + \varDelta y) - f(x, y + \varDelta y)}{\varDelta x} \cdot \varDelta x$$

$$+ \frac{f(x, y + \varDelta y) - f(x, y)}{\varDelta y} \cdot \varDelta y \quad \ldots \quad (4)$$

Lassen wir in dieser Gleichung $\varDelta x$ und $\varDelta y$ sich der Grenze Null nähern, so erhalten wir auf der linken Seite dz, das wir als das totale Differential bezeichnen wollen. Es wird:

$$dz = \lim_{\varDelta x = 0} \frac{f(x + \varDelta x, y + \varDelta y) - f(x, y + \varDelta y)}{\varDelta x} \cdot \varDelta x$$

$$+ \lim_{\varDelta y = 0} \frac{f(x, y + \varDelta y) - f(x, y)}{\varDelta y} \cdot \varDelta y \quad \ldots \quad (5)$$

Das zweite Glied der rechten Seite dieser Gleichung bedeutet, wie wir durch Vergleich mit Gleichung VI feststellen können, das partielle Differential dz_x, das wir erhalten, indem wir Gleichung VI entsprechend auf folgende Form bringen:

$$\lim \varDelta z_y = dz_y = \lim \frac{f(x, y + \varDelta y) - f(x, y)}{\varDelta y} \cdot \varDelta y = \frac{\partial z}{\partial y} dy \quad \text{(VI')}$$

Die Gleichung V wollen wir in derselben Weise schreiben:

$$\lim \varDelta z_x = dz_x = \lim \frac{f(x + \varDelta x, y) - f(x, y)}{\varDelta x} \cdot \varDelta x = \frac{\partial z}{\partial x} dx \quad \text{(V')}$$

Vergleichen wir das erste Glied der rechten Seite in Gleichung 5 mit V', so sehen wir, daß an Stelle von y in Gleichung 5 überall $y + \varDelta y$ geschrieben steht, daß sonst aber die Ausdrücke völlig gleich erscheinen. Wir wollen $y + \varDelta y = y_1$ schreiben und werden sagen:

Die Gleichung V' bedeutet die partielle Ableitung der Funktion $z = f(x, y)$ unter der Voraussetzung, daß y konstant gehalten wird, und das erste Glied der rechten Seite in Gleichung 5 bedeutet die partielle Ableitung der Funktion $f(x, y_1)$, wenn y_1 konstant gehalten wird.

Die beiden Funktionen $f(x, y)$ und $f(x, y_1)$ unterscheiden sich nur unendlich wenig voneinander, weil y_1 um die sehr kleine Größe $\varDelta y$ von y verschieden ist. Wir werden also nur einen sehr kleinen Fehler begehen, wenn wir in den partiellen Ableitungen die konstanten y und y_1 einander gleich setzen.

Wir schreiben dann Gleichung 5 in der neuen Form:

$$dz = \frac{\partial z}{\partial x}\,dx + \frac{\partial z}{\partial y}\,dy, \quad \ldots \ldots \quad (6)$$

d. h. **das totale Differential einer Funktion mit mehreren Variablen ist gleich der Summe der partiellen Differentiale.**

Für $dz = 0$ wird aus Gleichung 6:

$$\frac{dy}{dx} = -\frac{\partial z}{\partial x}\Big/\frac{\partial z}{\partial y} \quad \ldots \ldots \ldots \quad (7)$$

Das totale Differential der Aufgaben 139 und 140 wird entsprechend:

$$dz = (9\,ax^2 + 4\,by)\,dx + (4\,bx + 4\,cy)\,dy$$
$$dz = \cos x\,dx - \sin y\,dy.$$

In genau derselben Weise wird man verfahren, wenn z als Funktion einer beliebigen Anzahl von unabhängigen Variablen gegeben ist. Ist $z = f(x, y, u, v, w \ldots)$, so wird:

$$dz = \frac{\partial z}{\partial x}\,dx + \frac{\partial z}{\partial y}\,dy + \frac{\partial z}{\partial u}\,du + \frac{\partial z}{\partial v}\,dv + \frac{\partial z}{\partial w}\,dw \ldots$$

Wie wir für die Funktion $y = f(x)$ Maxima oder Minima der Funktion aufsuchen konnten, so können wir genau in derselben Weise auch für eine Funktion mit mehreren Variablen z. B. für $z = \psi(x, y)$ Maxima oder Minima bestimmen.

Während jedoch $y = f(x)$ oder, wie wir nach § 1 auch schreiben können, $f(x, y) = 0$ durch eine Kurve mit den Koordinaten x und y geometrisch gedeutet werden konnte, werden wir die Funktion $z = \psi(x, y)$ oder $\psi(x, y, z) = 0$ als Fläche im Raum mit den Koordinaten x, y und z anzusehen haben. In Fig. 43 sei eine solche Fläche dargestellt.

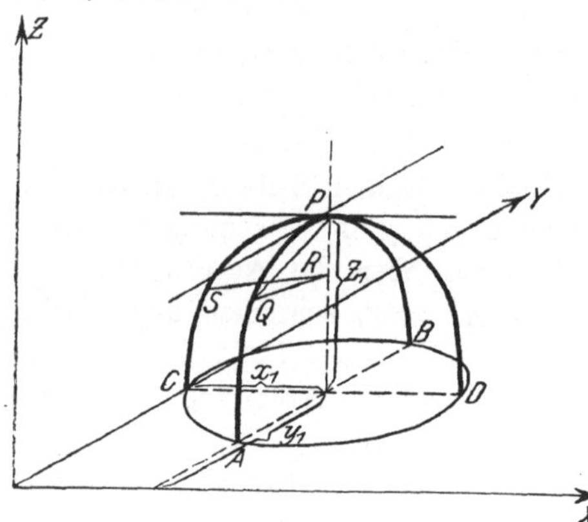

Fig. 43.

Durch den Punkt P sind zwei Ebenen gelegt, beide senkrecht zur XY-Ebene, die eine parallel zur X-Achse — sie schneidet unsere Fläche in der Kurve CPD —, die andere parallel zur Y-Achse — sie schneidet die Fläche in der Kurve APB. Die Koordinaten des Punktes P seien x_1, y_1, z_1. Nehmen wir auf der Kurve APB einen Punkt Q an, der natürlich auch ein Punkt unserer Fläche ist, und sind seine Koordinaten x, y und z, so wird man nach früheren Betrachtungen die Koordinaten von P auch x, $y + \varDelta y$ und $z + \varDelta z$ schreiben, indem man

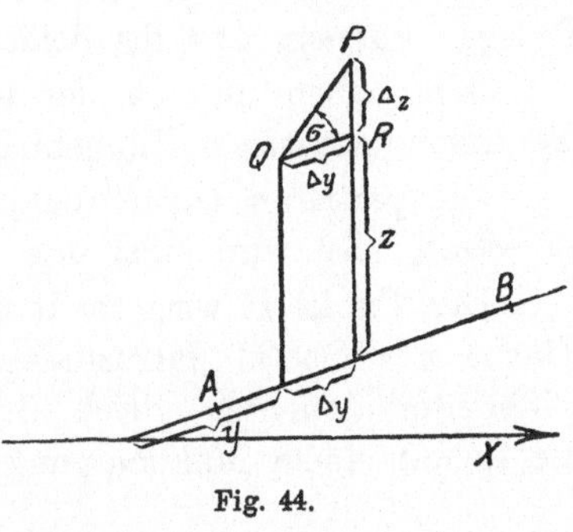

Fig. 44.

die Differenz der Entfernungen klein nimmt. Die Ordinate x muß dieselbe bleiben, weil wir uns auf einer Kurve parallel zur Y-Achse fortbewegen müssen, um von Q nach P zu gelangen. Wir können uns die Ebene APB herausgelegt denken und betrachten jetzt Fig. 44.

Verbinden wir P mit Q durch eine Sehne, so erhalten wir für den Winkel σ unserer Sehne die Gleichung: $\operatorname{tg} \sigma = \dfrac{\varDelta z}{\varDelta y}$.

Wir verfahren nunmehr genau wie in § 8. Wir lassen den Punkt Q immer mehr nach P heranrücken, so daß die Sehne schließlich in die Tangente übergeht, wenn $\varDelta y$ und $\varDelta z$ sich der Grenze 0 nähern. Wir erhalten dann $\operatorname{tg} \tau = \dfrac{dz}{dy}$.

Wir schreiben jedoch zum Kennzeichen, daß z auch noch nach x differentiiert werden kann, $\dfrac{\partial z}{\partial y}$, denn wir können dieselbe Betrachtung wiederholen, indem wir auf der Kurve CPD einen Punkt S (vergl. Fig. 43) annehmen und ihn schließlich P unendlich benachbart werden lassen. Für diese neue Tangente würde y konstant sein, und wir würden den partiellen Differentialquotienten $\dfrac{\partial z}{\partial x}$ erhalten.

Wir können also die partiellen Differentialquotienten $\dfrac{\partial z}{\partial y}$ und $\dfrac{\partial z}{\partial x}$ definieren als die trigonometrischen Tangenten derjenigen

Geraden, die wir in P tangential an die Kurve A P B bezw. C P D gelegt haben. Das totale Differential $dz = \dfrac{\partial z}{\partial y} dy + \dfrac{\partial z}{\partial x} dx$ würden wir als die Ebene zu betrachten haben, die wir so durch P legen können, daß die beiden Tangenten in ihr verlaufen.

Wir haben nun in der Figur den Punkt P so gewählt, daß die trigonometrischen Tangenten beide in P gleich 0 werden.

Die partiellen Differentialquotienten sind somit ebenfalls gleich 0 zu setzen, also wird auch das totale Differential $= 0$ sein.

Der Punkt P wird somit ein Maximum bezw. Minimum unserer Fläche $z = f(x, y)$ darzustellen haben, weil für ihn die partiellen Differentialquotienten gleich 0 werden. Die Figur zeigt an, daß wir es mit einem Maximalpunkt der Fläche zu tun haben.

Aufgabe 141.

In einem Fernsprechamt sind 3 Reihen Vielfachumschalterschränke in den Abständen von 5 m und 8 m aufgestellt. Zur Speisung der in jeder Schrankreihe befindlichen 500 Glühlampen mit einem Stromverbrauch von je 0,08 Ampere dient die in einer Entfernung von 10 m von der ersten Schrankreihe aufgestellte Sammlerbatterie von 24 Volt. Wie müssen die Querschnitte der Verteilungsleitungen, deren Längen l_1, l_2 und l_3 sind, be

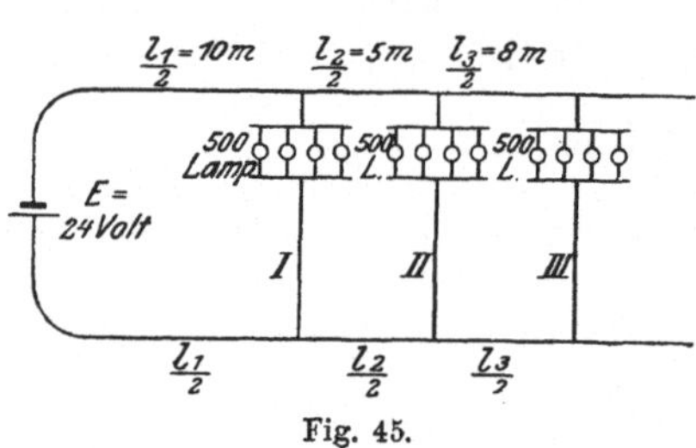

Fig. 45.

messen werden, wenn der Kupferverbrauch ein Minimum sein soll, und wenn der Spannungsabfall bis zur letzten Schrankreihe nicht mehr als 2 % der normalen Batteriespannung betragen darf?

Lösung: Es soll der Materialverbrauch d. h. das Materialvolumen

$$V = q_1 l_1 + q_2 l_2 + q_3 l_3 \quad \cdots \cdots \quad (I)$$

ein Minimum sein. Dabei bedeuten q_1, q_2 und q_3 die gesuchten Querschnitte der Kupferleitungen von der Länge l_1, l_2 und l_3.

Wir berechnen zunächst den Spannungsabfall nach dem Ohmschen Gesetz $E = J . W = J . \dfrac{l}{q} \varrho$, wo ϱ als spezifischer Widerstand für Kupfer $= \dfrac{1}{60}$ zu setzen ist. Die in den einzelnen Leiterteilen l_1, l_2 und l_3 fließenden Stromstärken seien i_1, i_2 und i_3. Wir schreiben für $J \cdot W$:

$$\frac{i_1\, l_1}{q_1}\, \varrho + \frac{i_2\, l_2}{q_2}\, \varrho + \frac{i_3\, l_3}{q_3}\, \varrho.$$

Dies soll gleich $2\,^0/0$ der Normalspannung von 24 Volt sein, also $= \dfrac{2 \cdot 24}{100} = 0{,}48$. Die Gleichung lautet:

$$\varrho \left(\frac{i_1\, l_1}{q_1} + \frac{i_2\, l_2}{q_2} + \frac{i_3\, l_3}{q_3} \right) = 0{,}48 \quad \ldots \ldots \text{(II)}$$

Das Volumen V der Gleichung (I) soll laut Aufgabe ein Minimum werden, es muß also der erste Differentialquotient von $V = 0$ gesetzt werden. Nun ist aber V eine Funktion der 3 Variablen q_1, q_2 und q_3, wir werden somit V partiell nach diesen 3 Variablen zu differentiieren haben. Wir erhalten das totale Differential:

$$d\, V = \frac{\partial\, V}{\partial\, q_1}\, d\, q_1 + \frac{\partial\, V}{\partial\, q_2}\, d\, q_2 + \frac{\partial\, V}{\partial\, q_3}\, d\, q_3 \quad \ldots \ldots \text{(III)}$$

Dieser Ausdruck kann nur dann gleich 0 werden, wenn die partiellen Differentialquotienten $\dfrac{\partial\, V}{\partial\, q_1}$, $\dfrac{\partial\, V}{\partial\, q_2}$ und $\dfrac{\partial\, V}{\partial\, q_3}$ jeder gleich 0 werden, denn die Differentiale $d\, q_1$, $d\, q_2$ und dq_3 sind zwar sehr kleine Größen, aber durchaus von 0 verschieden. Wären die drei Veränderlichen q_1, q_2 und q_3 voneinander unabhängig, so würde man jedes Glied des Ausdrucks einfach gleich 0 zu setzen haben. In unserer Aufgabe sind jedoch die Variablen voneinander abhängig, und zwar sind sie durch die Gleichung II miteinander verbunden. Dem müssen wir durch Einführung einer Hilfsgröße Rechnung tragen, die diese Abhängigkeit der drei Variablen umfaßt.

Wir schreiben Gleichung II in folgender Form:

$$\varphi = \varrho \left(\frac{l_1\, i_1}{q_1} + \frac{l_2\, i_2}{q_2} + \frac{l_3\, i_3}{q_3} \right) - 0{,}48 = 0 \quad \ldots \ldots \text{(IV)}$$

Diese Funktionsgröße φ, deren Wert $= 0$ ist, können wir mit λ multiplizieren, ohne ihren Wert zu ändern. Die neue Funktion $\lambda\, \varphi$, in der λ der noch zu bestimmende Abhängigkeitsfaktor der drei Größen q_1, q_2 und q_3 bedeutet, kann zu V addiert werden, ohne den Wert von V zu verändern. Diese neue Funktion:

$$V + \lambda\, \varphi$$

setzen wir gleich F. Da $\varphi = 0$, wird

$$\mathrm{d}\,F = \mathrm{d}\,V$$

zu setzen sein. Wir schreiben Gleichung III nun in der Form:

$$\frac{\partial\,F}{\partial\,q_1}\,\mathrm{d}\,q_1 + \frac{\partial\,F}{\partial\,q_2}\,\mathrm{d}\,q_2 + \frac{\partial\,F}{\partial\,q_3}\,\mathrm{d}\,q_3$$

$$= \frac{\partial\,V + \lambda\,\partial\,\varphi}{\partial\,q_1}\,\mathrm{d}q_1 + \frac{\partial\,V + \lambda\,\partial\,\varphi}{\partial\,q_2}\,\mathrm{d}\,q_2 + \frac{\partial\,V + \lambda\,\partial\,\varphi}{\partial\,q_3}\,\mathrm{d}\,q_3 = 0 \quad \text{(V)}$$

Jetzt können wir jeden der drei partiellen Differentialquotienten $= 0$ setzen.

$$\frac{\partial\,V + \lambda\,\partial\,\varphi}{\partial\,q_1} = 0; \quad \frac{\partial\,V + \lambda\,\partial\,\varphi}{\partial\,q_2} = 0; \quad \frac{\partial\,V + \lambda\,\partial\,\varphi}{\partial\,q_3} = 0.$$

Differentiieren wir Gleichung I partiell nach q_1, indem wir q_2 und q_3 zunächst als konstant betrachten, so folgt: $\dfrac{\partial\,V}{\partial\,q_1} = l_1$. Aus derselben Gleichung folgt nach demselben Verfahren $\dfrac{\partial\,V}{\partial\,q_2} = l_2$ und

$$\frac{\partial\,V}{\partial\,q_3} = l_3.$$

Wir differentiieren nunmehr die mit λ multiplizierte Gleichung IV zuerst nach q_1, indem q_2 und q_3 als konstant angesehen werden. Man erhält:

$$\frac{\lambda\,\partial\,\varphi}{\partial\,q_1} = -\,\lambda\,\varrho\,\frac{l_1\,i_1}{q_1{}^2}$$

und entsprechend:

$$\frac{\lambda\,\partial\,\varphi}{\partial\,q_2} = -\,\lambda\,\varrho\,\frac{l_2\,i_2}{q_2{}^2} \quad \text{und} \quad \frac{\lambda\,\partial\,\varphi}{\partial\,q_3} = -\,\lambda\,\varrho\,\frac{l_3\,i_3}{q_3{}^3}.$$

Für die drei partiellen Differentialquotienten schreiben wir nun:

$$l_1 - \lambda\,\varrho\,\frac{l_1\,i_1}{q_1{}^2} = 0; \quad l_2 - \lambda\,\varrho\,\frac{l_2\,i_2}{q_2{}^2} = 0; \quad l_3 - \lambda\,\varrho\,\frac{l_3\,i_3}{q_3{}^2} = 0.$$

Wir erhalten hieraus:

$$q_1 = \sqrt{\lambda\,\varrho\,i_1} \quad\cdot\quad\cdot\quad\cdot\quad\cdot\quad\cdot\quad\cdot\quad \text{(VI)}$$

$$q_2 = \sqrt{\lambda\,\varrho\,i_2} \quad\cdot\quad\cdot\quad\cdot\quad\cdot\quad\cdot\quad\cdot\quad \text{(VII)}$$

$$q_3 = \sqrt{\lambda\,\varrho\,i_3} \quad\cdot\quad\cdot\quad\cdot\quad\cdot\quad\cdot\quad\cdot\quad \text{(VIII)}$$

Zu diesen 3 Gleichungen mit 4 Unbekannten tritt dann noch als Gleichung IX:

$$\varrho\left(\frac{l_1\,i_1}{q_1} + \frac{l_2\,i_2}{q_2} + \frac{l_3\,i_3}{q_3}\right) - 0{,}48 = 0. \quad\cdot\quad\cdot\quad\cdot\quad \text{(IX)}$$

Wir eliminieren jetzt den Wert $\sqrt{\lambda}$ der Gleichungen VI bis VIII, indem wir ihn aus VI durch q_1, ϱ und i_1 ausdrücken. Wir erhalten:

$$\lambda = \frac{q_1{}^2}{\varrho\, i_1}.$$

Diesen Wert in VII und VIII eingesetzt, erhält man:

$$q_2 = q_1 \sqrt{\frac{i_2}{i_1}} \quad \text{und} \quad q_3 = q_1 \sqrt{\frac{i_3}{i_1}}.$$

Diese Werte werden in Gleichung IX eingesetzt und man erhält nach Umformung:

$$q_1 = \frac{\varrho}{0{,}48} \sqrt{i_1}\, \big(l_1 \sqrt{i_1} + l_2 \sqrt{i_2} + l_3 \sqrt{i_3}\big)$$

$$q_2 = q_1 \sqrt{\frac{i_2}{i_1}} = \frac{\varrho}{0{,}48} \sqrt{i_2}\, \big(l_1 \sqrt{i_1} + l_2 \sqrt{i_2} + l_3 \sqrt{i_3}\big)$$

$$q_3 = q_1 \sqrt{\frac{i_3}{i_1}} = \frac{\varrho}{0{,}48} \sqrt{i_3}\, \big(l_1 \sqrt{i_1} + l_2 \sqrt{i_2} + l_3 \sqrt{i_3}\big).$$

Die Zahlenrechnung ergibt:

$$q_1 = \frac{1}{60 \cdot 0{,}48} \sqrt{1500 \cdot 0{,}08} \times$$
$$\underbrace{\big(20 \sqrt{1500 \cdot 0{,}08} + 10 \sqrt{1000 \cdot 0{,}08} + 16 \sqrt{500 \cdot 0{,}08}\big)}_{(= 409{,}78)} = 156\,\text{mm}^2$$

$$q_2 = \frac{1}{60 \cdot 0{,}48} \sqrt{1000 \cdot 0{,}08} \times$$
$$\big(\quad - \quad - \quad - \quad - \quad - \quad \big) = 127\,\text{mm}^2$$

$$q_3 = \frac{1}{60 \cdot 0{,}48} \sqrt{500 \cdot 0{,}08} \times$$
$$\big(\quad - \quad - \quad - \quad - \quad - \quad \big) = 90\,\text{mm}^2.$$

Das Minimum an Materialvolumen ist dann:

$$V = 2000 \cdot 1{,}56 + 1000 \cdot 1{,}27 + 1600 \cdot 0{,}9 = 5830\,\text{cm}^3.$$

Da das spezifische Gewicht des Kupfers 8,9 beträgt, so würden:

$$51\,887\,\text{g} = 51{,}887\,\text{kg}$$

im Minimum den Verbrauch an Kupfer darstellen.

3. Kapitel.

Integralrechnung.

§ 16.

Grundbegriffe.

In der Differentialrechnung haben wir die Regeln kennen gelernt, zu einer gegebenen Funktion $f(x)$ den Differentialquotienten $f'(x)$ zu bilden. Er war selbst wieder eine Funktion von x. Wir wollen jetzt umgekehrt zu einem gegebenen Differential die ursprüngliche Funktion — den Ursprung — suchen. Dies ist Aufgabe der Integralrechnung.

So kann man beispielsweise mit Hilfe der Integralrechnung die Fläche berechnen, die wir uns im § 7 Fig. 21, Seite 31 in beliebig viele Streifen zerlegt dachten. Den gesuchten Flächeninhalt findet man durch Addition sämtlicher Rechtecke. Die Fläche des einzelnen Rechtecks bezeichneten wir mit $h \cdot ds$. Wollen wir demnach umgekehrt zu diesem gegebenen Differential die ursprüngliche Funktion, d. h. die gesamte Fläche ermitteln, so ist das Sache der Integralrechnung, die hier nichts anderes, als eine Summierung sehr kleiner Flächenteilchen zur Gesamtfläche bedeutet. Die nähere Ausführung findet sich später.

Wir sagen: Die Integration ist die dem Differentiieren entgegengesetzte Rechnungsart ähnlich wie das Radizieren dem Potenzieren. Die Integralrechnung ist die Umkehrung der Differentialrechnung.

Es sei das Differential $f(x)\,dx$ gegeben; gesucht wird eine Funktion $F(x)$, die differentiiert $f(x)\,dx$ ergibt. Unter $f(x)$ möge die Ableitung von $F(x)$ gemeint sein. Man setzt nicht $f'(x)$, $f''(x)$, sondern allgemein $f(x)$ im Differential. Wir wissen aus den früheren Betrachtungen, daß eine Funktion $y = x^2$ differentiiert den Wert $2x\,dx$ ergibt. Ist uns jetzt umgekehrt das Differential $2x\,dx$ gegeben, und wird die ursprüngliche Funktion gesucht, so sagen wir, die Lösung wird durch Integration von $2x\,dx$ gefunden. Man schreibt $\int 2x\,dx$. Wir kennen die Lösung bereits, schreiben also $\int 2x\,dx = x^2$, weil $d(x^2)$ den Wert $2x\,dx$ ergibt.

Diese Lösung ist aber unvollständig, wie im folgenden gezeigt wird. Wir betrachten die Funktion $y = x^2 + 5$; ihre Differentiation ergibt auch den Wert $2\,x\,dx$. Überhaupt jedes x^2 — vermehrt um eine beliebige Konstante C — ergibt differentiiert $2\,x\,dx$, da das Differential einer Konstanten Größe 0 ist. Somit kann die Integration von $2\,x\,dx$ nicht eindeutig x^2 ergeben, vielmehr ist der Lösung stets eine Konstante C hinzuzufügen, so daß $\int 2\,x\,dx = x^2 + C$ zu setzen ist.

Man schreibt allgemein $\int f(x)\,dx = F(x) + C$ und sagt, die Integration eines Differentials gibt unendlich viele Funktionen als Lösung, die sich alle nur durch den Wert der Konstanten voneinander unterscheiden. Wegen der Willkürlichkeit von C ist das so gebildete Integral $F(x) + C$ unbestimmt und heißt deshalb unbestimmtes oder allgemeines Integral.

Man hat eine ausreichende Probe dafür, ob man eine gegebene Differentialfunktion richtig integriert hat, indem man die Lösung nachträglich differentiiert. Es ist ferner leicht einzusehen, daß für die Integralrechnung die Lehrsätze der Differentialrechnung maßgebend sein werden, und daß man mit ihrer Hilfe die Grundformeln der Integralrechnung abzuleiten hat.

§ 17.

Grundformeln.

Die Betrachtungen des § 16 erschließen unmittelbar zwei Sätze:

1. $\qquad\qquad \int a\,f(x)\,dx = a\int f(x)\,dx.$

Ein unter dem Integralzeichen stehender konstanter Faktor kann vor das Integralzeichen gesetzt werden. Zum Beweise wird die rechte Seite differentiiert, sie ergibt:

$$d\left(a\int f(x)\,dx\right) = a\,d\int f(x)\,dx.$$

Man vergleiche § 9 — 3 — Seite 39.

In dieser Lösung stehen Differential- und Integralzeichen zusammen, es soll also $f(x)\,dx$ sowohl differentiiert wie integriert werden. Nach der Definition der Integralrechnung als der dem Differentiieren entgegengesetzten Rechnungsart folgt:

Differentiationszeichen und Integralzeichen, in der Form $d\int$ gesetzt, heben einander auf.

Wir setzen somit: $a\,d\int f(x)\,dx = a\,f(x)\,dx$, was bewiesen werden sollte.

2. $\int\{f_1(x) + f_2(x) + f_3(x)..\}\,dx$
$$= \int f_1(x)\,dx + \int f_2(x)\,dx + \int f_3(x)\,dx.$$

Das Integral einer Summe ist gleich der algebraischen Summe der Integrale der einzelnen Summanden.

Beweis: Man differentiiert die rechte Seite:

$d\int f_1(x)\,dx + d\int f_2(x)\,dx + d\int f_3(x)\,dx..$
$$= f_1(x)\,dx + f_2(x)\,dx + f_3(x)\,dx..$$

Dasselbe gilt für das Integral einer Differenz.

§ 18.

Fundamentalintegrale.

Aus der abgeleiteten Differentialformel
$$d(x^{m+1}) = (m+1)\,x^m\,dx$$
ergibt sich durch Integration:
$$x^{m+1} = \int (m+1)\,x^m\,dx$$
oder $m+1$ als Konstante vor das Integralzeichen gesetzt:
$$x^{m+1} = (m+1)\int x^m\,dx \quad \text{daraus folgt:}$$
$$\int x^m\,dx = \frac{x^{m+1}}{m+1} + C.$$

Man erhält das Integral einer Potenz, indem man den Exponenten um 1 vermehrt und die so erweiterte Potenz durch den erweiterten Exponenten dividiert.

Entsprechend ist:

1. $\displaystyle \int a\,x^m\,dx = a\int x^m\,dx = \frac{a\,x^{m+1}}{m+1} + C.$

Diese Formel wird nur für $m = -1$ unbrauchbar, weil das Integral von $x^{-1}\,dx$ den Wert $\dfrac{x^0}{0}$, d. h. $\infty + C$ ergeben würde.

Man schreibt deshalb x^{-1} in der Form $\dfrac{1}{x}$ und findet:

2. $\displaystyle \int \frac{dx}{x} = \ln x + C$, denn das Differential von $\ln x + C$ er-

gibt $\dfrac{dx}{x}$.

Von der Richtigkeit der folgenden Integrale überzeugt man sich leicht durch Differentiation der rechten Seiten unter Benutzung der am Schluß des Buches zusammengestellten Differentiationsformeln.

3. $$\int \frac{dx}{\sqrt{x}} = 2\sqrt{x} + C$$

4. $$\int \frac{dx}{1+x^2} = \operatorname{arc\,tg} x + C$$

5. $$\int \frac{dx}{1-x^2} = \frac{1}{2} \ln \frac{1+x}{1-x} + C$$

6. $$\int \frac{dx}{\sqrt{a+x^2}} = \ln (x + \sqrt{a+x^2}) + C;$$

denn $d \ln (x + \sqrt{a+x^2})$

$$= \frac{dx + \dfrac{x\,dx}{\sqrt{a+x^2}}}{x + \sqrt{a+x^2}} = \frac{dx}{\sqrt{a+x^2}}$$

7. $$\int a^x\,dx = \frac{a^x}{\ln a} + C.$$

Es ist $d(a^x) = a^x \ln a\,dx$, also $a^x = \int a^x \ln a\,dx = \ln a \int a^x\,dx$

und daraus folgt: $$\int a^x\,dx = \frac{a^x}{\ln a} + C.$$

Ist $a = e$, also $\ln e = 1$, so folgt:

8. $$\int e^x\,dx = e^x + C$$

9. $$\int \sin x\,dx = -\cos x + C$$

10. $$\int \cos x\,dx = \sin x + C$$

11. $$\int \frac{dx}{\sin^2 x} = -\operatorname{ctg} x + C$$

12. $$\int \frac{dx}{\cos^2 x} = \operatorname{tg} x + C$$

13. $$\int \operatorname{tg} x \,.\, dx = -\ln \cos x + C, \quad \text{denn}$$

$$\int \operatorname{tg} x\,dx = \int \frac{\sin x\,dx}{\cos x} = \int -\frac{d(\cos x)}{\cos x} = -\int \frac{d\cos x}{\cos x}$$

Unter dem Integralzeichen steht im Zähler das Differential des Nenners. Unter Benutzung der Formel 2, nach der $\int \dfrac{d\,x}{x} = \ln x + C$ ist, erhält man $\int \dfrac{d\,(\cos x)}{\cos x} = \ln \cos x + C.$

$$14. \qquad \int \operatorname{ctg} x \, d\,x = \ln \sin x + C, \text{ denn}$$

$$\int \operatorname{ctg} x \, d\,x = \int \frac{\cos x \, d\,x}{\sin x} = \int \frac{d \sin x}{\sin x} = \ln \sin x + C.$$

$$15. \qquad \int \frac{d\,x}{\sin x} = \ln \operatorname{tg} \frac{x}{2} + C.$$

Setzt man: $\sin x = 2 \sin \dfrac{x}{2} \cos \dfrac{x}{2}$, so wird

$$\int \frac{d\,x}{\sin x} = \int \frac{d\,x}{2 \sin \dfrac{x}{2} \cos \dfrac{x}{2}} = \int \frac{d\,x \;\Big/\; \cos^2 \dfrac{x}{2}}{2 \sin \dfrac{x}{2} \;\Big/\; \cos \dfrac{x}{2}},$$

indem man Zähler und Nenner durch $\cos^2 \dfrac{x}{2}$ dividiert.

Man ersetzt $d\,x$ durch $2\,d\,\dfrac{x}{2}$ und erhält:

$$\int \frac{d\,\dfrac{x}{2} \;\Big/\; \cos^2 \dfrac{x}{2}}{\operatorname{tg} \dfrac{x}{2}}$$

Im Zähler steht das Differential des Nenners, also $= \ln \operatorname{tg} \dfrac{x}{2} + C.$

$$16. \qquad \int \frac{d\,x}{\cos x} = \ln \operatorname{tg} \left(\frac{\pi}{4} + \frac{x}{2} \right) + C. \qquad \text{Es ist } \int \frac{d\,x}{\cos x}$$

$$= \int \frac{d\,x}{\sin \left(\dfrac{\pi}{2} + x \right)}{}_{*)} \int \frac{d\left(\dfrac{\pi}{2} + x \right)}{\sin \left(\dfrac{\pi}{2} + x \right)} = \ln \operatorname{tg} \left(\frac{\pi}{4} + \frac{x}{2} \right) + C$$

(nach Formel 15).

---

*) Vergl. Nr. 26 der Trigonometrischen Formeln.

Die soeben gegebenen Fundamentalintegrale sind zum größten Teil Umkehrungen der Fundamentalformeln für die Differentiation.

Haben wir irgend eine Funktion zu integrieren, so kommt es darauf an, ihr eine solche Form zu geben oder sie durch eine andere so zu ersetzen, daß sie in der Form eines Fundamentalintegrals erscheint. Allgemeine Regeln lassen sich nicht aufstellen, man wird vielfach aufs Probieren angewiesen sein.

Zunächst sei eine Reihe von A u f g a b e n gestellt, die ohne weiteres aus den Fundamentalintegralen ihre Lösung finden.

142. $\int d\,x = x + C.$

143. $\int t\,d\,t = \dfrac{t^2}{2} + C.$

144. $\int w^2\,d\,w = \dfrac{w^3}{3} + C.$

145. $\int 5\,x^4\,d\,x = x^5 + C.$

146. $\int \cos x\,d\,x = \sin x + C.$

147. $\int e^z\,d\,z = e^z + C.$

148. $\int 6\,a\,x^5\,d\,x = a\,x^6 + C.$

149. $\int \dfrac{d\,x}{x^3} = \int x^{-3}\,d\,x = -\dfrac{1}{2\,x^2} + C.$

150. $\int \sqrt[3]{x\,d\,x} = \int x^{\frac{1}{3}}\,d\,x = \dfrac{3}{4}\,x\sqrt[3]{x} + C.$

151. $\int \dfrac{d\,x}{\sqrt[3]{x}} = \int x^{-\frac{1}{3}}\,d\,x = \dfrac{3}{2}\sqrt[3]{x^2} + C.$

152. $\int \dfrac{15\,x^2}{a}\,d\,x = \dfrac{5\,x^3}{a} + C.$

153. $\int \dfrac{18\,a\,x^3}{5\,b}\,d\,x = \dfrac{9\,a\,x^4}{10\,b} + C.$

154. $\int \dfrac{d\,y}{2\,\sqrt{y}} = \sqrt{y} + C.$

155. $\int \sqrt{a\,y}\,d\,y = \dfrac{2}{3}\,y\sqrt{a\,y} + C.$

156. $\int \dfrac{4\,a}{x^5}\,d\,x = -\dfrac{a}{x^4} + C.$

157.
$$\int \left(6\,x^5 - 8\,x^3 + x - \frac{1}{x} + \frac{4}{x^5}\right) d\,x$$
$$= x^6 - 2\,x^4 + \frac{x^2}{2} - \ln x - \frac{1}{x^4} + C.$$

158. $\displaystyle\int (m \cos x - n \sin x)\, d\,x = m \sin x + n \cos x + C.$

159. $\displaystyle\int \left(\frac{d\,x}{x} - \frac{3\,d\,x}{\cos^2 x}\right) = \ln x - 3 \operatorname{tg} x + C.$

160. $\displaystyle\int \cos \varphi \cos \psi\, d\,\varphi = \cos \psi \sin \varphi + C.$

161. $\displaystyle\int \frac{\sin x}{\cos^2 \alpha}\, d\,x = - \frac{\cos x}{\cos^2 \alpha} + C.$

162. $\displaystyle\int \frac{\sin \alpha}{\cos^2 x}\, d\,x = \sin \alpha \operatorname{tg} x + C.$

Haben die Funktionen eine weniger einfache Form als in den gestellten Übungsaufgaben, so wird man eine Umformung oder dergl. vornehmen müssen. Für diesen Zweck gibt es eine Reihe praktischer Methoden, von denen die wichtigsten im folgenden erläutert werden.

§ 19.

I. Methode der Zerlegung.

Sie besteht in der Zerlegung einer Funktion in eine Summe oder Differenz von Funktionen und ist immer anwendbar bei der Integration ganzer Funktionen.

Beispiele: 1. $\displaystyle\int (5\,x^3 + 2\,x^2 - 3\,x + 6)\, d\,x$

$$= \int 5\,x^3\, d\,x + \int 2\,x^2\, d\,x - \int 3\,x\, d\,x + \int 6\, d\,x$$
$$= 5 \int x^3\, d\,x + 2 \int x^2\, d\,x - 3 \int x\, d\,x + 6 \int d\,x$$
$$= \frac{5\,x^4}{4} + \frac{2\,x^3}{3} - \frac{3\,x^2}{2} + 6\,x + C.$$

Es genügt hier, nur eine Konstante zu setzen, da sich die zu den einzelnen Gliedern gehörigen Konstanten zu einer einzigen addieren lassen.

2.
$$\int \frac{d\,x}{\sin^2 x \cos^2 x} = \int \frac{(\sin^2 x + \cos^2 x)\, d\,x}{\sin^2 x \cos^2 x}$$
$$= \int \left(\frac{1}{\cos^2 x} + \frac{1}{\sin^2 x}\right) d\,x = \int \frac{d\,x}{\cos^2 x} + \int \frac{d\,x}{\sin^2 x}$$
$$= \operatorname{tg} x - \operatorname{ctg} x + C. \quad \text{(Nach Formel 11 und 12 Seite 93.)}$$

Diese Umformung ist gestattet, weil $\sin^2 x + \cos^2 x = 1$ ist.

§ 20.

II. Methode der Substitution.

Man bringt durch Einführung einer neuen Veränderlichen die zu integrierende Funktion auf eine einfachere Form.

1. $\int \dfrac{dx}{a + bx}$. Wir setzen für $a + bx$ eine neue Veränderliche y, dann wird $y - a = bx$ oder

$$x = \frac{y - a}{b} \quad \text{oder} \quad dx = \frac{1}{b} \cdot dy.$$

Wir erhalten

$$\int \frac{\frac{1}{b}\,dy}{y} = \frac{1}{b}\int \frac{dy}{y} = \frac{1}{b}\ln y + C = \frac{1}{b}\ln(a + bx) + C.$$

2. $\int \sqrt[m]{(ax + b)^n}\,dx \qquad ax + b = y \qquad a\,dx = dy$

$$dx = \frac{1}{a}\,dy.$$

$$= \int y^{\frac{n}{m}} \cdot \frac{1}{a}\,dy = \frac{1}{a}\int y^{\frac{n}{m}}\,dy.$$

$$= \frac{1}{a} \cdot \frac{y^{\frac{n}{m}+1}}{\frac{n}{m}+1} + C = \frac{1}{a} \cdot \frac{\sqrt[m]{(ax + b)^{n+m}}}{\frac{n}{m}+1} + C$$

3. $\int \sin(ax + b)\,dx \qquad ax + b = y \qquad dx = \dfrac{dy}{a}$

$$= \frac{1}{a}\int \sin y\,dy = \frac{1}{a} \cdot (-\cos y) + C = -\frac{1}{a}\cos(ax + b) + C.$$

Das Integral $\int \sin(ax + b)\,dx$ unterscheidet sich von einem sofort zu integrierenden Integral $\int \sin(ax + b) \cdot d(ax + b)$ nur dadurch, daß unter dem Differentialzeichen x statt $ax + b$ steht. Nun kann man für dx den Wert $d\dfrac{(ax + b)}{a}$ setzen, denn wir sahen $dx = \dfrac{dy}{a} = \dfrac{d(ax + b)}{a}$ und erhalten:

$$\int \sin(ax + b)\,\frac{d(ax + b)}{a} = \frac{1}{a}\int \sin(ax + b)\,d(ax + b)$$

$$= -\frac{1}{a}\cos(a\,x + b) + C.$$

Man vermag bei einiger Übung auch ohne neue Veränderliche auszukommen.

4.
$$\int e^{mx}\,d\,x = \int e^{mx}\frac{d\,(m\,x)}{m} = \frac{1}{m}\int e^{mx}\,d\,(m\,x)$$
$$= \frac{1}{m}\,e^{mx} + C.$$

5.
$$\int \frac{x\,d\,x}{\sqrt{a^2 + x^2}}. \qquad \text{Man setzt für } x\,d\,x = \frac{1}{2}\cdot 2\,x\,d\,x$$
$$2\,x\,d\,x = d\,(a^2 + x^2)$$
$$\frac{1}{2}\int \frac{2\,x\,d\,x}{\sqrt{a^2 + x^2}} = \frac{1}{2}\cdot 2\,\sqrt{a^2 + x^2} + C = \sqrt{a^2 + x^2} + C$$
$$\left(\begin{array}{c}\text{Siehe:}\\[4pt]\int \frac{d\,x}{\sqrt{x}} = 2\,\sqrt{x}\end{array}\right).$$

6.
$$\int \frac{d\,x}{\sin^2 x \cos^2 x} \qquad \sin x \cos x = \frac{\sin 2\,x}{2}$$
$$\sin^2 x \cos^2 x = \frac{(\sin 2\,x)^2}{4} = \frac{\sin^2 (2\,x)}{4}$$
$$\int \frac{d\,x}{\dfrac{\sin^2 (2\,x)}{4}} = 2\int \frac{d\,2\,x}{\sin^2 (2\,x)} = -\,2\,\mathrm{ctg}\,(2\,x) + C$$
$$\text{(S. 33. Formel 11.)}$$

Vergleiche § 19 Beispiel 2. Die beiden Resultate brauchen nicht notwendig übereinzustimmen, sie könnten sich durch eine Konstante unterscheiden. In diesem Falle stimmen sie überein, denn $\quad \mathrm{tg}\,(2\,x)$ ist $= \dfrac{2\,\mathrm{tg}\,x}{1 - \mathrm{tg}^2 x}$, also

$$\mathrm{ctg}\,(2\,x) = \frac{1 - \mathrm{tg}^2 x}{2\,\mathrm{tg}\,x} = \frac{1}{2}\left(\frac{1}{\mathrm{tg}\,x} - \frac{\mathrm{tg}^2 x}{\mathrm{tg}\,x}\right) = \frac{1}{2}\,(\mathrm{ctg}\,x - \mathrm{tg}\,x)$$

oder $\qquad\qquad 2\,\mathrm{ctg}\,(2\,x) = \mathrm{ctg}\,x - \mathrm{tg}\,x$

und $\qquad\qquad -\,2\,\mathrm{ctg}\,(2\,x) = \mathrm{tg}\,x - \mathrm{ctg}\,x$

des Beispiels 2 in § 19.

Man suche nach der Substitutionsmethode die folgenden Aufgaben zu lösen:

163. $\quad \int (a + b\,x)^m\,d\,x \qquad a + b\,x = y \qquad d\,x = \dfrac{d\,y}{b}$

$$\int y^m \frac{d\,y}{b} = \frac{1}{b} \int y^m \, d\,y = \frac{y^{m+1}}{b\,(m+1)} + C$$

$$= \frac{(a+b\,x)^{m+1}}{b\,(m+1)} + C$$

164. $\displaystyle\int \sqrt{1+4\,x} \,.\, d\,x = \frac{1}{6} \sqrt{(1+4\,x)^3} + C$

165. $\displaystyle\int \frac{d\,x}{\sqrt{5+2\,x}} = \sqrt{5+2\,x} + C$

166. $\displaystyle\int \frac{20\,d\,x}{5\,x-8} = 4\ln(5\,x-8) + C$

167. $\displaystyle\int \frac{d\,x}{e^x} = -\frac{1}{e^x} + C$

168. $\displaystyle\int \sqrt{e^x}\,d\,x = 2\sqrt{e^x} + C$

169. $\displaystyle\int \frac{d\,x}{\sqrt[3]{e^x}} = -\frac{3}{\sqrt[3]{e^x}} + C$

<h2 style="text-align:center">§ 21.</h2>

<h3 style="text-align:center">III. Methode der teilweisen Integration.</h3>

Bezeichnen u und v zwei beliebige Funktionen von x, so gilt für die Differentiation eines Produkts u . v die Beziehung:

$$d\,(u\,.\,v) = u\,d\,v + v\,d\,u.$$

Wir integrieren und finden:

$$u\,.\,v = \int u\,d\,v + \int v\,d\,u$$

oder

$$\int u\,d\,v = u\,.\,v - \int v\,d\,u.$$

Setzt man den einen Faktor eines zu integrierenden Produktes (und als Produkt läßt sich jede Differentialfunktion auffassen) gleich u, den anderen gleich d v, und bildet v und d u, so kann man die Größen nach der obigen Gleichung zusammenfassen.

Man hat die Integration geleistet, sobald man d v und v d u zu integrieren vermag. Für die nähere Ausführung sollen die folgenden Beispiele dienen:

1. $\displaystyle\int x \sin x \, d\,x$ $\qquad u = x \qquad\qquad d\,u = d\,x$

$\qquad\qquad\qquad\qquad\qquad d\,v = \sin x \, d\,x \qquad\qquad v = -\cos x$

$$\int x \sin x \, dx = - x \cos x - \int (- \cos x) \, dx$$
$$= - x \cos x + \int \cos x \, dx = - x \cos x + \sin x + C$$
$$= \sin x - x \cos x + C$$

2. $\int x \cos x \, dx = \cos x + x \sin x + C$

3. $\int \ln x \, dx \qquad \ln x = u \qquad du = \dfrac{1}{x} \, dx$
$$d x = d v \qquad v = x$$

$$= x \ln x - \int \frac{x \, dx}{x}$$
$$\int \ln x \, dx = x \ln x - x + C = x (\ln x - 1) + C$$

4. $\int x \, e^x \, dx \qquad x = u \qquad du = dx$
$$e^x \, dx = d v \qquad v = e^x$$

$$= x \, e^x - \int e^x \, dx$$
$$= x \, e^x - e^x + C = e^x (x - 1) + C$$

5. $\int x^2 \, e^x \, dx \qquad x^2 = u \qquad du = 2 \, x \, dx$
$$e^x \, dx = d v \qquad v = e^x$$
$$\int x^2 \, e^x \, dx = x^2 \, e^x - \int 2 \, x \, e^x \, dx$$

Dieses Integral wird nun wieder nach der Methode der teilweisen Integration behandelt (siehe Beispiel 4).

$$\int x^2 \, e^x \, dx = x^2 \, e^x - 2 \, x \, e^x + 2 \, e^x + C = e^x (x^2 - 2 \, x + 2) + C.$$

§ 22.

Bestimmte Integrale.

In den bisherigen Betrachtungen unbestimmter Integrale ließ sich die Lösung aller Aufgaben zwar bis zu einem gewissen Grade durchführen. Gleichwohl blieb in letzter Linie immer noch die Bestimmung der Konstanten C eine offene Frage. Für die Lösung praktischer Aufgaben wird man jedoch verlangen müssen, daß die Integralrechnung von dieser Unbestimmtheit befreit wird. Wir werden uns somit die Frage vorlegen, wann wird das unbestimmte Integral einen bestimmten, fest umgrenzten Wert annehmen? Die Antwort kann nur in der Bestimmung des Wertes jener Konstanten C bestehen.

An einem Beispiel wird man leichter die weitere Betrachtung durchführen können. In Fig. 17 des § 7 wurde der vom Eisenbahnzuge zurückgelegte Weg durch eine Fläche dargestellt. Wir würden umgekehrt durch Ermittelung des Flächeninhalts den zurückgelegten Weg ermitteln können. Während dies für den Fall der gleichförmigen Bewegung unschwer erfolgt — der Weg ist gleich dem Produkt aus Grundlinie mal Höhe des Rechtecks —, so ergeben sich für den Fall der ungleichmäßig verzögerten Bewegung Schwierigkeiten, wie Fig. 19 in § 7 erkennen läßt; denn wir sollen eine Fläche berechnen, die begrenzt wird durch die Kurve, die X-Achse und die Ordinaten v_0 und v_6.

Wir denken uns die Fläche in kleine Streifen zerlegt und fassen diese als Rechtecke auf. Addieren wir den Inhalt dieser Rechtecke, so erhalten wir für die zu bestimmende Fläche einen angenähert richtigen Wert, der sich von dem wirklichen Wert nur um die Summe der schraffierten Dreiecke der Fig. 19 unterscheidet. Der Fehler wird um so kleiner, je größer wir die Anzahl der Streifen wählen. Wenn wir die Streifenelemente bezüglich ihrer Breite sich der Grenze 0 nähern lassen, wird auch der Fehler der Additionsrechnung sich der Grenze 0 nähern.

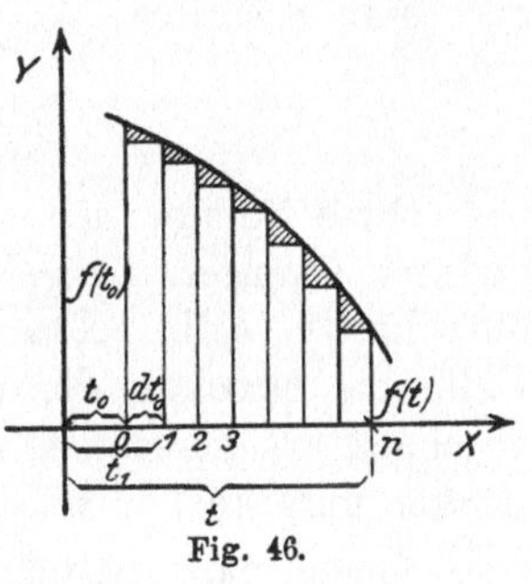

Fig. 46.

Die Ordinaten stellen die Größe der jeweiligen Geschwindigkeit dar, sie sind ohne Zweifel Funktionen der Zeit t. Wir setzen deshalb für v_0, v_1, v_2 . . . $f(t_0)$, $f(t_1)$, $f(t_2)$ . . .

Die Kurve selbst ist eine Kurve der Geschwindigkeit des Zuges und wird sich als Gleichung in der Form darstellen $v = f(t)$. In Fig. 46 seien $n + 1$ Ordinaten gezeichnet, ihre Fußpunkte seien 0, 1, 2 . . . . bis n, die Abszissen dieser Punkte sind dann t_0, t_1, t_2 . . . . . bis t. Die gesuchte Fläche S wird berechnet zu:

$$S = f(t_0)(t_1 - t_0) + f(t_1)(t_2 - t_1) + \ldots\ldots + f(t_{n-1})(t - t_{n-1}) . \quad \text{(I)}$$

Um den genauen Wert unserer Fläche zu erhalten, müssen die Differenzen $t_1 - t_0$, $t_2 - t_1$ . . . . . sich der Grenze 0 nähern, wir schreiben sie dann als Differentiale und zwar:

$$t_1 - t_0 = dt_0; \quad t_2 - t_1 = dt_1 \ldots . t - t_{n-1} = dt_{n-1}$$

Aus Gleichung I wird:

$$S = f(t_0) \cdot d\,t_0 + f(t_1) \cdot d\,t_1 + \ldots\ldots + f(t_{n-1}) \cdot d\,t_{n-1}\,. \qquad \text{(II)}$$

Wir erhalten auf der rechten Seite eine Summe von Gliedern, die alle von der Form $f(t)\,d\,t$ sind, in denen t der Reihe nach die Werte von $t_0 - t_{n-1}$ annimmt. Die Summation ergibt:

$$S = \sum_{t_0}^{t_{n-1}} f(t)\,d\,t$$

Diese Summe bedeutet, wie Fig. 46 erkennen läßt, die gesuchte Fläche. Diese wird rechts und links begrenzt durch die Ordinaten $f(t)$ und $f(t_0)$. Die zugehörigen Abszissen t und t_0 pflegt man als Grenzen zu bezeichnen, die die Variable t zu durchlaufen hat. Ersetzt man nunmehr das Summenzeichen Σ durch das Integralzeichen $\int$, so sind die Grenzen dem Zeichen beizufügen, Man schreibt:

$$S = \int_{t_0}^{t} f(t)\,d\,t \quad . \quad . \quad . \quad . \quad . \quad . \quad \text{(III)}$$

Diese Summe nennt man das bestimmte Integral, weil in ihm dadurch Grenzen festgelegt sind, daß t alle Werte von t_0 bis t durchlaufen soll. Das bestimmte Integral bedeutet in unserem Falle die Strecke, die der Zug in einem ganz bestimmten Zeitabschnitt — gerechnet von t_0 bis t — unter dem Einfluß einer stärker und stärker werdenden Verzögerung zurückgelegt hat.

Auch das bestimmte Integral hat die Eigenschaft, daß sein Differential gleich $f(t)\,d\,t$ ist. Wir bezeichnen $d\,S$ als die Zunahme, die die Fläche erfährt, wenn wir die Zeit um den kleinen Zeitraum $d\,t$ wachsen lassen. $d\,S$ bedeutet demnach einen unendlich kleinen Flächenstreifen, den wir als Rechteck ansehen können und dessen Inhalt $= f(t)\,d\,t$ ist.

Also: $\qquad\qquad d\,S = f(t)\,d\,t \ldots$

Wenn wir diese Gleichung integrieren, so erhalten wir zunächst keinen bestimmten Wert, sondern unendlich viele, die sich durch die Konstante C unterscheiden. Einer von diesen vielen Werten muß unser bestimmtes Integral sein, und das bestimmte Integral berechnen, heißt, die Konstante C bestimmen.

Wir erhalten somit als Definitionsgleichung:

$$S = \int_{t_0}^{t} f(t)\,d\,t = F(t) + C \quad . \quad . \quad . \quad . \quad \text{(IV)}$$

wo F (t) die gesuchte Funktion bedeutet, aus der durch Differentiation das Differential f (t) d t gebildet sein soll. Wie bestimmen wir für unseren Fall die Konstante C? Man pflegt allgemein zu sagen: aus den Grenzbedingungen des vorgelegten Falles. Wir finden eine solche Grenzbedingung in der Weise, daß wir die Zeit t immer kleiner werden lassen und zwar bis sie gleich t_0 wird, für diesen Grenzfall wird die Fläche gleich 0, hier ist der vom Zuge zurückgelegte Weg deshalb gleich 0, weil wir ihn vom Anfangspunkte t_0 erst der Messung unterwerfen wollen. Die Funktion S muß die Eigenschaft haben, daß sie für $t = t_0$ den Wert 0 annimmt; wir erhalten also:

$$S = F(t_0) + C = 0$$

und
$$C = - F(t_0).$$

Setzen wir diesen Wert in Gleichung IV ein, so erhalten wir:

$$S = \int_{t_0}^{t} f(t)\, dt = F(t) - F(t_0) \quad \ldots \quad (V)$$

Man findet bei Berechnung des bestimmten Integrals immer zunächst das unbestimmte Integral. Man wird deshalb am einfachsten so verfahren: Das unbestimmte Integral, d. h. die gesuchte Funktion F (t), wird ohne die Konstante hingeschrieben. Sodann wird ein sogenannter Trennstrich vor die Funktion gesetzt. An diesen Trennstrich schreibt man unten die niedere Grenze t_0, oben die höhere Grenze t. Dann weiß man, daß die gesuchte Funktion F (t) mit der oberen Grenze der Veränderlichen — hier also t — hinzuschreiben ist, und daß von ihr F (t_0) zu subtrahieren ist, d. h. die Funktion, in der die Veränderliche = dem Wert der unteren Grenze t_0 gesetzt ist.

Wir schreiben als allgemeine Form:

$$S = \int_{t_0}^{t} f(t)\, dt = \left. \right|_{t_0}^{t} F(t) = F(t) - F(t_0). \quad \ldots \quad (VI)$$

Die für das unbestimmte Integral abgeleiteten Regeln werden somit genau wie bisher zur Bestimmung der gesuchten Funktion benutzt; dann werden unter Berücksichtigung der Aufgabe die Grenzen in der oben angegebenen Weise eingesetzt.

$$\S\ 23.$$

Berechnung von Flächeninhalten ebener Gebilde.

Aufgabe 170. Gesucht wird der Flächeninhalt eines Dreiecks ABC, dessen Grundlinie a und dessen Höhe h gegeben sein soll. Wir denken uns das Dreieck durch Parallele zur Grundlinie in unendlich viele Streifen zerlegt. Wir finden den Flächeninhalt S durch Summation der einzelnen Flächenstreifen, deren Breite d y und deren Grundlinie x sein möge. Die Veränderliche y kann die Werte von 0 bis zur Dreieckshöhe h durchlaufen, als Grenzen der Integration werden somit die Werte 0 und h zu setzen sein.

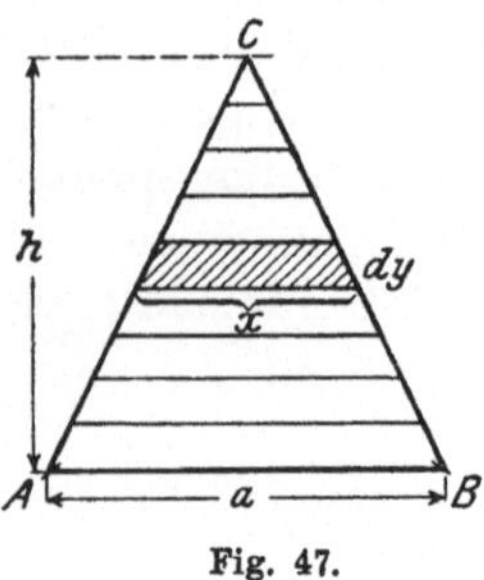

Fig. 47.

Wir finden:

$$S = \int\limits_0^h x\, d y \ldots \ldots \quad (I)$$

In dieser Gleichung ist offenbar auch x veränderlich und zwar als Funktion von y. Im Abstande y von C wird die zugehörige Grundlinie des Dreiecks CDE gleich x zu setzen sein. Aus der Ähnlichkeit der Dreiecke CDE und CAB (Fig. 48) folgt:

$$x : a = y : h.$$

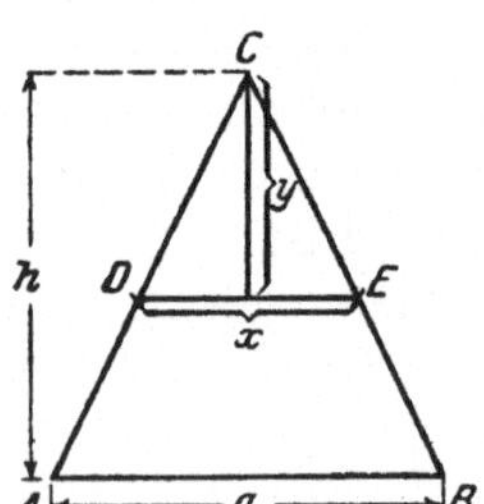

Fig. 48.

Also ist $x = \dfrac{a}{h} y$. Wir erhalten durch Einsetzen dieses Wertes:

$$S = \int\limits_0^h \frac{a}{h} y\, d y = \frac{a}{h} \int\limits_0^h y\, d y \ldots \ldots \quad (II)$$

Durch Integration folgt:

$$S = \frac{a}{h} \left.\frac{y^2}{2}\right|_0^h = \frac{a}{2h}(h^2 - 0).$$

Der Flächeninhalt des Dreiecks ist also:

$$S = \frac{a h}{2} \ldots \ldots \ldots \quad (III)$$

Gesucht wird die Quadratur einer gegebenen Kurve.

Aufgabe 171. Unter Quadratur versteht man die Berechnung der Fläche, die begrenzt wird durch die Kurve, die X-Achse und 2 Ordinaten.

Die Fläche sei in unendlich viele schmale Streifen zerlegt. Einer dieser Streifen habe vom Koordinatenanfangspunkt 0 den Abstand x, seine Breite sei dx, die zugehörige Ordinate ist y.

Der Inhalt des Streifens ist $y\,dx$ und die gesuchte Quadratur S ist gleich der Summe aller Streifen gerechnet von x_0 bis x_1, denn diesen entsprechen die Begrenzungsordinaten y_0 und y_1. Es ist

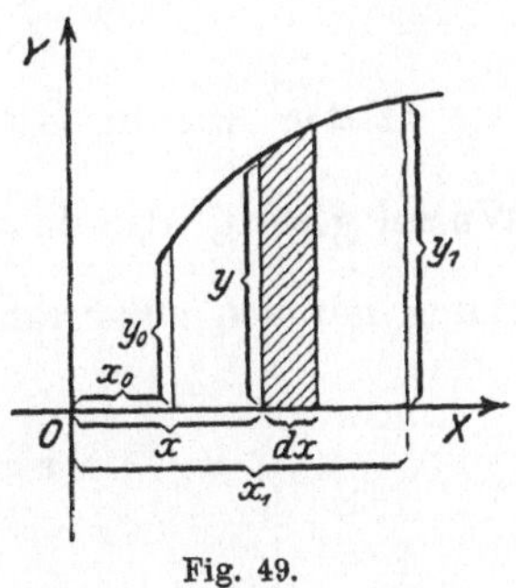

Fig. 49.

$$S = \int_{x_0}^{x_1} f(x)\,dx = \int_{x_0}^{x_1} y\,dx.$$

In dieser Gleichung ist y noch durch x auszudrücken. Will man jedoch dx durch y ausdrücken, was mit demselben Rechte zulässig ist, so sind entsprechend die Grenzen zu ändern in y_0 und y_1. Es gilt allgemein der Satz: Die Grenzen gelten für die Veränderliche, die unter dem Differentialzeichen steht.

Berechnung der Bogenlänge einer Kurve zwischen 2 gegebenen Punkten.

Aufgabe 172. Der Bogen A B von der Länge s sei in unendlich kleine Bogenelemente ds zerlegt gedacht.

Eines dieser Bogenelemente ds habe für die Abszissen seiner Endpunkte C und D die Werte x bezw. $x + dx$.

Aus dem rechtwinkligen Dreieck C E D folgt:

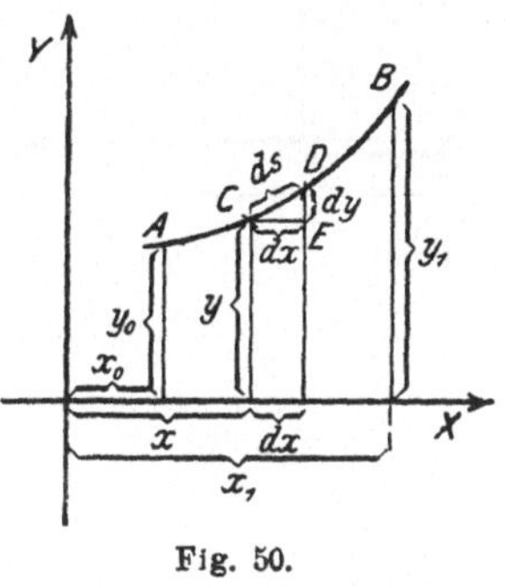

Fig. 50.

$$ds = \sqrt{dx^2 + dy^2}$$

$$= dx\sqrt{1 + \left(\frac{dy}{dx}\right)^2} \quad . \quad . \quad (I)$$

$\dfrac{dy}{dx}$ wird aus der Gleichung der Kurve A B, d. h. $y = f(x)$, berechnet.

Integrieren wir die Gleichung I, so erhalten wir die Bogenlänge s:

$$s = \int ds = \int_{x_0}^{x_1} dx \sqrt{1 + \left(\frac{dy}{dx}\right)^2} \quad \ldots \ldots \quad (II)$$

Hätten wir in Gleichung I nicht dx, sondern dy vor die Wurzel gesetzt, also $ds = dy \sqrt{1 + \left(\frac{dx}{dy}\right)^2}$, so hätten wir die Gleichung mit den entsprechend veränderten Grenzen zu schreiben:

$$s = \int_{y_0}^{y_1} dy \sqrt{1 + \left(\frac{dx}{dy}\right)^2} \quad \ldots \ldots \quad (II')$$

Man wird von diesen beiden Gleichungen diejenige Form wählen, welche für die Integration die geringeren Schwierigkeiten bietet.

Die Quadratur der Parabel.

Aufgabe 173. Die Parabel sei gegeben durch die Koordinaten a und b eines Parabelpunktes P. Es soll die Fläche berechnet werden, die begrenzt wird durch die Kurve, die X-Achse und die Ordinate b.

Die Gleichung der Parabel lautet $y^2 = 2px$ (vergl. § 3). Für den Punkt P die Gleichung aufgestellt ergibt:
$$b^2 = 2pa. \quad \text{Man erhält:}$$
$$\frac{b^2}{y^2} = \frac{a}{x}, \text{ also } y^2 = \frac{b^2}{a} x \text{ und } y = \sqrt{\frac{b^2}{a}} \cdot x.$$

Der schraffierte, unendlich schmale Flächenstreifen im Abstande x vom Anfangspunkt O hat den Inhalt: $y\,dx$. Man erhält für die gesuchte Quadratur S die Gleichung

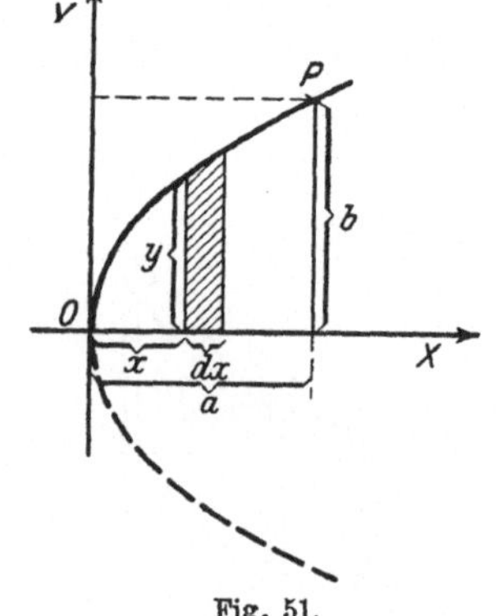

Fig. 51.

$$S = \int_{x=0}^{x=a} y \cdot dx = \int_0^a y\,dx \quad \ldots \ldots \quad (I)$$

Für y den oben berechneten Wert eingesetzt, erhält man:

$$S = \int_0^a b \sqrt{\frac{x}{a}}\, dx = \frac{b}{\sqrt{a}} \int_0^a x^{\frac{1}{2}}\, dx = \frac{b}{\sqrt{a}} \left| \frac{x^{\frac{3}{2}}}{\frac{3}{2}} \right|_0^a \quad . \quad \text{(II)}$$

Setzt man die Grenzen ein, so wird:

$$S = \frac{b}{\sqrt{a}} \left(\frac{a^{\frac{3}{2}}}{\frac{3}{2}} - 0 \right) = \frac{b \cdot a \sqrt{a}}{\sqrt{a}} \cdot \frac{2}{3} = \frac{2}{3} a \cdot b.$$

$$S = \frac{2}{3} a b \quad . \quad . \quad . \quad . \quad . \quad . \quad . \quad \text{(III)}$$

Die Fläche der Parabel ist also gleich $\frac{2}{3}$ des Flächeninhaltes eines Rechtecks mit den Seiten a und b; man nennt es das umschriebene Rechteck.

Zum gleichen Resultat gelangt man, wenn x durch y ausgedrückt wird. Man differentiiert die Gleichung der Parabel, die wir in folgender Form ansetzen:

$$\frac{y^2}{b^2} = \frac{2\,p\,x}{2\,p\,a} = \frac{x}{a}.$$

Wir erhalten:

$$\frac{2\,y\,dy}{b^2} = \frac{dx}{a} \quad \text{also} \quad dx = \frac{2\,a}{b^2} y\,dy.$$

Setzen wir diesen Wert für dx in die Gleichung I ein, so müssen wir die Grenzen entsprechend in b und 0 abändern. Wir erhalten:

$$S = \int_0^b y\, \frac{2\,a}{b^2}\, y\,dy = \frac{2\,a}{b^2} \int_0^b y^2\,dy = \frac{2\,a}{b^2} \left| \frac{y^3}{3} \right|_0^b$$

Nach Einsetzung der Grenzen folgt:

$$S = \frac{2\,a}{b^2} \left(\frac{b^3}{3} - 0 \right)$$

$$S = \frac{2}{3} a b \quad . \quad . \quad . \quad . \quad . \quad . \quad . \quad . \quad \text{(III)}$$

§ 24.

Berechnung der Oberfläche und des Inhaltes von Rotations-
körpern.

175. Eine ebene Kurve, deren Gleichung $y = f(x)$ sei, rotiere um die Y-Achse und erzeuge eine Rotationsfläche, wie in Fig. 52 angedeutet ist. Die Oberfläche soll berechnet werden.

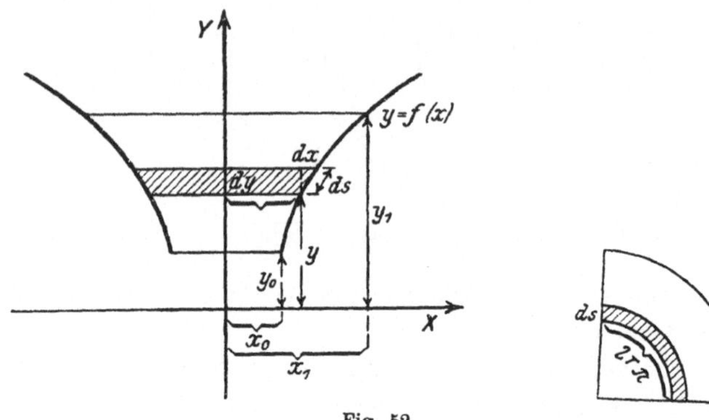

Fig. 52.

Man denke sich aus der Oberfläche eine unendlich schmale Zone senkrecht zur Y-Achse herausgeschnitten (schraffierte Fläche der Fig. 52). Das Bogenelement, das diese Zone erzeugte, sei ds. Die Koordinaten des Anfangspunktes dieses Bogenelementes seien x und y. Die Zone selbst können wir als abgestumpften Kegel betrachten, wenn wir ds als geradlinig ansehen.

Schneidet man die Zone auf und breitet sie in der Ebene aus, so stellt sie einen Ringausschnitt von der Breite ds dar und zwar als Differenz zweier Sektoren. Die Länge des Kreisbogens ist $2\pi x$. Nimmt man ds unendlich klein an, so darf man den Ringausschnitt als Rechteck betrachten. Seine Oberfläche sei dS. Man erhält: $dS = 2\pi x\, ds$. Die Fläche des Rotationskörpers findet man durch Integration: $S = \int 2\pi x\, ds$.

Für ds kann man wie in Aufgabe 172 den durch x oder y ausgedrückten Wert setzen:

$$ds = dx\sqrt{1 + \left(\frac{dy}{dx}\right)^2} \quad \text{oder} \quad = dy\sqrt{1 + \left(\frac{dx}{dy}\right)^2}.$$

Man erhält:

$$S = 2\,\pi \int x\,\mathrm{d}x \sqrt{1 + \left(\frac{\mathrm{d}y}{\mathrm{d}x}\right)^2}.$$

Die Berechnung des Inhaltes erfolgt in ähnlicher Weise.

Es handelt sich zunächst um den Inhalt des abgestumpften Kegels der Fig. 52. Die beiden Begrenzungsflächen unten und oben haben die Radien x bezw. x + dx, die Höhe des Kegelstumpfes ist dy. Der Flächeninhalt sei dV.

dV ist sicher größer als $x^2\pi\,\mathrm{d}y$, aber kleiner als

$$(x + \mathrm{d}x)^2\,\pi\,\mathrm{d}y.$$

Multiplizieren wir aus, so folgt

$$\mathrm{d}V < x^2\,\pi\,\mathrm{d}y + 2\,\pi\,x\,\mathrm{d}x\,\mathrm{d}y + \pi\,\mathrm{d}x^2\,\mathrm{d}y.$$

Dieser Ausdruck setzt sich zusammen aus einem unendlich kleinen Glied erster Ordnung, dem folgt ein solches zweiter und dritter Ordnung. Da diese Glieder als Summanden auftreten, so kann man sie (nach § 6, Seite 27) als unendlich kleine Größen höherer Ordnung neben dem ersten Gliede $x^2\pi\,\mathrm{d}y$ vernachlässigen.

Man kann deshalb ohne erheblichen Fehler setzen:

$$\mathrm{d}V = x^2\,\pi\,\mathrm{d}y.$$

Dann ist das Volumen des ganzen Rotationskörpers, wenn wir ihn zwischen den Grenzen y_0 und y_1 betrachten wollen:

$$V = \int_{y_0}^{y_1} x^2\,\pi\,\mathrm{d}y.$$

176. Inhaltsberechnung einer Kugel, deren Radius r ist. Wir setzen nach 175:

$$\mathrm{d}V = \pi\,x^2\,\mathrm{d}y.$$

Der Flächeninhalt der Halbkugel $\dfrac{V}{2}$ würde für die Veränderliche y von 0 bis r zu integrieren sein. Man erhält:

$$\frac{V}{2} = \int_{0}^{r} \pi\,x^2\,\mathrm{d}y.$$

Es ist $x^2 = r^2 - y^2$, also

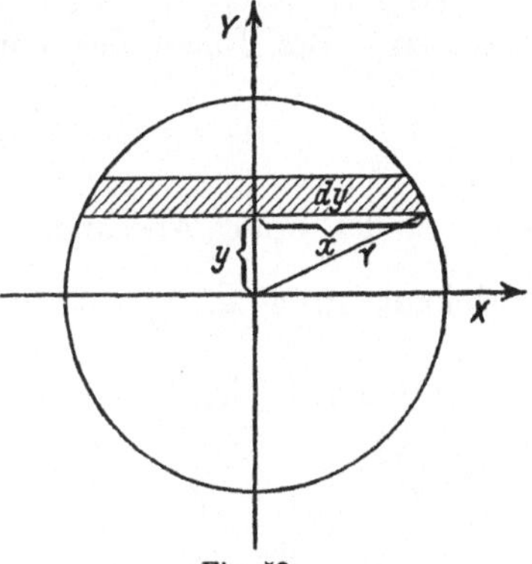

Fig. 53.

$$\frac{V}{2} = \pi \int_0^r (r^2 - y^2)\,dy = \pi \left| \begin{smallmatrix} r \\ \\ 0 \end{smallmatrix} \right. \left(r^2 y - \frac{y^3}{3}\right).$$

Nach Einsetzen der Grenzen wird:

$$\frac{V}{2} = \pi \left(r^3 - \frac{r^3}{3} - 0 + 0\right) = \pi \cdot \frac{2\,r^3}{3}.$$

Der Flächeninhalt der Kugel wird demnach:

$$V = \frac{4}{3}\,r^3\,\pi.$$

Inhaltsberechnung eines Rotationsparaboloids.

a) Läßt man eine Parabel — besser den oberen Ast — um ihre Achse rotieren, so erhält man ein Paraboloid (Fig. 54). Der Radius der Grundfläche sei r, die Höhe des Paraboloids sei h.

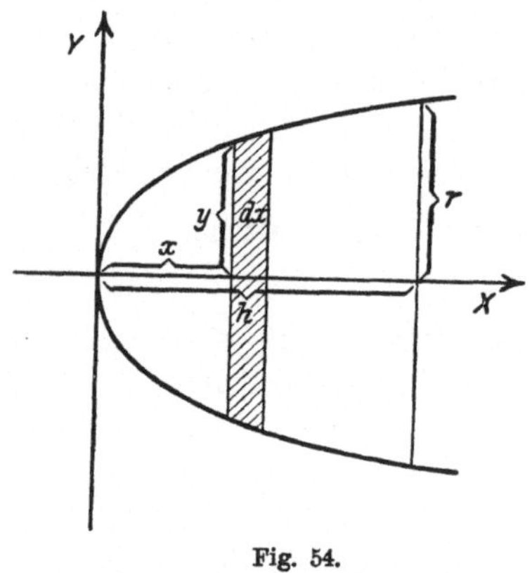

Fig. 54.

Schneidet man senkrecht zur X-Achse eine unendlich schmale Scheibe heraus, so ist deren Inhalt:

$$dV = \pi\,y^2\,dx \quad . \quad . \quad \text{(I)}$$

Diese Gleichung ist nach dem Früheren aus der Figur abzulesen. Die bei Berechnung des Inhalts zu integrierende Variable ist x; sie soll von 0 bis h wachsen. Der Inhalt des Paraboloids ist:

$$V = \int_0^h \pi\,y^2\,dx \quad . \quad . \quad . \quad . \quad . \quad . \quad \text{(II)}$$

Man findet unter Ansehung der Figur und Kenntnis der Parabelgleichung zu $y^2 = 2\,p\,x$: $\quad y^2 : r^2 = x : h$, also $y^2 = \frac{r^2}{h} \cdot x$.

Demnach wird:

$$V = \int_0^h \frac{\pi\,r^2}{h} \cdot x \cdot dx = \frac{\pi\,r^2}{h} \left| \begin{smallmatrix} h \\ \\ 0 \end{smallmatrix} \right. \frac{x^2}{2}$$

$$V = \frac{\pi\,r^2}{h}\left(\frac{h^2}{2} - 0\right) = \frac{\pi\,r^2\,h}{2} \quad \ldots \ldots \text{(III)}$$

Das Volumen des Paraboloids ist gleich dem halben Volumen des umschriebenen Zylinders.

b) Läßt man die Parabel nicht um die X- sondern um die Y-Achse rotieren, so entsteht ein trichterförmiger Körper, dessen Endradius r und dessen Höhe h sei (Fig. 55).

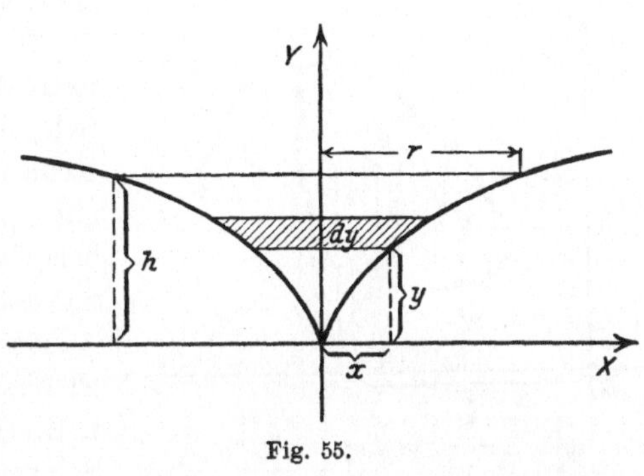

Fig. 55.

Man erhält wie vorher, allerdings unter Vertauschung der Variablen x und y:

$$d\,V = \pi\,x^2 \cdot d\,y \quad \ldots \ldots \ldots \text{(I)}$$

$$\text{und } V = \int_0^h \pi\,x^2\,d\,y \quad \ldots \ldots \text{(II)}$$

Aus der Parabelgleichung folgt $\dfrac{y^2}{h^2} = \dfrac{x}{r}$ und nach Quadrierung $\dfrac{y^4}{h^4} \cdot r^2 = x^2$. Setzt man diesen Wert ein, so wird:

$$V = \int_0^h \pi\,\frac{y^4}{h^4} \cdot r^2\,d\,y = \frac{\pi \cdot r^2}{h^4} \int_0^h y^4\,d\,y.$$

Nach Lösung des Integrals und Einsetzung der Grenzen wird

$$V = \frac{\pi\,r^2}{h^4}\left.\right|_0^h \cdot \frac{y^5}{5} = \frac{\pi\,r^2 \cdot h}{5} \quad \ldots \ldots \text{(III)}$$

d. h. gleich $^1/_5$ des umschriebenen Zylinders.

§ 25.

Schwerpunktsbestimmungen.

Der Schwerpunkt eines Körpers wird bestimmt nach dem Momentensatze: Das statische Moment eines Körpers ist gleich der Summe der statischen Momente seiner Teile.

Gegeben ist eine beliebige Fläche S, deren Schwerpunkt P bestimmt werden soll. Diese Bestimmung kann für jede

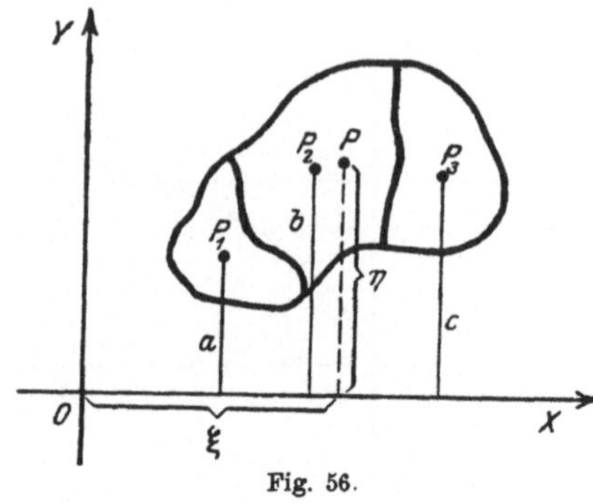
Fig. 56.

beliebige Achse, also auch für die X- bezw. Y-Achse durchgeführt werden; den Abstand des Schwerpunktes von diesen beiden Achsen bezeichnet man meistens mit η bezw. ξ. Wir suchen beispielsweise den Abstand η des Schwerpunktes P von der X-Achse. Man denkt sich die Fläche S in beliebig viele Teile, z. B. S_1, S_2 und S_3 zerlegt. Die Schwerpunkte der Teile seien P_1, P_2 und. P_3, ihre Abstände von der X-Achse seien bekannt zu a, b und c. Das statische Moment jeder Fläche ist $=$ Fläche mal Schwerpunktsabstand. Der Momentensatz liefert dann die Gleichung zur Bestimmung von η:

$$S \cdot \eta = S_1 \cdot a + S_2 \, b + S_3 \cdot c$$

Aufgabe 177. Man berechne in der angegebenen Weise den Schwerpunkt der Fig. 57.

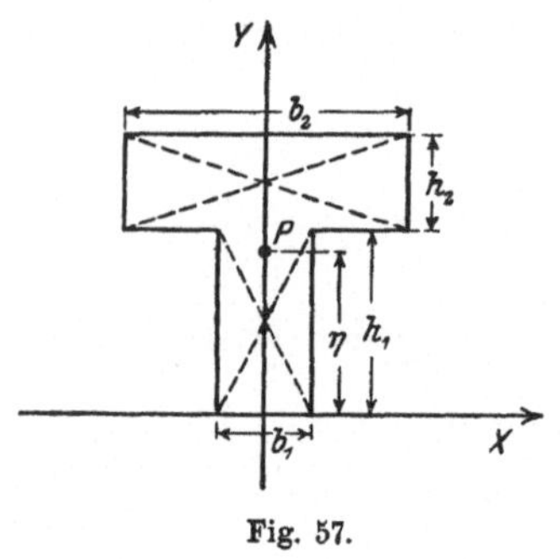
Fig. 57.

Die Fläche kann in zwei Rechtecke zerlegt werden, deren Schwerpunkte in den Schnittpunkten der Diagonalen liegen. Die Figur kann durch eine Symmetrieachse in zwei gleiche Teile zerlegt werden, auf dieser Symmetrieachse muß der gesuchte Schwerpunkt liegen. Sein Abstand von der X-Achse sei η. Die Seiten der Rechtecke seien b_1 und h_1 bezw. b_2 und h_2.

Die Momentengleichung mit Bezug auf die X-Achse lautet:

$$(b_1 \cdot h_1 + b_2 \cdot h_2)\, \eta = (b_1 \cdot h_1)\, \frac{h_1}{2} + (b_2 \cdot h_2) \left(h_1 + \frac{h_2}{2}\right).$$

Während man bei so einfachen Gebilden, wie sie Fig. 57 darstellt, die Integralrechnung entbehren kann, wird man bei den folgenden Aufgaben ihrer nicht gut entraten können.

Schwerpunkt eines Parabelabschnittes.

Aufgabe 178. Der Schwerpunkt P des Parabelabschnittes der Fig. 58, dessen Endradius b und dessen Höhe **a** ist, habe von der X-Achse den Abstand η, von der Y-Achse den Abstand ξ.

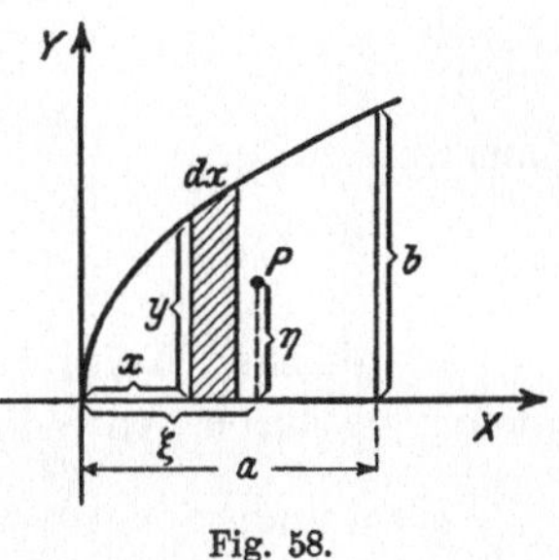

Fig. 58.

Man denkt sich die Figur in unendlich schmale Streifen zerlegt, von denen einer schraffiert gezeichnet ist.

Jeden dieser Streifen können wir als Rechteck ansehen, dessen Fläche = y.dx ist. Der Schwerpunkt des schraffierten Rechteckes hat von der Y-Achse den Abstand $x + \dfrac{dx}{2}$. Die Fläche des Parabelabschnittes ist nach Aufgabe 173 Gleichung III: $S = \dfrac{2}{3} . a\,b$.

Die Momentengleichung lautet bezogen auf die Y-Achse:

$$\frac{2}{3}\, a.b.\xi = \int\limits_{0}^{a} y\,dx \left(x + \frac{dx}{2}\right), \quad \ldots \ldots \text{(I)}$$

denn ξ ist der Abstand des gesuchten Schwerpunktes P, und die Addition der Flächenstreifen findet man durch Integration der Variablen x in den Grenzen von 0 bis a.

In Gleichung I gibt die Auflösung der Klammer: $x.y\,dx + y\,\dfrac{dx^2}{2}$. Das zweite Glied kann man als unendlich klein höherer Ordnung vernachlässigen und erhält:

$$\frac{2}{3}\, a.b.\xi = \int\limits_{0}^{a} x.y\,dx \quad \ldots \ldots \ldots \text{(II)}$$

Setzt man den aus Aufgabe 173 bekannten Wert von $y = b\sqrt{\dfrac{x}{a}}$ in II ein, so wird:

$$\frac{2}{3}\, a.b.\xi = \int\limits_{0}^{a} \frac{b.x^{\frac{1}{2}}.x.dx}{a^{\frac{1}{2}}} = \frac{b}{a^{\frac{1}{2}}} \int\limits_{0}^{a} x^{\frac{3}{2}}.dx = \frac{b}{a^{\frac{1}{2}}} \left.\frac{x^{\frac{5}{2}}}{\frac{5}{2}}\right|_{0}^{a}.$$

Es wird durch Einsetzen der Grenzen:

$$\frac{2}{3} \cdot a \cdot b \cdot \xi = \frac{b \cdot a^{\frac{5}{2}}}{a^{\frac{1}{2}}} \cdot \frac{2}{5}.$$

Demnach folgt:

$$\xi = \frac{3}{5} \, a \quad \ldots \ldots \ldots \ldots \quad \text{(III)}$$

In gleicher Weise läßt sich die Ordinate η des Schwerpunktes berechnen durch Anwendung des Momentensatzes auf die X-Achse.

Man findet:

$$\frac{2}{3} \cdot a\, b \cdot \eta = \int\limits_0^a y \, d\,x \, \frac{y}{2}.$$

Es ist laut Aufgabe 173 $y^2 = \dfrac{b^2}{a}\, x$, also:

$$\frac{2}{3} \, a \cdot b \cdot \eta = \frac{1}{2} \int\limits_0^a \frac{b^2}{a} \, x \, d\,x = \frac{b^2}{2\,a} \, \Bigg|_0^a \, \frac{x^2}{2} = \frac{b^2 \, a}{4}.$$

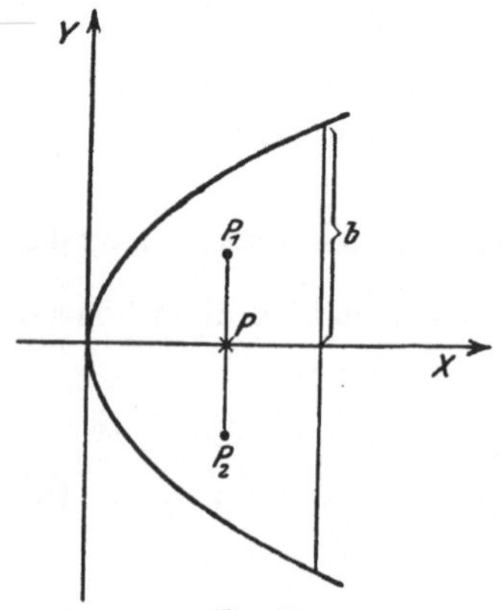

Fig. 59.

Daraus folgt:

$$\eta = \frac{b^2 \, a \cdot 3}{8 \cdot a\,b} = \frac{3}{8} \, b.$$

Der Schwerpunkt der Parabel selbst, die sich aus zwei solchen Abschnitten zusammensetzt, liegt einmal auf der Symmetrieachse, d. h. der Achse der Parabel, und ferner auf der Verbindungslinie der Schwerpunkte der beiden Teilabschnitte, wie Fig. 59 zeigt.

Schwerpunkt der Halbkreisfläche.

Aufgabe **179.** Die Halbkreisfläche hat eine Symmetrieachse, auf der der Schwerpunkt liegen muß. Es genügt somit η zu berechnen. Wir zerlegen wieder in unendlich viele Streifen. Die Breite ist 2 x, die Höhe d y. Nach dem Momentensatz erhält man:

$$\frac{\pi\, r^2}{2} \cdot \eta = \int_0^r 2\, x\, d\, y\, y \quad \ldots \ldots \ldots \ldots \quad (I)$$

Es ist $x^2 + y^2 = r^2$ und nach Differentiation: $2\, x\, d\, x + 2\, y\, d\, y = 0$, also $y\, d\, y = -\, x\, d\, x$. Dies in Gleichung I eingesetzt, gibt:

$$\frac{\pi\, r^2}{2} \cdot \eta = \int_r^0 -\, 2\, x^2\, d\, x$$

jetzt mit umgekehrten Grenzen, weil x für OX seinen größten Wert r besitzt und, je weiter man auf der Y-Achse aufwärts geht, abnimmt und zwar bis 0. An dem Wert des Integrals wird jedoch nichts geändert, wenn man das Minuszeichen in ein Pluszeichen verwandelt und gleichzeitig die Grenzen vertauscht. Man erhält also:

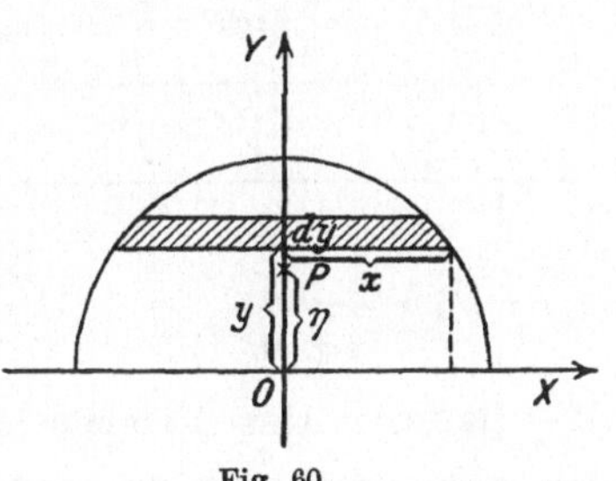

Fig. 60.

$$\frac{\pi\, r^2}{2} \cdot \eta = 2 \int_0^r x^2\, d\, x = 2 \left.\bigg|_0^r \frac{x^3}{3}\right. = \frac{2}{3}\, r^3.$$

Es wird: $\eta = \frac{4}{3}\, \frac{r}{\pi}$ als Abstand des Schwerpunktes von der X-Achse.

<h2 style="text-align:center">§ 26.
Bestimmung von Trägheitsmomenten.</h2>

Man denkt sich eine beliebige Fläche in unendlich viele Flächenelemente zerlegt. Man versteht dann unter dem Trägheitsmoment der Fläche bezogen auf eine beliebige Achse A B die Summe der Produkte aus jedem Flächenelement d S und dem Quadrat seines Abstandes von dieser Achse, der z sein möge. Der Beitrag eines solchen Flächenelementes zum Trägheitsmomente ist somit $= z^2\, d\, S$. Das Trägheitsmoment J der ganzen Fläche findet man durch Integration zu:

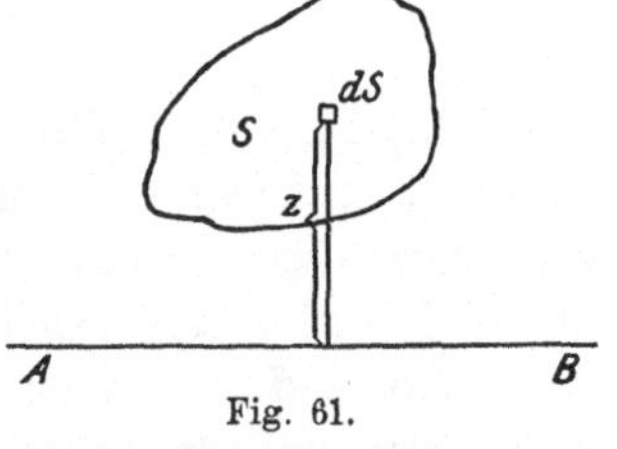

Fig. 61.

$$J = \int z^2 \, dS.$$

Die Dimension des Trägheitsmomentes ist [cm⁴].

Bezeichnet e_{max} den Abstand der äußersten Fasern eines Ge-bildes von der Achse (neutralen Faserschicht), so nennt man $\dfrac{J}{e_{max}}$ das Widerstandsmoment des Körpers. Seine Dimension ist [cm³].

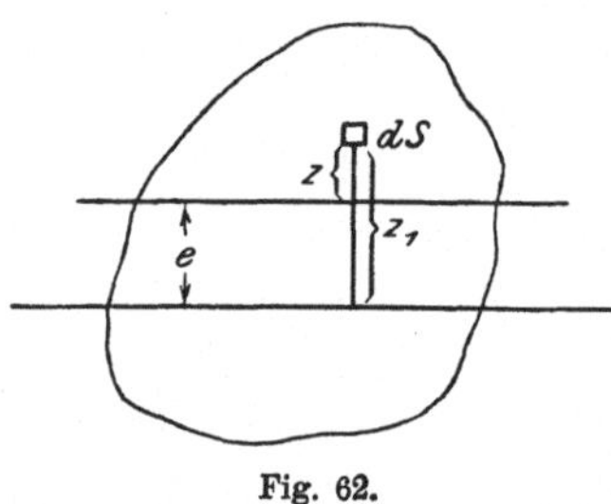

Fig. 62.

Für die Berechnung von Träg-heitsmomenten ist folgender Satz oft von Nutzen: Ist das Trägheitsmoment einer Fläche S bezogen auf die Schwer-achse (d. h. die Achse, die durch den Schwerpunkt geht) $= J_s$ und bezogen auf eine im Abstande e zur Schwerachse parallele Achse $= J$, dann besteht die Beziehung $J = J_s + e^2 S$ (Fig. 62).

Beweis: Das Flächenelement dS habe von der Schwerachse den Abstand z, von der anderen Achse z_1. Dann ist $J_s = \int z^2 \, dS$ und $J = \int z_1{}^2 \, dS$.

Nun ist: $z_1 = e + z$. Es wird also

$$J = \int (e + z)^2 \, dS$$

$$J = \int e^2 \, dS + \int 2 \, e \, z \, dS + \int z^2 \, dS$$

$$= e^2 \int dS + 2 \, e \int z \, dS + \int z^2 \, dS.$$

Es bedeutet $e^2 \int dS = e^2 \cdot S$, und $\int z^2 \, dS$ ist $= J_s$.

$2e \int z \, dS$ ist $= 0$, weil $\int z \, dS$ nichts anderes ist als das statische Moment der Fläche bezogen auf die Schwerachse; der Abstand des Schwerpunktes von der Schwerachse aber ist $= 0$.

Trägheitsmoment des Rechtecks bezogen auf die Schwerachse.

Aufgabe 180. Wir wählen hier als Flächenelement einen unendlich schmalen Streifen parallel zur Schwerachse. Man ist dazu berechtigt; denn denkt man sich jeden diesen Flächenstreifen in unendlich kleine Flächenelemente zerlegt, so haben diese alle den-selben Abstand y von der Schwerachse. In dem Trägheitsmoment des Flächenstreifens würde man aus der Summe der Trägheitsmomente der kleinen Flächenstückchen den Faktor y^2 vors Integral setzen dürfen und $y^2 \int dS = y^2 . S$ erhalten, wo S den Flächenstreifen bedeutet. Wir erhalten für das Trägheitsmoment des Rechtecks:

$$J_s = \int\limits_{-\frac{h}{2}}^{+\frac{h}{2}} y^2\, b\, dy = b \int\limits_{-\frac{h}{2}}^{+\frac{h}{2}} y^2\, dy = b \left|\frac{y^3}{3}\right|_{-\frac{h}{2}}^{+\frac{h}{2}}$$

$$J_s = \frac{b}{3}\left[\left(\frac{h}{2}\right)^3 - \left(-\frac{h}{2}\right)^3\right] = \frac{b}{3}\left(\frac{h^3}{8} + \frac{h^3}{8}\right)$$

$$= \frac{b\,h^3}{12}.$$

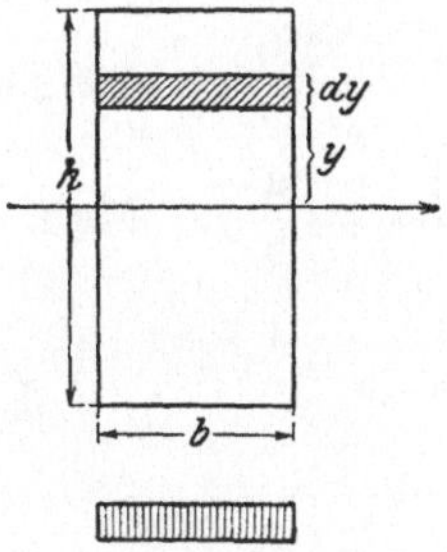

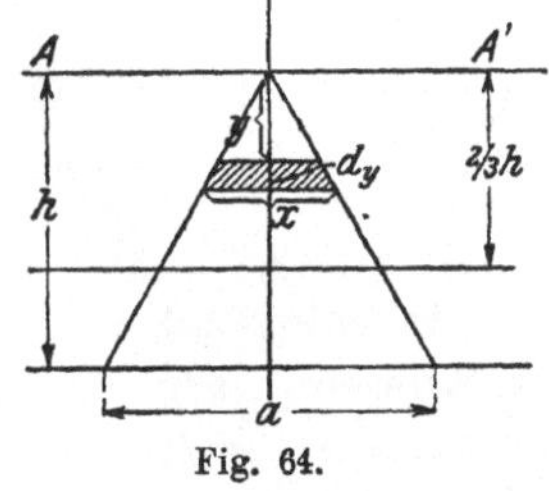
Fig. 63.

Das Widerstandsmoment W des Rechtecks ist $= \dfrac{J_s}{y_{\max}}$, wo $y_{\max}$ den äußersten Abstand von der Schwerachse bedeutet, hier also $\dfrac{h}{2}$.

Es ist $W = \dfrac{b\,h^2}{6}$. Beziehen wir das Trägheitsmoment des Rechtecks auf die Grundlinie, so erhalten wir:

$$J = J_s + S . \left(\frac{h}{2}\right)^2 = \frac{b\,h^3}{12} + b . h . \frac{h^2}{4} = \frac{b\,h^3}{3}.$$

Ist $b = 14$ cm und $h = 30$ cm, so ist $J_s = 31\,500$ cm^4 und $W = 2100$ cm^3.

<h3 style="text-align:center">Aufgabe 181.</h3>

Trägheitsmoment eines Dreiecks

bezogen auf eine durch die Spitze des Dreiecks gehende, zur Grundlinie parallele, Achse $A\,A'$.

Wir zerlegen das Dreieck in zur Achse parallele Streifen. Einer von diesen, der schraffiert gezeichnet ist, habe den Abstand y von der Achse $A\,A'$, die Länge x und die Breite $d\,y$.

Fig. 64.

Das Trägheitsmoment des Streifens ist:

$$y^2 x\, dy \quad . \quad . \quad . \quad . \quad . \quad . \quad . \quad (\mathrm{I})$$

Demnach erhält man als Trägheitsmoment des Dreiecks:

$$J = \int_0^h y^2\, x\, d\,y \quad \ldots \ldots \ldots \quad \text{(II)}$$

Es verhält sich, wie aus Fig. 64 ersichtlich ist, $\dfrac{x}{a} = \dfrac{y}{h}$; und x

ist $= \dfrac{a}{h}\, y$. Man erhält:

$$J = \int_0^h y^2\, \frac{a}{h} \cdot y \cdot d\,y = \frac{a}{h} \int_0^h y^3\, d\,y$$

$$J = \frac{a}{h} \left.\frac{y^4}{4}\right|_0^h = \frac{a\,h^4}{h\,.\,4}.$$

Bezogen auf die Achse A A′ ist demnach $J = \dfrac{a\,h^3}{4}$.

Beziehen wir nunmehr auf die Schwerachse, indem wir
setzen: $\qquad\qquad J_s = J - e^2\, S,$

hierin ist: $\qquad\qquad e = \dfrac{2}{3}\, h \quad \text{und} \quad S = \dfrac{a\,.\,h}{2}.$

Setzt man dies ein:

$$J_s = \frac{a\,h^3}{4} - \frac{4}{9}\, h^2 \cdot \frac{a\,.\,h}{2} = \frac{1}{36}\, a\,h^3.$$

Endlich bezogen auf die Grundlinie a wird:

$$J = J_s + e^2\, S = J_s + \left(\frac{h}{3}\right)^2 S$$

$$J = \frac{1}{36}\, a\,h^3 + \frac{h^2}{9} \cdot \frac{a\,.\,h}{2} = \frac{1}{12}\, a\,h^3.$$

Anhang.

Anschließend an einzelne der bisher behandelten §§ 1—26 soll
der Anhang dazu dienen, solche Gedanken und Aufgaben zu erläutern, die für den Zusammenhang der bisherigen Betrachtung zwar
nicht notwendig, aber doch so interessant erscheinen, daß sie nicht
übergangen werden sollten. So wird beim ersten Studium der Leser

bei einzelnen Dingen nicht unnötig aufgehalten; doch wird es nützlich sein, zur Erweiterung und Festigung der erworbenen Kenntnisse sich des Anhangs zu bedienen, bevor man den II. Teil — die Differentialgleichungen — in Angriff nimmt.

Zu § 2 und § 3.

Koordinatentransformation und Polarkoordinaten.

Die Einführung neuer Koordinatensysteme ist in vielen Fällen von Wichtigkeit. Die Lage der Koordinatenachsen ist ja an sich beliebig, doch ist es ersichtlich, daß es für jede Kurve eine zweckmäßigste Lage geben wird.

Wir hatten beispielsweise die Gleichung der Hyperbel (vergl. S. 14 Fig. 13) für die X- und Y-Achse abgeleitet zu $\dfrac{x^2}{a^2} - \dfrac{y^2}{b^2} = 1$.

Wir wollen uns jetzt — der Koordinatenanfangspunkt bleibt ungeändert — die Achsen um einen bestimmten Winkel α gedreht denken. Das neue Koordinatensystem habe die Achsen η und ξ.

Die Koordinaten des Punktes P mit Bezug auf das neue System sind ξ und η. Man erhält dann:

$$x = \xi \cos \alpha - \eta \sin \alpha$$
$$y = \xi \sin \alpha + \eta \cos \alpha.$$

Diese Ableitung ergibt sich direkt unter Ansehung der Fig. 65.

Betrachten wir einmal die gleichseitige Hyperbel, deren Asymptoten mit der X- bezw. Y-Achse den Winkel 45° bilden,

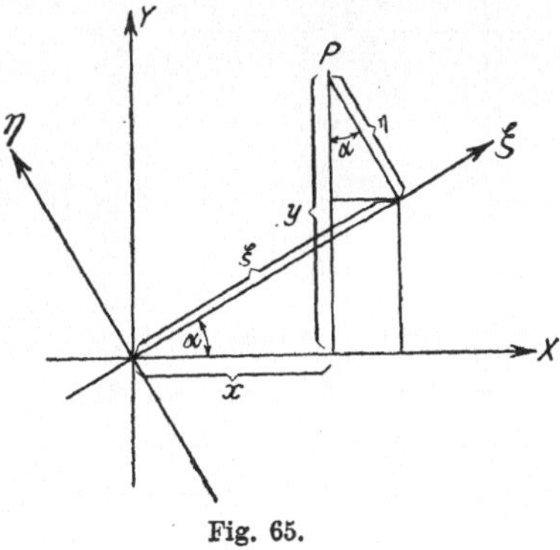

Fig. 65.

so können wir die Gleichung der gleichseitigen Hyperbel leicht auf die Asymptoten umrechnen, wenn wir in der obigen Ausführung den Winkel $\alpha = 45°$ setzen.

Wir erhalten:
$$x = \xi \sqrt{\tfrac{1}{2}} - \eta \sqrt{\tfrac{1}{2}}$$
$$y = \xi \sqrt{\tfrac{1}{2}} + \eta \sqrt{\tfrac{1}{2}}.$$

Hieraus folgt: $x + y = 2\,\xi\,\sqrt{\dfrac{1}{2}}$ und $x - y = -2\,\eta\,\sqrt{\dfrac{1}{2}}$.

Nach § 3 S. 16 galt aber für die gleichseitige Hyperbel $x^2 - y^2 = a^2$. Bilden wir $(x + y)(x - y)$, so wird $-2\,\xi\,\eta = a^2$ die Gleichung einer gleichseitigen Hyperbel, bezogen auf die Asymptoten als Koordinatenachsen. Die in § 2 Fig. 5 gezeichnete Kurve des Mariotteschen Gesetzes wird das Stück einer Parabel sein, wir brauchen nur $\xi = p$ und $\eta = v$ sowie $\dfrac{a^2}{2} = 1$ zu setzen, so haben wir $p \cdot v = 1$. Das negative Vorzeichen wird positiv, wenn wir in Fig. 65 das neue Achsensystem ξ, η nach rechts drehen, d. h. um den Winkel $-\alpha$.

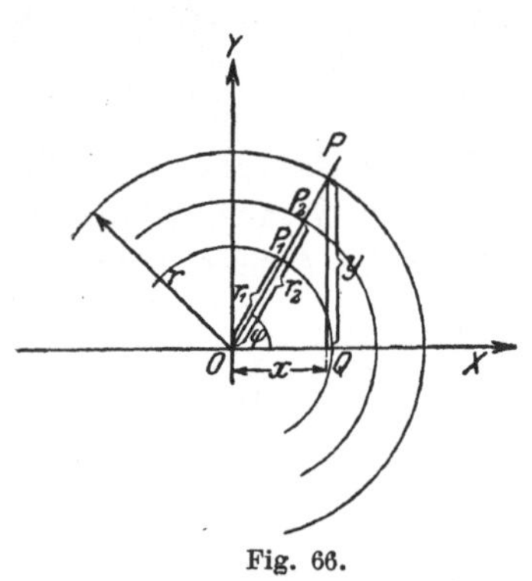

Fig. 66.

Das Prinzip der rechtwinkeligen Koordinaten ist gegründet auf zwei Systeme paralleler Geraden; jedes andere ähnliche System ist diesem gleichwertig. In vielen Fällen haben sich Polarkoordinaten als nutzbringend erwiesen. Man benutzt ein System konzentrischer Kreise und ein System von Geraden durch ihren Mittelpunkt. Zu jedem Punkte der Ebene gehört ein bestimmtes r und ein bestimmter Winkel φ (Fig. 66). Es gehört zu P_1 „r_1 und φ_1", zu P_2 „r_2 und φ_2" $(\varphi_2 = \varphi_1)$. Zwischen rechtwinkeligen und Polarkoordinaten bestehen, wie aus dem Dreieck OPQ folgt, die einfachen Beziehungen:

1. $\qquad\qquad x = r \cos \varphi; \quad y = r \sin \varphi$

2. $\qquad\qquad x^2 + y^2 = r^2.$

Zu § 3.

Gemeinsame Gleichung für Ellipse und Hyperbel. Raumkoordinaten.

Wir stellen die Aufgabe: die Summe oder die Differenz der Entfernungen eines beweglichen Punktes P von 2 festen Punkten F und F' soll konstant sein. Gesucht werden die Gleichungen der

Bahnkurven, die der bewegliche Punkt P beschreibt. Die veränderlichen Entfernungen von F und F' seien r und r'. Ihre Summe oder Differenz soll konstant sein, beispielsweise $= 2a$. Da die Differenz zweier Entfernungen negativ sein kann, wird man $+ 2a$ und $- 2a$ ansetzen müssen. Es wird demnach eine Gleichung gesucht, die der Bedingung genügt: $r \pm r' = \pm 2a$. Genau genommen hat die gesuchte Gleichung demnach folgende 4 Bedingungen zu erfüllen:

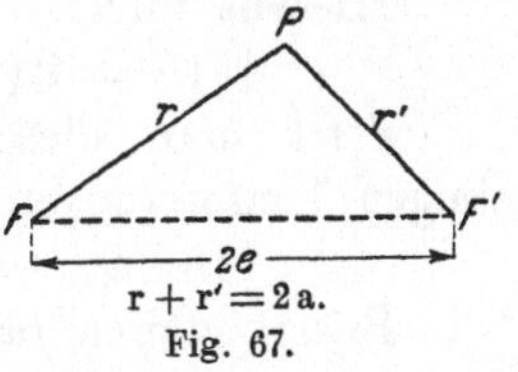

Fig. 67.

$$r + r' - 2a = 0 \qquad\qquad (a)$$
$$r - r' - 2a = 0 \qquad\qquad (b)$$
$$r - r' + 2a = 0 \qquad\qquad (c)$$
$$r + r' + 2a = 0 \qquad\qquad (d)$$

Die Gleichung wird also eine so allgemeine Form haben müssen, daß, wenn man sie auflöst, den vier gestellten Bedingungen Genüge geleistet ist. Dies wird immer dann der Fall sein, wenn die Bedingungen a bis d gleichzeitig die vier Lösungen der Gleichung darstellen.

Wenn wir die linken Seiten der vier Gleichungen miteinander multiplizieren, so erhalten wir ein Produkt, daß stets gleich Null wird, wenn auch nur einer seiner Faktoren gleich Null ist. Daher ist die allgemeine Gleichung, die den 4 Bedingungen gleichzeitig genügt:

$$(r + r' - 2a)(r + r' + 2a)(r - r' - 2a)(r - r' + 2a) = 0.$$

Hieraus wird:

$$[(r + r')^2 - 4a^2] \cdot [(r - r')^2 - 4a^2] = 0$$

und dies ergibt:

$$(r^2 - r'^2)^2 - 8a^2(r^2 + r'^2) + 16a^4 = 0 \quad . \quad . \quad . \quad (1)$$

Drückt man jetzt r und r' durch die Koordinaten aus, indem man den Abstand der beiden festen Punkte F und F' mit 2 e bezeichnet und den Koordinatenanfangspunkt in die Mitte der Strecke F F' legt, so findet man für einen beliebigen Punkt P, dessen Koordinaten x, y sein mögen (Fig. 68):

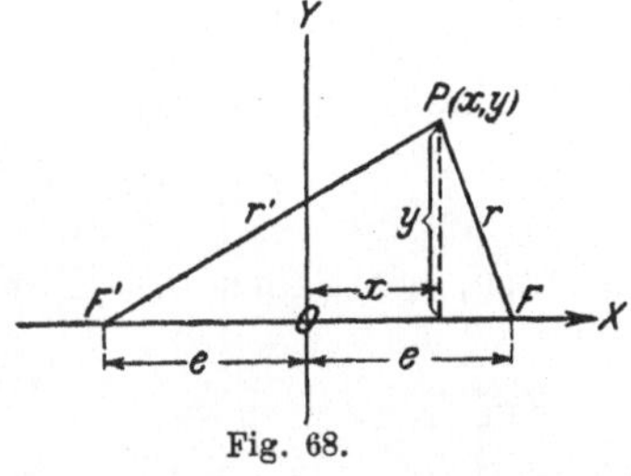

Fig. 68.

$$r'^2 = (x + e)^2 + y^2$$
$$r^2 = (e - x)^2 + y^2.$$

Hieraus folgt:
$$r^2 + r'^2 = 2 (x^2 + y^2 + e^2) \qquad r^2 - r'^2 = -4\,e\,x.$$

Setzt man diese Werte in Gleichung 1 ein, so wird nach einigen Umformungen:
$$16\,[(a^2 - e^2)\,x^2 + a^2\,y^2 - a^2\,(a^2 - e^2)] = 0.$$

Bringt man $a^2\,(a^2 - e^2)$ vor die Klammer, so erhält man die Gleichung:
$$16\,a^2\,(a^2 - e^2)\left[\frac{x^2}{a^2} + \frac{y^2}{a^2 - e^2} - 1\right] = 0.$$

Wir dividieren beide Seiten der Gleichung durch $16\,a^2\,(a^2 - e^2)$. Den Fall, daß $16\,a^2\,(a^2 - e^2) = 0$ wird, lassen wir außer Betracht, da er für unsere Aufgabe keine Bedeutung besitzt. (Es würde dieser Faktor dann gleich Null werden, wenn $a = e$ resp. $a^2 - e^2 = 0$ ist — dies bedeutet aber, daß der Punkt P der Fig. 67 in die Gerade A B hinein fällt.) Wir machen vielmehr in der Lösung zur Bedingung, daß a stets größer oder stets kleiner als e sein soll. Unter dieser Voraussicht setzen wir den Klammerausdruck [ ] = 0 und erhalten als gemeinsame Gleichung der in unserer Aufgabe gestellten Bedingungen:
$$\frac{x^2}{a^2} + \frac{y^2}{a^2 - e^2} = 1.$$

Wir definierten nun die Ellipse als den geometrischen Ort, für den die Summe der Entfernungen eines beweglichen Punktes von zwei festen Punkten konstant sein sollte. Für die Hyperbel galt das Gleiche für die Differenz der Entfernungen.

Den Unterschied in unserer gemeinsamen Gleichung für Ellipse und Hyperbel erkennt man am leichtesten in Analogie mit dem Dreieck.

Die Summe zweier Dreiecksseiten ist stets größer als die dritte, also
$$r + r' > 2\,e$$
die Differenz kleiner als die dritte
$$r - r' < 2\,e.$$

1. Ist $2\,a > 2\,e$, so kann $2\,a$ nur die Summe der Entfernungen bedeuten, wir haben die Ellipse:
$$r + r' = 2\,a.$$

Die Lösung $r + r' = -2\,a$ ist unerfüllbar, da die Summe zweier Seiten nie negativ sein kann.

2. Ist $2a < 2e$, so kann $2a$ nur die Differenz der Entfernungen bedeuten und

$$\left.\begin{array}{l} r - r' = + 2a \\ r - r' = - 2a \end{array}\right\} \text{gilt für die Hyperbel.}$$

oder

(Eine Differenz kann sehr wohl negativ sein.)

Setzen wir in der gemeinsamen Gleichung $a^2 - e^2 = b^2$, so haben wir für die Hyperbel einen negativen Wert zu setzen, weil bei ihr e^2 größer als a^2 ist. Wir können dann schreiben:

$$\frac{x^2}{a^2} + \frac{y^2}{b^2} = 1$$

als Gleichung der Ellipse und

$$\frac{x^2}{a^2} - \frac{y^2}{b^2} = 1$$

als Gleichung der Hyperbel, wie bereits in § 3 gezeigt ist.

Kurzer Hinweis auf die analytische Geometrie des Raumes.

Um einen Punkt im Raume zu bestimmen, wird ein räumliches, am einfachsten ein rechtwinkliges Koordinatensystem zugrunde gelegt. Es besteht aus 3 aufeinander senkrechten Ebenen, die sich in 3 aufeinander senkrechten Geraden schneiden. Diese 3 Geraden wiederum schneiden sich in einem Punkte, der zugleich der Durchschnittspunkt der 3 Ebenen ist und als Anfangspunkt des Koordinatensystems wieder mit O bezeichnet wird.

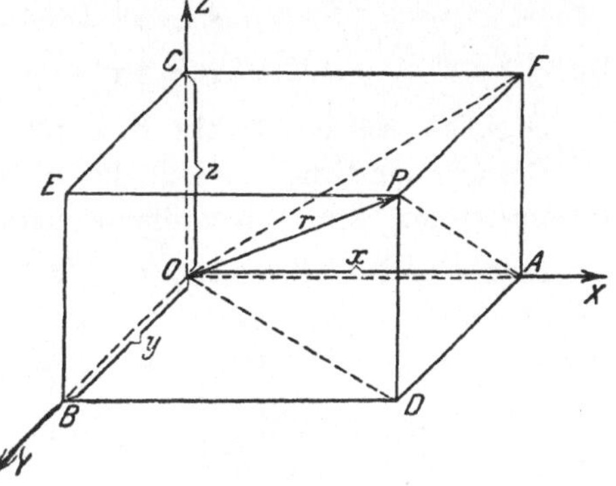

Fig. 69.

Die 3 Schnittgeraden heißen die Koordinatenachsen X, Y und Z, die 3 Ebenen die Koordinatenebenen, und zwar die X Y-Ebene, die Y Z- und die X Z-Ebene. Um die Lage unseres beliebigen Punktes P im Raume gegen dieses System festzulegen, denken wir uns durch P drei Ebenen gelegt parallel den Koordinatenebenen. Hierdurch entsteht ein rechtwinkeliges Parallelepipedon, von dem 3 Ecken auf den Koordinatenachsen liegen, es sind die Punkte A, B, C. Ist die Lage dieser 3 Punkte bekannt, so ist auch die Lage des Punktes P bestimmt. A, B und C bestimmen sich aber durch ihre Entfernung x, y und z vom Koordinatenanfangspunkt O. Man nennt x, y und z die rechtwinkeligen Koordinaten von P. Zur eindeutigen Bestimmung werden noch die positiven Richtungen festgesetzt, entsprechend den Pfeilrichtungen der Figur. Zur Konstruktion des Punktes P ist nicht die ganze Figur erforderlich. Wir bestimmen durch x und y in der X Y-Ebene den Punkt D, errichten in ihm ein Lot und machen dies gleich z, so ist sein Endpunkt P. Man nennt D auch die Projektion von P auf die X Y - Ebene. Man kann auch A, B und C als die Projektionen von P auf die 3 Achsen definieren.

Gegeben sei ein Punkt durch seine Koordinaten x, y, z. Gesucht wird die Entfernung r des Punktes P vom Koordinatenanfangspunkt O.

Dreieck O A D ist rechtwinkelig bei A, also

$$O D^2 = x^2 + y^2$$

Dreieck O D P ist recktwinkelig bei D, also

$$r^2 = O D^2 + D P^2$$
$$r^2 = x^2 + y^2 + z^2$$

also
$$r = \sqrt{x^2 + y^2 + z^2}.$$

Gegeben sei ein Punkt P durch seine Koordinaten x, y, z.

Gesucht sind die Winkel, die seine Verbindungslinien zum Anfangspunkt mit den 3 Koordinatenachsen einschließen.

Man findet z. B.: $\cos \gamma = \pm \sqrt{1 - \cos^2 \alpha - \cos^2 \beta}.$

Zu § 5.

Reihenentwickelung für e und e^y.

Die Reihenentwickelung der Zahl e vergl. S. 23 werde mit einer anderen merkwürdigen Reihe:

$$1 + \frac{y}{1} + \frac{y^2}{1 \cdot 2} + \frac{y^3}{1 \cdot 2 \cdot 3} + \frac{y^4}{1 \cdot 2 \cdot 3 \cdot 4} + \cdots$$

verglichen. Wir wollen zeigen, daß letztere Reihe $= e^y$ ist. Für $y = 1$ und $y = 0$ sehen wir sofort, daß die Gleichung gilt. Es ist nämlich:

für $y = 1$ $1 + \dfrac{1}{1} + \dfrac{1}{1 \cdot 2} + \dfrac{1}{1 \cdot 2 \cdot 3} + \ldots$ also $e = e^1$.   (1)

für $y = 0$ $1 + \dfrac{0}{1} + \dfrac{0}{1 \cdot 2} + \ldots$ also $1 = e^0$.   (2)

Zum vollen Beweise nehmen wir noch eine zweite Reihe hinzu:

$$1 + \frac{z}{1} + \frac{z^2}{1 \cdot 2} + \frac{z^3}{1 \cdot 2 \cdot 3} + \ldots$$

Wir bezeichnen diese Reihe mit $f(z)$ und die y-Reihe mit $f(y)$. Wir multiplizieren beide Reihen miteinander, indem wir die entstehenden Produkte geeignet untereinander schreiben. Wir erhalten:

$$f(y) \cdot f(z) = 1 + \frac{y}{1} + \frac{y^2}{1 \cdot 2} + \frac{y^3}{1 \cdot 2 \cdot 3} + \ldots \quad (f(y) \text{ multipl. mit } 1)$$

$$+ \frac{z}{1} + \frac{y \cdot z}{1} + \frac{y^2 z}{1 \cdot 2} + \ldots \quad \left(\text{\char34} \quad \text{\char34} \quad \text{\char34} \ \frac{z}{1} \right)$$

$$+ \frac{z^2}{1 \cdot 2} + \frac{z^2 y}{1 \cdot 2} + \ldots \quad \left(\text{\char34} \quad \text{\char34} \quad \text{\char34} \ \frac{z^2}{1 \cdot 2} \right)$$

$$+ \frac{z^3}{1 \cdot 2 \cdot 3} + \ldots \quad \left(\text{\char34} \quad \text{\char34} \quad \text{\char34} \ \frac{z^3}{1 \cdot 2 \cdot 3} \right)$$

$$f(y) \cdot f(z) = 1 + \frac{y + z}{1} + \frac{y^2 + 2yz + z^2}{1 \cdot 2}$$

$$+ \frac{y^3 + 3y^2 z + 3z^2 y + z^3}{1 \cdot 2 \cdot 3} + \ldots$$

Wir erhalten also:

$$f(y) \cdot f(z) = 1 + \frac{y + z}{1} + \frac{(y + z)^2}{1 \cdot 2} + \frac{(y + z)^3}{1 \cdot 2 \cdot 3} + \ldots$$

d. h. dieselbe Reihe, nur ist $(y + z)$ an Stelle von y getreten.

Wir können das Ergebnis durch die Gleichung ausdrücken:

$$f(y) \cdot f(z) = f(y + z) \quad \ldots \ldots \ldots \quad (3)$$

Wir nennen sie eine Funktionalgleichung. Aus Gleichung 2 und 3 folgt:

$$f(-y) \cdot f(y) = f(-y + y) = f(0) = 1$$

und $$f(-y) = \frac{1}{f(y)}.$$

Negative Werte von y sind dadurch auf positive zurückgeführt.

Aus Gleichung 3 und 1 folgt:

$$f(m) = f(1) \cdot f(m - 1) = e\, f(m - 1),$$

wenn $f(1)$ die Reihe für e bedeutet. Für $e \cdot f(m-1)$ setzt man $e\,f(1) \cdot f(m-2)$ und erhält $e^2\,f(m-2)$. Setzt man das entsprechend fort, so wird:

$$f(m) = e^m \cdot f(m-m) = e^m \cdot f(0) = e^m \cdot 1.$$

Die Reihe $f(y)$ — wir setzen für m jetzt y — ergibt also tatsächlich den Wert e^y und zwar, wie man nachweisen kann, für jedes positive oder negative, für jedes rationale und irrationale y.

Zu § 10.

Der Differentialquotient der Exponentialfunktion und des Logarithmus auf Grund der Reihenentwickelung.

Der Differentialquotient von $y = e^x$ soll noch von einem anderen Gesichtspunkte berechnet werden. Wir wissen — vergl. S. 124 —, daß

$$y = e^x = 1 + \frac{x}{1} + \frac{x^2}{1.2} + \frac{x^3}{1.2.3} \quad \ldots \quad \text{(I)}$$

Wir bilden:

$$y + \varDelta y = e^{x + \varDelta x} = e^x \cdot e^{\varDelta x} \quad \ldots \quad \text{(II)}$$

Für $e^{\varDelta x}$ schreiben wir die Reihe:

$$1 + \frac{\varDelta x}{1} + \frac{(\varDelta x)^2}{1.2} + \frac{(\varDelta x)^3}{1.2.3} \ldots$$

Also:

$$y + \varDelta y = e^x \left[1 + \frac{\varDelta x}{1} + \frac{(\varDelta x)^2}{1.2} + \frac{(\varDelta x)^3}{1.2.3} \cdots \right] \quad \text{(II)}$$

Wir subtrahieren Gleichung I und erhalten, da rechts dann $e^x \cdot 1$ fortfällt:

$$\varDelta y = e^x \left[\frac{\varDelta x}{1} + \frac{(\varDelta x)^2}{1.2} + \frac{(\varDelta x^3)}{1.2.3} \right]$$

und hieraus:

$$\frac{\varDelta y}{\varDelta x} = e^x \left[\frac{1}{1} + \frac{\varDelta x}{1.2} + \frac{(\varDelta x)^2}{1.2.3} \cdots \right] \quad \ldots \quad \text{(III)}$$

Läßt man $\varDelta x$ unendlich klein werden, so folgt:

$$\lim \frac{\varDelta y}{\varDelta x} = \frac{dy}{dx} = e^x \cdot \frac{1}{1} = {}^x e.$$

Diese Bestimmung setzt nicht die Ableitung des Logarithmus voraus. Mit Hilfe der Reihe läßt sich die Kurve der Exponentialfunktion $y = e^x$ zeichnen. Fig. 70 stelle dieExponentialkurve dar. Wir wählen einen beliebigen Punkt P der Kurve mit den Koordinaten x und y. Die an diesen Punkt gelegte Tangente PB bilde mit der X-Achse den Winkel φ. Wir nennen das von dieser Tangente und der y Koordinate auf

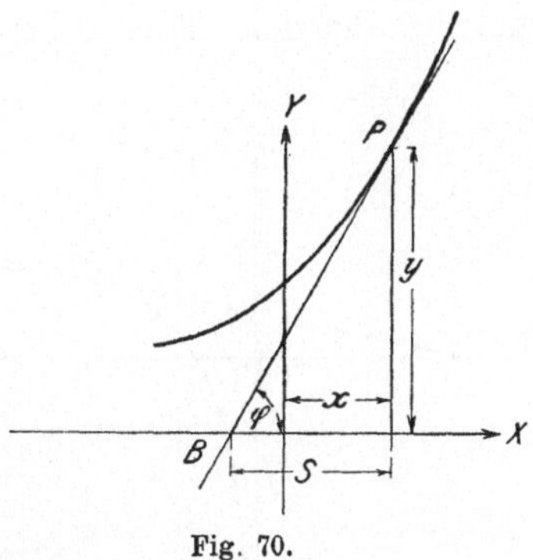

Fig. 70.

der Abszissenachse abgeschnittene Stück S die Subtangente.

Aus dem rechtwinkeligen Dreieck folgt: $\operatorname{tg}\varphi = \dfrac{y}{S}$.

Andererseits können wir für den Tangens nach § 8 auch setzen: $\dfrac{dy}{dx} = \operatorname{tg}\varphi$. Somit wird $\dfrac{dy}{dx} = \dfrac{y}{S}$.

Die Gleichung der Exponentialkurve war aber $y = e^x$, also

$$\frac{dy}{dx} = e^x = y.$$

Somit wird: $y = \dfrac{y}{S}$ d. h. die Subtangente S wird $= 1$. Die Exponentialkurve hat die ausgezeichnete Eigenschaft, daß die Subtangente fortgesetzt $= 1$ ist. Auf dieser Eigenschaft beruht auch das außerordentlich steile Ansteigen der Kurve mit wachsendem x.

Da uns bekannt ist, daß die Funktion $y = \ln x$ nichts anderes ist als die Umkehr der Exponentialfunktion $x = e^y$, müssen wir von dieser aus sofort die Ableitung des Logarithmus geben können. Wenn $x = e^y$, so ist nach dem vorher Gesagten:

$$\frac{dx}{dy} = e^y = x.$$

Aus der Definition des Differentialquotienten als Grenzwert eines wirklichen Quotienten folgt:

$$\frac{dy}{dx} = \frac{1}{\dfrac{dx}{dy}} = \frac{1}{x}.$$

Dasselbe Resultat, das wir in § 10 S. 49 (nur umständlicher) ab-

geleitet haben. Was bedeutet es geometrisch? Der Differentialquotient wird — für $x = \infty$ —
$$\frac{dy}{dx} = \frac{1}{\infty}, \text{ also } = 0.$$

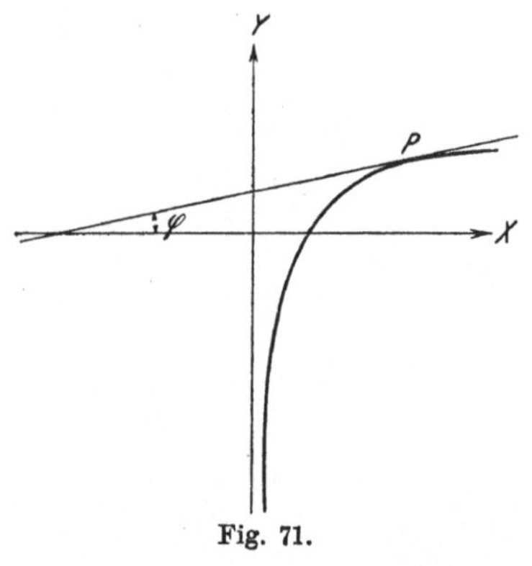

Fig. 71.

Es sagt nichts anderes aus, als daß mit wachsendem x, während die logarithmische Kurve (Fig. 71) ansteigt, die Neigung der Tangente gegen die X-Achse immer kleiner wird. Die Kurve muß sich also immer mehr abflachen.

Wir wollen nunmehr eine interessante Aufgabe verfolgen. Wir betrachten die Briggischen Logarithmen unter Kenntnisnahme von

§ 5. Nehmen wir $y = \log x$, so ist $10^y = x$ und $\dfrac{dx}{dy} = 10^y \ln 10$.

$\dfrac{dx}{dy} = x \ln 10$. Daraus folgt wie in § 10: $\dfrac{dy}{dx} = \dfrac{1}{x \ln 10}$. Für $\dfrac{1}{\ln 10}$

hatten wir bereits in § 5 gefunden: $m = \dfrac{1}{\ln 10} = 0{,}43429$. Wir

wollen nun mit Hilfe der Logarithmentafeln verfolgen, wie der Übergang des Differenzenquotienten in den Differentialquotienten erfolgt. Wir entnehmen der Logarithmentafel: Für $x = 500$, ist $\log x = 2{,}69897$.

Bezeichnen wir die Werte:

$$550 \qquad 540 \qquad 530 \qquad 520 \qquad 510 \qquad 501$$

mit $\;x + \varDelta_1 x \quad x + \varDelta_2 x \quad x + \varDelta_3 x \quad x + \varDelta_4 x \quad x + \varDelta_5 x \quad x + \varDelta_6 x$

die zugehörigen Werte von y mit

$$y + \varDelta_1 y \quad y + \varDelta_2 y \quad y + \varDelta_3 y \quad \cdot \; \cdot \; \cdot \; \cdot \; \cdot \; \cdot \; \cdot \; \cdot \; \cdot \; \cdot \; \cdot,$$

so erhalten wir z. B.

$$y + \varDelta_1 y = 2{,}74036 \text{ als Logarithmus von } 550$$

und $\qquad\qquad y = 2{,}69897 \;\;\text{„}\qquad\quad\text{„}\qquad\quad\text{„ } 500.$

Es ist also $\quad \varDelta_1 y = 0{,}04139$ für $\qquad \varDelta_1 x = 50.$

Genau so werden $\varDelta_2 y, \varDelta_3 y \ldots$ für $\varDelta_2 x = 40, \varDelta_3 x = 30 \ldots$
berechnet.

Wir erhalten:

$$\varDelta_1 y = 0{,}04139 \quad \frac{\varDelta_1 y}{\varDelta_1 x} = \frac{0{,}04139}{50} = 0{,}00083$$

$$\Delta_2 y = 0{,}03342 \qquad \frac{\Delta_2 y}{\Delta_2 x} = \frac{0{,}03342}{40} = 0{,}00083$$

$$\Delta_3 y = 0{,}02531 \qquad \frac{\Delta_3 y}{\Delta_3 x} = \frac{0{,}02531}{30} = 0{,}00084$$

$$\Delta_4 y = 0{,}01703 \qquad \frac{\Delta_4 y}{\Delta_4 x} = \frac{0{,}01703}{20} = 0{,}00085$$

$$\Delta_5 y = 0{,}00860 \qquad \frac{\Delta_5 y}{\Delta_5 x} = \frac{0{,}00860}{10} = 0{,}00086$$

$$\Delta_6 y = 0{,}00087 \qquad \frac{\Delta_6 y}{\Delta_6 x} = \frac{0{,}00087}{1} = 0{,}00087.$$

Den wahren Wert des Differentialquotienten, ebenfalls berechnet auf 5 Stellen, finden wir nach der Formel:

$$\frac{dy}{dx} = \frac{0{,}43429}{x} = \frac{0{,}43429}{500} = 0{,}00087.$$

Diesem wirklichen Werte strebt unser Differenzenquotient immer mehr zu; für $\Delta x = 1$ unterscheidet sich der Differenzenquotient bereits um weniger als $\dfrac{5}{10^6}$ vom Differentialquotienten.

Man berechne dieselben Größen für
$$x = 800, \quad x + \Delta_1 x = 890 \ . \ . \ 870, \ 850, \ 830, \ 810, \ 805, \ 801.$$

Es wird $\qquad \dfrac{dy}{dx} = \dfrac{0{,}43429}{800} = 0{,}00054.$

Zu § 23.

Fläche einer Ellipse und eines Sektors der gleichseitigen Hyperbel.

Aufgabe 182. Gesucht die Fläche eines Ellipsen-Quadranten.

Die Halbachsen der Ellipse seien a und b. Man vergleiche § 3 Seite 13. Der Punkt P der Ellipse habe die Koordinaten x und y. Einer der unendlich vielen Streifen, in die man sich wie immer die Fläche zerlegt denkt, hat den Inhalt $y\,dx$.

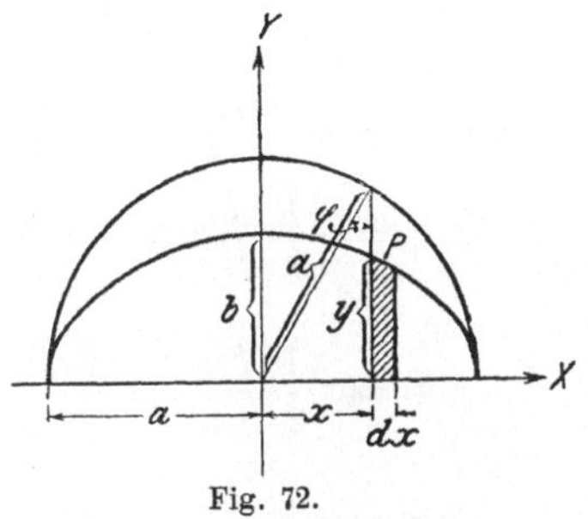

Fig. 72.

Die Gleichung der Ellipse ist:

$$\frac{x^2}{a^2} + \frac{y^2}{b^2} = 1.$$

Demnach ist:

$$y = b\sqrt{1 - \frac{x^2}{a^2}}.$$

Die gesuchte Fläche S ist:

$$S = \int_0^a y\,dx = \int_0^a b\sqrt{1 - \frac{x^2}{a^2}}\,dx.$$

Für x können wir, wie aus Fig. 72 folgt, setzen:

$$x = a\sin\varphi, \quad \text{demnach } dx = a\cos\varphi\,d\varphi.$$

Es wird:

$$S = b\int \sqrt{1 - \sin^2\varphi}\,a\cos\varphi\,d\varphi = ab\int \cos^2\varphi\,d\varphi.$$

Durch Eintritt der Winkelfunktion müssen die Grenzen sich geändert haben. x sollte sich ändern von 0 bis a. Für $x = a\sin\varphi$ tritt als Veränderliche ein: $\sin\varphi = \dfrac{x}{a}$.

Setzen wir $x = 0$, so wird $\sin\varphi = 0$, also $\varphi = 0$ und für $x = a$, wird $\sin\varphi = \dfrac{a}{a} = 1$, also $\varphi = \dfrac{\pi}{2}$.

Die Grenzen für φ sind demnach 0 und $\dfrac{\pi}{2}$.

$$S = ab\int_0^{\frac{\pi}{2}} \cos^2\varphi\,d\varphi = ab\int_0^{\frac{\pi}{2}} \frac{1 + \cos 2\varphi}{2}\,d\varphi$$

$$S = \frac{ab}{2}\int_0^{\frac{\pi}{2}} d\varphi + \cos 2\varphi\,d\varphi = \frac{ab}{2}\left|\varphi + \frac{\sin 2\varphi}{2}\right|_0^{\frac{\pi}{2}}.$$

$$S = \frac{ab}{2}\left(\frac{\pi}{2} + \frac{\sin\pi}{2} - 0 - 0\right). \quad \text{Es ist } \sin\pi = \sin 180^0 = 0.$$

$$S = ab \cdot \frac{\pi}{4}. \qquad \text{(Vergl. Trigonometrische Formeln).}$$

Wir erhalten also für die Ellipsenfläche, welche das vierfache der berechneten Fläche ist: $E = a \cdot b \cdot \pi$.

Aufgabe 183. Gesucht der Flächeninhalt des Sektors OAA' einer gleichseitigen Hyperbel, deren Halbachse $OC = 1$ sein soll.

Die Gleichung einer gleichseitigen Hyperbel lautet: $x^2 - y^2 = 1$ ($a^2 = 1$ gesetzt). Zur Vereinfachung der Rechnung ersetze man die rechtwinkligen Koordinaten durch Polarkoordinaten (s. Anhang S. 120). Die Koordinaten der Punkte A und A' seien r und

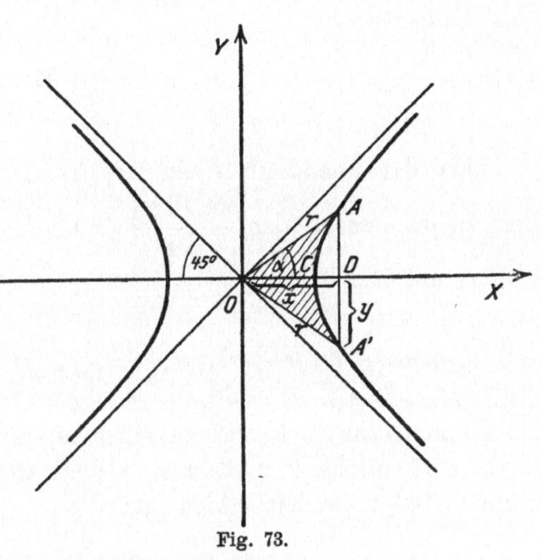

Fig. 73.

α, bezw. r und $-\alpha$. Dann wird $y = r \cdot \sin\alpha$ und $x = r \cdot \cos\alpha$; ferner geht die Gleichung der gleichseitigen Hyperbel über in:

$$r^2 (\cos^2\alpha - \sin^2\alpha) = 1 \quad \text{oder} \quad r^2 = \frac{1}{\cos 2\alpha} \quad \ldots \quad (\mathrm{I})$$

vergl. Trigonometrische Formeln.

Zur Berechnung der Fläche $OAA' = \varphi$, wo φ die schraffierte Fläche der Fig. 73 bedeutet, d. h. $\varphi = 2\alpha$, untersuche man, wie der Inhalt einer beliebigen von einer Kurve und den zugehörigen Polarkoordinaten begrenzten Fläche zu berechnen ist (Fig. 74).

AA_1 sei eine beliebige Kurve; A_1 habe die Koordinaten r_1, β; A r, α. Läßt man α um $d\alpha$ wachsen, so wächst r um dr; der Inhalt des

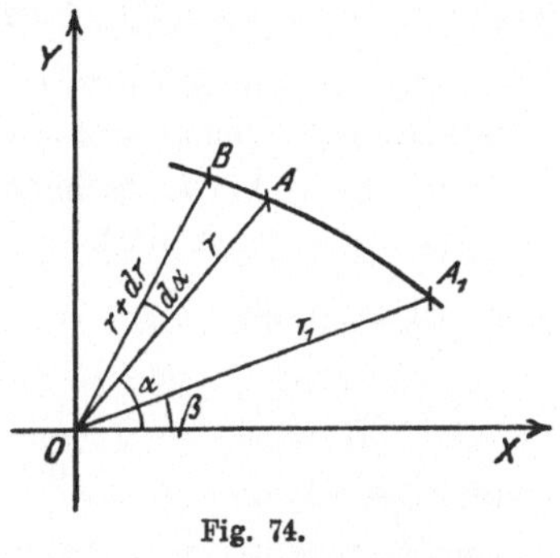

Fig. 74.

unendlich kleinen Dreiecks OBA ist nach dem Sinussatz:

$\dfrac{1}{2} r(r + dr) \cdot \sin(d\alpha)$. Bildet man die Summe sämtlicher unendlich kleinen Dreiecke innerhalb der Grenzen $\alpha = \beta$ bis $\alpha = \alpha$, so erhält man durch diese Integration den Inhalt des Flächenstücks $O\,A\,A_1 = \varphi$.

Danach ist:

$$\varphi = \int_{\alpha=\beta}^{\alpha=\alpha} \frac{1}{2}\, r\,(r + d\,r)\cdot\frac{\sin(d\,\alpha)}{d\,\alpha}\cdot d\,\alpha \quad .\quad .\quad .\quad .\quad .\quad \text{(II)}$$

Da $d\,\alpha$ unendlich klein ist, kann man den Sinus $d\,\alpha$ gleich dem Bogen setzen, also $\dfrac{\sin(d\,\alpha)}{d\,\alpha} = 1$.

Somit ist:

$$\varphi = \frac{1}{2}\int_{\beta}^{\alpha} r\,(r + d\,r)\,d\,\alpha = \frac{1}{2}\int_{\beta}^{\alpha} (r^2\cdot d\,\alpha + r\cdot d\,r\cdot d\,\alpha).$$

Im Klammerausdruck soll zu einer unendlich kleinen Größe 1. Ordnung eine solche 2. Ordnung addiert werden; letztere kann daher vernachlässigt werden. Also ist:

$$\varphi = \frac{1}{2}\int_{\beta}^{\alpha} r^2\cdot d\,\alpha \quad .\quad .\quad .\quad .\quad .\quad .\quad .\quad \text{(III)}$$

Wendet man diese Beziehung auf den vorliegenden Fall an, so haben wir zur Berechnung des Sektors $O\,A\,A'$ der gleichseitigen Hyperbel zu bilden:

$$\varphi = \frac{1}{2}\int_{\alpha=-\alpha}^{\alpha=+\alpha} r^2\cdot d\,\alpha = \cdot\int_{0}^{\alpha} r^2\cdot d\,\alpha,$$

denn statt die Fläche von $-\alpha$ bis $+\alpha$ zu nehmen, kann man sie zweimal von 0 bis α rechnen.

Da nach der Polarkoordinatengleichung der Hyperbel $r^2 = \dfrac{1}{\cos 2\,\alpha}$, ist:

$$\varphi = \int_{0}^{\alpha} \frac{d\,\alpha}{\cos 2\,\alpha} \quad .\quad .\quad .\quad .\quad .\quad .\quad .\quad \text{(IV)}$$

Nun ist

$$\cos 2\,\alpha = \sin\left(\frac{\pi}{2} + 2\,\alpha\right) = 2\sin\left(\frac{\pi}{4} + \alpha\right)\cdot\cos\left(\frac{\pi}{4} + \alpha\right);$$

vergl. Trigonometr. Formeln Nr. 26.   Also ist:

$$\varphi = \int\limits_0^{\alpha} \frac{d\,\alpha}{2 \cdot \sin\left(\frac{\pi}{4} + \alpha\right) \cdot \cos\left(\frac{\pi}{4} + \alpha\right)}.$$

Dividiert man Zähler und Nenner mit $\cos^2\left(\frac{\pi}{4} + \alpha\right)$, so ist:

$$\varphi = \int\limits_0^{\alpha} \frac{\dfrac{d\,\alpha}{\cos^2\left(\frac{\pi}{4} + \alpha\right)}}{2\,\dfrac{\sin\left(\frac{\pi}{4} + \alpha\right)}{\cos\left(\frac{\pi}{4} + \alpha\right)}} = \frac{1}{2} \int\limits_0^{\alpha} \frac{\dfrac{d\left(\frac{\pi}{4} + \alpha\right)}{\cos^2\left(\frac{\pi}{4} + \alpha\right)}}{\operatorname{tg}\left(\frac{\pi}{4} + \alpha\right)}$$

$\frac{\pi}{4}$ darf zugefügt werden, da der Differentialquotient einer Konstanten $= 0$ ist.

$$\varphi = \frac{1}{2} \int\limits_0^{\alpha} \frac{d\,\operatorname{tg}\left(\frac{\pi}{4} + \alpha\right)}{\operatorname{tg}\left(\frac{\pi}{4} + \alpha\right)}, \quad \text{da } d\,\operatorname{tg}\left(\frac{\pi}{4} + \alpha\right) = \frac{d\left(\frac{\pi}{4} + \alpha\right)}{\cos^2\left(\frac{\pi}{4} + \alpha\right)}.$$

Danach ist:

$$\varphi = \frac{1}{2} \left| \ln \operatorname{tg}\left(\frac{\pi}{4} + \alpha\right) \right|_0^{\alpha} \quad . \quad . \quad . \quad . \quad . \quad . \quad \text{(V)}$$

Nach Einsetzung der Grenzen erhält man:

$$\varphi = \frac{1}{2}\left[\ln \operatorname{tg}\left(\frac{\pi}{4} + \alpha\right) - \ln \operatorname{tg}\left(\frac{\pi}{4} + 0\right)\right].$$

Es ist $\operatorname{tg}\frac{\pi}{4} = 45^0 = 1$ und $\ln 1 = 0$, also wird:

$$\varphi = \frac{1}{2} \ln \operatorname{tg}\left(\frac{\pi}{4} + \alpha\right) \quad . \quad . \quad . \quad . \quad . \quad . \quad \text{(VI)}$$

Nach der trigonometrischen Formel Nr. 10 ist

$$\operatorname{tg}\left(45^0 + \alpha\right) = \frac{1 + \operatorname{tg}\alpha}{1 - \operatorname{tg}\alpha}.$$

Setzt man dies in Gleichung VI ein, und berücksichtigt, daß

$\operatorname{tg} \alpha = \dfrac{y}{x}$, wie aus Fig. 73 hervorgeht, so erhält man

$$\varphi = \frac{1}{2} \ln \frac{1 + \dfrac{y}{x}}{1 - \dfrac{y}{x}} = \frac{1}{2} \ln \frac{x + y}{x - y}.$$

Erweitert man Zähler und Nenner mit $x + y$, so wird der Nenner $x^2 - y^2$, d. h. $= 1$. Daraus folgt:

$$\varphi = \frac{1}{2} \ln (x + y)^2 \quad \text{oder}$$

$$\varphi = \ln (x + y) \quad \ldots \quad \ldots \quad \ldots \quad \text{(VII)}$$

Will man hieraus noch x bezw. y als Funktion von φ berechnen, so setzt man: $x + y = e^{\varphi}$.

Zu § 25.
Schwerpunkt einer Halbkugel und eines Rotationsparaboloids.

Aufgabe 184. Bei der Berechnung des Schwerpunktes von Körpern haben wir statische Momente auf Ebenen zu beziehen.

Das statische Moment eines Körpers ist das Produkt aus Volumen des Körpers und Abstand seines Schwerpunktes von der Ebene.

Das Volumen der Halbkugel ist nach Aufgabe 176 $= \dfrac{2}{3} \pi r^3$.

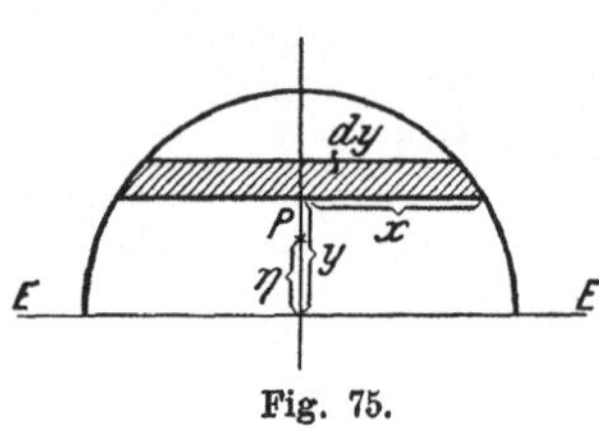

Fig. 75.

Wir denken uns die Halbkugel in viele Scheiben zerlegt. Die schraffierte Scheibe (Fig. 75) habe den Radius x, den Abstand y von der Ebene E und die Dicke $d\,y$.

Der Inhalt der Scheibe ist dann $\pi x^2 . d\,y$, und der Momentensatz gibt dann:

$$\frac{2}{3} \pi r^3 . \eta = \int\limits_{0}^{r} \pi x^2 \, d\,y \, . \, y.$$

Es ist: $\qquad\qquad x^2 = r^2 - y^2$

und — dies eingesetzt — wird:

$$\frac{2}{3}\pi\,r^3.\eta = \pi \int_{0}^{r} (r^2 - y^2)\,y\,.\,d\,y = \pi \left|\left\{\frac{r^2\,y^2}{2} - \frac{y^4}{4}\right\}\right|_{0}^{r} = \frac{\pi\,r^4}{4}.$$

Wir erhalten: $\qquad\qquad \eta = \frac{3}{8}\,r.$

Aufgabe 185. Man berechne genau wie vorher den Schwerpunktsabstand des Rotationsparaboloids der
Fig. 76.

Der Inhalt ist aus § 24 S. 110
bekannt. Man findet:

$$\eta = \frac{2}{3}\,h.$$

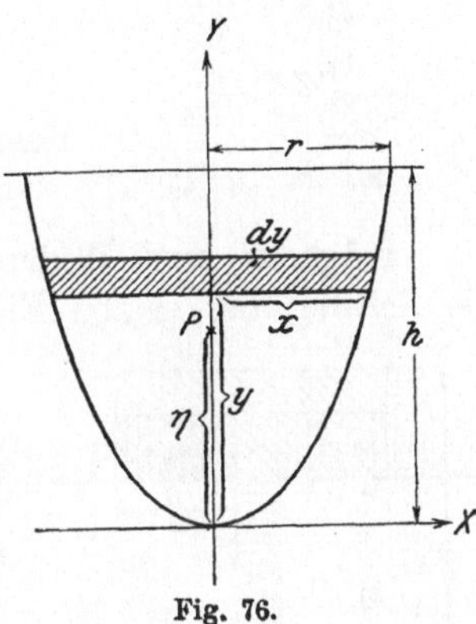

Fig. 76.

Zu § 26.

**Trägheits- und Widerstandsmoment von]- und I-Eisen,
sowie von Kreis und Halbkreis.**

Aufgabe 186. Trägheits- und Widerstandsmoment eines Winkel-
und eines I-Eisens von gegebener Größe zu bestimmen.

Aus Fig. 77 folgt:

$$J_s = \int_{-\frac{h}{2}}^{\frac{h}{2}} y^2\,a\,d\,y - \int_{-\frac{h_1}{2}}^{\frac{h_1}{2}} y^2\,b\,d\,y = a\left|\frac{y^3}{3}\right|_{-\frac{h}{2}}^{\frac{h}{2}} - b\left|\frac{y^3}{3}\right|_{-\frac{h_1}{2}}^{\frac{h_1}{2}}$$

$$J_s = \frac{a\,h^3 - b\,h_1^{\,3}}{12}$$

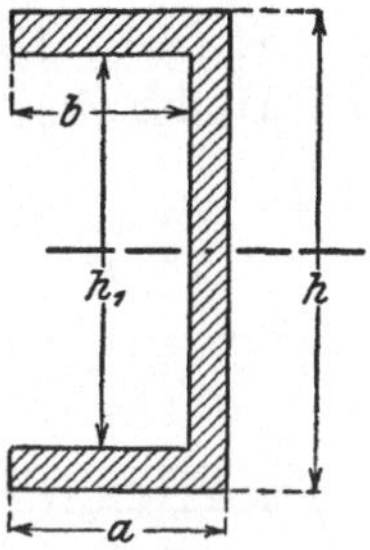

Fig. 77.

$$\begin{aligned}
a &= 14\ \text{cm}\\
b &= 11{,}5\ \text{cm}\\
h_1 &= 25{,}0\ \text{cm}\\
h &= 30{,}0\ \text{cm}.
\end{aligned}$$

$$\left.\begin{aligned}
J_s &= 16\,526\ \text{cm}^4\\
W &= 1102\ \text{cm}^3
\end{aligned}\right\}\ \text{Resultat.}$$

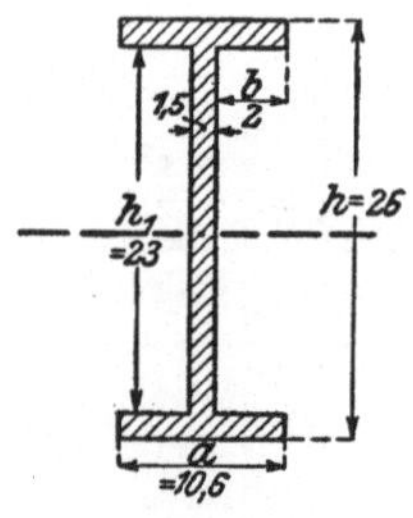
Fig. 78.

Aus Fig. 78 folgt:

$$J_s = \int\limits_{-\frac{h}{2}}^{\frac{h}{2}} y^2\,a\,d\,y - 2\int\limits_{-\frac{h_1}{2}}^{\frac{h_1}{2}} y^2\,\frac{b}{2}\,d\,y.$$

Resultat: $J = 6300\ \text{cm}^4$ $W = 485\ \text{cm}^3$.

Trägheits- und Widerstandsmoment eines T-Eisens bezogen auf die Schwerlinie.   Nach Fig. 79 ist:

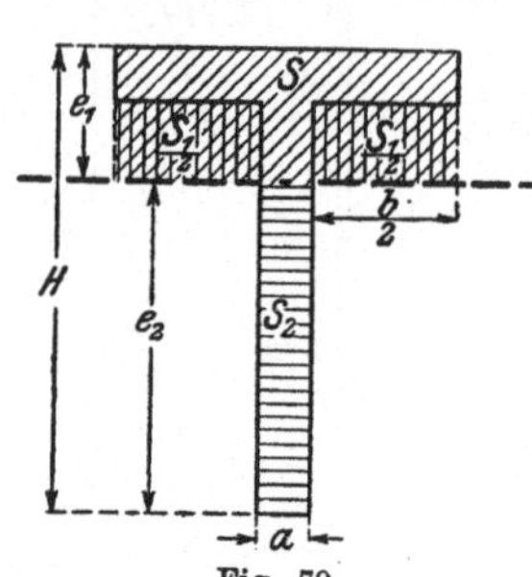
Fig. 79.

$$J_s = J_S - J_{S_1} + J_{S_2}.$$

e_2 bedeutet den Abstand des Schwerpunktes von der X-Achse, und ist nach § 25 zu berechnen; daraus ergeben sich dann e_1 und h.

$$a = 1,5\ \text{cm}$$
$$b = 13,5\ \text{cm}$$
$$d = 2,0\ \text{cm}$$
$$H = 20,0\ \text{cm}.$$

Resultat: $J = 2159\ \text{cm}^4.$

$$W = \frac{2159}{e_2}\ \text{cm}^3.$$

Aufgabe 187.   Trägheits- und Widerstandsmoment des Kreises und Halbkreises zu bestimmen.

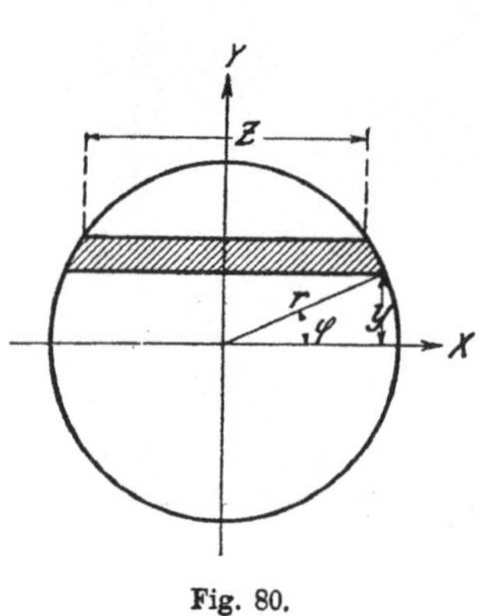
Fig. 80.

$$J_s = \int\limits_{-r}^{+r} y^2\,z\,d\,y \qquad \begin{aligned} y &= r\sin\varphi \\ d\,y &= r\cos\varphi\,d\,\varphi \\ z &= 2\,r\cos\varphi \end{aligned}$$

$$J = \int\limits_{-\frac{\pi}{2}}^{+\frac{\pi}{2}} r^2\sin^2\varphi\,2\,r\cos\varphi\,r\cos\varphi\,d\,\varphi$$

$$J = 2\,r^4\int\limits_{-\frac{\pi}{2}}^{+\frac{\pi}{2}} \sin^2\varphi\,\cos^2\varphi\,d\,\varphi$$

$\mathbf{Formeln:}$

1. $\quad \sin 2\,\varphi = 2 \sin \varphi \cos \varphi$

$$\sin \varphi = \frac{\sin 2\,\varphi}{2 \cos \varphi}$$

$$\sin^2 \varphi = \frac{\sin^2 2\,\varphi}{4 \cos^2 \varphi}.$$

2. $\quad \sin^2 \varphi = \frac{1 - \cos 2\,\varphi}{2}$

$$\sin^2 2\,\varphi = \frac{1 - \cos 4\,\varphi}{2}$$

3. $\quad \displaystyle\int \cos 4\,\varphi = \frac{1}{4} \sin 4\,\varphi.$

$$J = 4\,r^4 \int_0^{\frac{\pi}{2}} \frac{\sin^2 2\,\varphi}{4 \cos^2 \varphi}\, \cos^2 \varphi\, d\varphi$$

$$J = r^4 \int_0^{\frac{\pi}{2}} \sin^2 2\,\varphi\, d\varphi$$

$$J = \frac{r^4}{2} \int_0^{\frac{\pi}{2}} (1 - \cos 4\,\varphi)\, d\varphi$$

$$J = \frac{r^4}{2} \int_0^{\frac{\pi}{2}} d\varphi - \int_0^{\frac{\pi}{2}} \cos 4\,\varphi\, d\varphi$$

$$J = \frac{r^4}{2} \left| \varphi \right|_0^{\frac{\pi}{2}} - \frac{1}{4} \left| \sin 4\,\varphi \right|_0^{\frac{\pi}{2}}$$

$$J = \frac{r^4}{2} \left(\frac{\pi}{2} - \frac{1}{4} \sin 2\,\pi \right). \quad \text{Es ist } \sin 2\,\pi = 0.$$

$$J = r^4 \cdot \frac{\pi}{4} = d^4\, \frac{\pi}{64} = 0{,}0491\, d^4$$

$$W = r^4 \, \frac{\dfrac{\pi}{4}}{r} = r^3 \cdot \frac{\pi}{4} = d^3 \cdot \frac{\pi}{32} = 0{,}0982\, d^3.$$

Für den **Halbkreis** ist nach Aufgabe 179 die Entfernung des Schwerpunktes $\eta = \dfrac{4}{3}\, \dfrac{r}{\pi}.$

$$J_s = \frac{J}{2}_{\text{(Kreises)}} - \eta^2\, S$$

$$J_s = r^4\, \frac{\pi}{8} - \frac{16}{9}\, \frac{r^2}{\pi^2} \cdot \frac{r^2\, \pi}{2}$$

$$= r^4\,\frac{\pi}{8} - r^4\left(\frac{16}{9\,\pi^2}\cdot\frac{\pi}{2}\right)$$

$$\mathbf{J} = r^4\left(\frac{\pi}{8} - \frac{8}{9\,\pi}\right) = 0{,}108\,r^4 = 0{,}00675\,d^4$$

$$\mathbf{W} = \frac{r^4\left(\dfrac{\pi}{2} - \dfrac{8}{9\,\pi}\right)}{r - \dfrac{4}{3}\dfrac{r}{\pi}} = 0{,}0235\,d^3.$$

Zweiter Teil.

Differentialgleichungen.

———

§ 1.

Begriff der Differentialgleichungen.

Unter einer Differentialgleichung versteht man zunächst, wie schon der Name sagt, eine in Gleichungsform ausgedrückte Beziehung zwischen den Differentialen zweier oder mehrerer Veränderlicher und den letzteren selbst.

Die einfachste Differentialgleichung für zwei Veränderliche lautet:

$$f(x)\, dx + \varphi(y)\, dy = 0 \quad \ldots \ldots \quad (I)$$

Im allgemeinen treten die Differentialgleichungen in etwas anderer Form auf, nämlich:

$$f(x) + \frac{dy}{dx}\, \varphi(y) = 0 \quad \ldots \ldots \quad (II),$$

welche offenbar aus I. durch Division mit dx entstanden sind. In diesem Sinne sind Gleichungen zwischen den Veränderlichen und ihren Differentialquotienten ebenfalls Differentialgleichungen.

Vor allem sind in der Theorie der Differentialgleichungen wesentlich die Begriffe der unabhängigen und abhängigen Veränderlichen, die aus der Differential- und Integralrechnung schon bekannt sind.

Eine gewöhnliche Funktionsgleichung z. B.

$$\varphi(x) + \psi(y) = 0 \quad \ldots \ldots \quad (III),$$

in welcher x die unabhängige Variable ist, gibt in Auflösung nach y:

$$y = F(x),$$

wodurch die funktionale Abhängigkeit der Variablen y von x am deutlichsten hervortritt.

Die Auflösung oder Integration einer Differentialgleichung geschieht in ähnlicher Weise. Man sucht die in der Gleichung auftretenden abhängigen Variablen in ihrer funktionalen Abhängigkeit von der unabhängigen Variablen zu ermitteln.

Im allgemeinen geht man zur Erreichung dieses Zieles zunächst darauf aus, aus den Differentialgleichungen eine gewöhnliche Funktionsgleichung zu finden, welche keine Differentialquotienten mehr enthält. Man hat insbesondere dafür zu sorgen, daß die Differentialgleichung in eine solche Form gebracht wird, daß die Integration durchgeführt werden kann. Die so umgeformte Gleichung heißt dann eine Integralgleichung. Die ganze Theorie der Differentialgleichungen besteht deshalb im wesentlichen in solchen Umformungsmethoden, die in § 3—5 erläutert werden.

Knüpfen wir z. B. an die Differentialgleichung I an, so kann sofort integriert werden. Man erhält:

$$\int f(x)\, d\,x + \int \varphi(y)\, d\,y = C \quad . \quad . \quad . \quad . \quad . \quad (IV)$$

mit Berücksichtigung der Tatsache, daß die Integration von 0 eine beliebige Konstante C ergibt, denn der Differentialquotient einer Konstante war nach § 9 gleich Null.

Die beiden Integrale in IV sind nach den üblichen Regeln der Integralrechnung zu finden.

Haben wir z. B.

$$\sin x\, d\,x + \cos y\, d\,y = 0 \quad . \quad . \quad . \quad . \quad . \quad (V)$$

so findet sich als Integralgleichung

$$\int \sin x\, d\,x + \int \cos y\, d\,y = C$$

oder $\qquad\qquad -\cos x + C_1 + \sin y + C_2 = C.$

Hieraus wird: $\quad -\cos x + \sin y = C - C_1 - C_2 = C_0$

$$\sin y = \cos x + C_0.$$

Lösen wir diese Gleichung nach y, so wird nach § 12 Seite 56:

$$y = \text{arc sin}\,[\cos x + C_0] \quad . \quad . \quad . \quad . \quad . \quad (VI)$$

Hiermit ist die gesuchte Abhängigkeit der Variablen y von x festgestellt.

Ebenso wie man bei der Auflösung gewöhnlicher Funktionsgleichungen oft auf Kunstgriffe angewiesen ist, so gibt es in der Lehre von den Differentialgleichungen keine allgemeinen Methoden, nach denen man alle vorkommenden Differentialgleichungen integrieren könnte.

§ 2.
Einteilung der Differentialgleichungen.

Um einen gewissen Überblick zu erhalten, teilt man die Differentialgleichungen in bestimmte Klassen.

Ist zunächst nur eine unabhängige Variable vorhanden, so hat man totale Differentialgleichungen, auf deren Behandlung wir uns hier beschränken wollen. Sind im Gegensatz hierzu mehrere unabhängige Variable vorhanden, so spricht man von partiellen Differentialgleichungen.

Außer der einen unabhängigen Variablen ist bei totalen Differentialgleichungen mindestens eine abhängige Variable nebst ihren Differentialquotienten nach der unabhängigen Variablen vorhanden; dann besteht nur eine Differentialgleichung zwischen den beiden Variablen.

Sind in der zu behandelnden Aufgabe mehrere abhängige Variable vorhanden, so hat man auch mehrere Differentialgleichungen aufzustellen. Es müssen stets ebenso viele Differentialgleichungen wie abhängige Variable vorhanden sein. Man spricht demnach bei mehreren Variablen von einem System von Gleichungen oder simultanen Differentialgleichungen.

Wir beschränken uns auf Gleichungen mit einer abhängigen Variablen, wie wir auch nur eine unabhängige Variable zulassen wollten. Man teilt diese wieder ein nach der Ordnung des höchsten Differentialquotienten, der in ihnen vorkommt.

Die in § 1 unter II genannte Differentialgleichung:

$$f(x) + \frac{dy}{dx}\, \varphi(y) = 0$$

ist demnach von der ersten Ordnung, weil $\frac{dy}{dx}$ der erste Differentialquotient von y nach x ist.

Die Differentialgleichung:

$$f(x) + f_1(x)\frac{dy}{dx} + \varphi(x, y)\frac{d^2 y}{dx^2} = 0 \quad . \quad . \quad . \quad (I)$$

ist von der zweiten Ordnung. Auf die Gestalt der Funktionen f und φ wird bei der Einteilung keine Rücksicht genommen.

Ist jeder Differentialquotient nur mit einer Funktion von x, y oder beider multipliziert, dann heißt die Differentialgleichung linear oder vom ersten Grade. Kommen aber Produkte oder

Potenzen der Differentialquotienten vor, dann wird die Differentialgleichung von höherem Grade.

Es ist z. B. die Differentialgleichung:

$$f(x) + f_1(x)\left(\frac{dy}{dx}\right)^2 + \varphi(x, y)\frac{d^2y}{dx^2} = 0 \quad . \quad . \quad . \quad \text{(II)}$$

von zweiter Ordnung wegen $\dfrac{d^2y}{dx^2}$ und vom zweiten Grade wegen $\left(\dfrac{dy}{dx}\right)^2$.

Die Funktionen f, φ, ψ usw., mit denen die Differentialquotienten multipliziert sind, nennt man die Koeffizienten der Differentialgleichung.

§ 3 — § 5.

Methoden zur Lösung von linearen Differentialgleichungen 1. Ordnung.

§ 3.

Methode der Trennung der Variablen.

In der Differentialgleichung $f(x)\,dx + f(y)\,dy = 0$ (§ 1. I.) erübrigt sich die Trennung der Variablen.

Bei einer Differentialgleichung der Form:

$$\varphi(y)\,dx + f(x)\,dy = 0 \quad . \quad . \quad . \quad . \quad . \quad \text{(I)}$$

trennt man die Variablen in einfacher Weise, indem man setzt:

$$\frac{dx}{f(x)} + \frac{dy}{\varphi(y)} = 0 \quad . \quad . \quad . \quad . \quad . \quad \text{(II)}$$

Nun kann man wieder integrieren. Ist z. B. $f(x) = x$ und $\varphi(y) = a$, so wird:

$$\frac{dx}{x} + \frac{dy}{a} = 0 \quad . \quad . \quad . \quad . \quad . \quad . \quad \text{(III)}$$

oder:

$$\int\frac{dx}{x} + \frac{1}{a}\int dy = C.$$

Diese Integrale geben die Lösung:

$$\ln x + \frac{y}{a} = C.$$

Hieraus wird: $\qquad\qquad y = a\,(C - \ln x).$

Beispiele:

1. $a \dfrac{dy}{dx} + by = 0 \qquad a\,dy = -by.\,dx$

$$\frac{dy}{y} = -\frac{b}{a}.\,dx.$$

Durch Integration erhält man:

$$\ln y = -\frac{b}{a}x + C$$

und $\qquad y = e^{-\frac{b}{a}x + C} = e^{C}.e^{-\frac{b}{a}x} = C_1 e^{-\frac{b}{a}x}$

2. $\qquad \dfrac{b.\,dy}{a - cy} = dx$ oder $\dfrac{dy}{a - cy} = \dfrac{dx}{b}$

$$\int \frac{dy}{a - cy} = \frac{1}{b}\int dx \quad \text{oder} \quad -\frac{1}{c}\int \frac{d(a - cy)}{a - cy} = \frac{1}{b}\int dx$$

Die Lösung des Integrals gibt:

$$-\frac{1}{c}\ln(a - cy) = \frac{x}{b} + C.$$

Also wird:

$$a - cy = e^{-\frac{c}{b}x - C} = C_1.e^{-\frac{c}{b}.x}$$

$$y = \frac{1}{c}\left(a - C_1 e^{-\frac{c}{b}x}\right) = \frac{a}{c}.\left(1 - \frac{C_1}{a}.e^{-\frac{c}{b}x}\right).$$

$\dfrac{C_1}{a} = C_2$ gesetzt, wird

$$y = \frac{a}{c}\left(1 - C_2 e^{-\frac{c}{b}x}\right).$$

§ 4.

Methode der Substitution.

Oft lassen sich lineare Differentialgleichungen erster Ordnung in die Form bringen:

$$\frac{dy}{dx} = f\left(\frac{y}{x}\right) \qquad \ldots \ldots \ldots \quad \text{(I)}$$

Man nennt eine solche Differentialgleichung eine homogene.

Wir substituieren $\dfrac{y}{x} = t$, wo t eine neue unabhängige Variable ist.

Wir schreiben $y = x\,t$ und erhalten durch Differentiation:

$$dy = x\,d\,t + t\,d\,x. \qquad\qquad\text{(II)}$$

Setzen wir dies in I ein, so wird:

$$\frac{x\,d\,t + t\,d\,x}{d\,x} = f(t)$$

oder:

$$d\,t \cdot \frac{x}{d\,x} + t = f(t) \qquad\qquad\text{(III)}$$

In andere Form gebracht:

$$\frac{d\,x}{x} = \frac{d\,t}{f(t) - t} \qquad\qquad\text{(III')}$$

Durch Integration erhält man:

$$\ln x = \int \frac{d\,t}{f(t) - t} + C.$$

Ist z. B.: $f\left(\dfrac{x}{y}\right) = \dfrac{y^2}{x^2}$, so wird:

$$\ln x = \int \frac{d\,t}{t^2 - t} + C = \int \frac{d\,t}{t\,(t-1)} + C.$$

Hieraus durch Partialbruchzerlegung:

$$\ln x = \int \left(\frac{1}{(t-1)} - \frac{1}{t}\right) d\,t + C.$$

Die Lösung des Integrals gibt:

$$\ln x = \ln(t-1) - \ln t + C = \ln \frac{(t-1)}{t} + C.$$

Setzt man $C = \ln C'$, so wird:

$$\ln x = \ln \left(C' \cdot \frac{t-1}{t}\right).$$

Man erhält:

$$x = C' \cdot \frac{t-1}{t}.$$

Setzt man den Wert von $t = \dfrac{y}{x}$, so findet man:

$$x = C' \cdot \frac{y - x}{y}$$

und hieraus:

$$y = \frac{C'\,x}{C' - x},$$

womit die Integration der Differentialgleichung I geleistet ist.

Eine verwickeltere Differentialgleichung 1. Ordnung ist folgende:

$$f_1(x) \frac{d\,y}{d\,x} + f(x) \cdot y + \varphi(x) = 0 \qquad\qquad\text{(1)}$$

Sie wird ebenfalls durch Substitution gelöst. Man setzt:

$$y = u \cdot v, \qquad \qquad (2)$$

wo u und v unbekannte Funktionen von x bedeuten.

Die Differentiation von Gleichung 2 nach x ergibt:

$$\frac{dy}{dx} = u \frac{dv}{dx} + v \frac{du}{dx}. \qquad \qquad (3)$$

Setzen wir dies in Gleichung 1 ein, so erhält man:

$$f_1(x) \left(u \frac{dv}{dx} + v \frac{du}{dx} \right) + f(x) \cdot u \cdot v + \varphi(x) = 0. \qquad (4)$$

oder:
$$\left[f_1(x) \cdot \frac{du}{dx} + f(x) \cdot u \right] v + f_1(x) \cdot u \cdot \frac{dv}{dx} + \varphi(x) = 0 \qquad (4')$$

Man bestimmt nun u in der Weise, daß

$$f_1(x) \cdot \frac{du}{dx} + f(x) u = 0 \qquad \qquad (5)$$

wird, d. h. man integriert die Differentialgleichung und berechnet u als Funktion von x.

Die Trennung der Variablen in 5 gibt:

$$\frac{du}{u} = - \frac{f(x)}{f_1(x)} dx \qquad \qquad (6)$$

Die Integration liefert:

$$\ln u = \ln C' - \int \frac{f(x)}{f_1(x)} dx \qquad \qquad (7)$$

Hierin ist $C = \ln C'$ gesetzt. Man schreibt:

$$\ln u - \ln C' = \ln \frac{u}{C'}$$

und erhält:
$$u = C' e^{-\int \frac{f(x)}{f_1(x)} dx} \qquad \qquad (8)$$

Aus Gleichung 8 ist u als Funktion von x bekannt, und man kann den zweiten Teil der Gleichung 4', der eine Differentialgleichung zwischen v und x darstellt, integrieren.

Dieser zweite Teil lautet:

$$f_1(x) u \frac{dv}{dx} + \varphi(x) = 0 \qquad \qquad (9)$$

Die Trennung der Variablen ergibt:

$$dv = - \frac{\varphi(x)}{u \cdot f_1(x)} \cdot dx \qquad \qquad (10)$$

oder nach Integration:

Kohlrausch.   10

$$v = -\int \frac{\varphi(x)}{u\, f_1(x)}\, dx + C_1 \quad . \quad . \quad . \quad . \quad . \quad (11)$$

Setzt man die aus Gleichung 8 und 11 gefundenen Werte ein, so ist auch $y = u \cdot v$ als Funktion von x berechenbar und die Lösung der Differentialgleichung 1 somit gefunden.

§ 5.

Der „Integrierende Faktor".

Die lineare Differentialgleichung:

$$f(x, y)\, dx + \varphi(x, y)\, dy = 0 \quad . \quad . \quad . \quad . \quad . \quad (I)$$

wird folgendermaßen behandelt. Ihr Integral kann, wie es auch lauten möge, offenbar in der Form geschrieben werden:

$$F(x, y) = C \quad . \quad . \quad . \quad . \quad . \quad . \quad (II)$$

Differentiiert man diese Gleichung, so wird:

$$\frac{\partial F(x, y)}{\partial x}\, dx + \frac{\partial F(x, y)}{\partial y}\, dy = d\, C = 0 \quad . \quad . \quad . \quad (III)$$

Vergleichen wir I und III, so ist $F(x, y)$ das Integral von I, wenn $f(x, y)$ den ersten partiellen Differentialquotienten von $F(x, y)$ nach x und $\varphi(x, y)$ den ersten partiellen Differentialquotienten von $F(x, y)$ nach y bedeutet. Dies letztere ist aber dann der Fall, (da ja

$$\frac{\partial^2 F}{\partial x\, \partial y} = \frac{\partial^2 F}{\partial y\, \partial x}$$

ist), wenn die Beziehung besteht:

$$\frac{\partial f(x, y)}{\partial y} = \frac{\partial \varphi(x, y)}{\partial x} \quad . \quad . \quad . \quad . \quad . \quad (IV)$$

Diese Gleichung ist die sogenannte Integrabilitätsbedingung für I. Lautet Gleichung I z. B.

$$(2\, a\, x + b\, y)\, dx + (b\, x + 2\, c\, y)\, dy = 0,$$

so ist:

$$\frac{\partial(2\, a\, x + b\, y)}{\partial y} = \frac{\partial(b\, x + 2\, c\, y)}{\partial x} = b.$$

Die Integrabilitätsbedingung IV ist somit erfüllt, und die Integration der Gleichung I gestaltet sich wie folgt.

Wir definieren eine Funktion ψ als $\int f(x, y)\, dx$, wo die Integration nur nach x auszuführen ist, so daß

$$\frac{\partial \psi}{\partial x} = f(x, y) \text{ ist.} \quad \ldots \ldots \ldots \quad \text{(V)}$$

Wir wählen eine weitere Funktion χ in der Weise, daß

$$\chi = \frac{\partial \psi}{\partial y} + Y, \quad \ldots \ldots \ldots \quad \text{(VI)}$$

wo Y eine unbekannte Funktion ist, welche nur y enthält. Dann ist:

$$\frac{\partial \chi}{\partial x} = \frac{\partial^2 \psi}{\partial x \, \partial y} \quad \ldots \ldots \ldots \quad \text{(VII)}$$

Wir bilden aus Gleichung V

$$\frac{\partial^2 \psi}{\partial x . \partial y} = \frac{\partial f(x, y)}{\partial y}.$$

Aus Gleichung VII wird daher:

$$\frac{\partial \chi}{\partial x} = \frac{\partial f(x, y)}{\partial y}.$$

Nun ist nach der Bedingungsgleichung IV

$$\frac{\partial f(x, y)}{\partial y} = \frac{\partial \varphi(x, y)}{\partial x}$$

und wir erhalten:

$$\frac{\partial \chi}{\partial x} = \frac{\partial \varphi(x, y)}{\partial x}.$$

Daraus folgt: $\qquad\qquad \chi = \varphi(x, y).$

Setzt man diesen Wert von χ ein, so wird nach VI:

$$\chi = \varphi(x, y) = \frac{\partial \psi}{\partial y} + Y.$$

Hieraus berechnet sich die unbekannte Funktion Y zu:

$$Y = \varphi(x, y) - \frac{\partial \psi}{\partial y}, \quad \text{worin} \quad \psi = \int f(x, y) \, dx \quad \text{ist.}$$

Bilden wir jetzt nach I und II die Funktion

$$F(x, y) = \int f(x, y) \, dx + \int \left[\varphi(x, y) - \int \frac{\partial f(x, y) \, dx}{\partial y} \right] dy,$$

so findet sich durch Differentiation:

$$\frac{\partial F}{\partial x} = f(x, y)$$

$$\frac{\partial F}{\partial y} = \varphi(x, y).$$

Hieraus ergibt sich aber, daß F (x, y) das gesuchte Integral der Differentialgleichung I ist unter der Voraussetzung, daß die Integrabilitätsbedingung erfüllt ist.

Wenn letzteres nicht der Fall ist, so muß man den sogenannten „Integrierenden Faktor" aufsuchen. Dieser müßte jedoch mit Hilfe einer partiellen Differentialgleichung bestimmt werden, mit denen wir uns hier nicht befassen wollen.

§ 6.

Stromkreis mit Widerstand und Selbstinduktion als technisches Beispiel einer linearen Differentialgleichung erster Ordnung.

In einem Stromkreise, dessen Widerstand durch eine Spule dargestellt wird, erreicht beim Stromschluß der Strom nicht sogleich seine volle Stärke, die ihm nach dem Ohmschen Gesetz unter Berücksichtigung des Ohmschen Widerstandes dieser Spule zukommen müßte. Diese Erscheinung wird dasurch hervorgerufen, daß zunächst ein Teil der Stromenergie zur Erzeugung eines magnetischen Feldes in der Spule verbraucht wird.

Die Windungen der Spule beeinflussen sich gegenseitig nach dem Induktionsgesetz und erzeugen so eine elektromotorische Gegenkraft, für die die Formel gilt:

$$E = -\,n\,\frac{d\,\Phi}{d\,t}\cdot 10^{-8}\ \text{Volt} \qquad \ldots \quad \ldots \quad \text{(I)}$$

Hierin bedeutet n die Zahl der Spulenwindungen und Φ die Zahl der in der Spule erzeugten Kraftlinien.

Für diese gilt weiter die Gleichung

$$\Phi = \frac{4\,\pi\,n}{w}\,J, \qquad \ldots \quad \ldots \quad \ldots \quad \text{(II)}$$

worin w den magnetischen Widerstand des magnetischen Kreises darstellt. Aus I und II ergibt sich:

$$E = -\,\frac{4\,\pi\,n^2}{w}\cdot\frac{d\,J}{d\,t}.$$

$\dfrac{4\,\pi\,n^2}{w}$ nennt man den Koeffizienten der Selbstinduktion und schreibt ihn abgekürzt L. Es ist also:

$$E = -\,L\,\frac{d\,J}{d\,t} \qquad \ldots \quad \ldots \quad \ldots \quad \text{(III)}$$

Die elektromotorische Gegenkraft der Selbstinduktion wirkt der an einen elektrischen Kreis angelegten elektromotorischen Kraft entgegen. In einem Stromkreise mit dem Widerstande R und der Selbstinduktion L zeigt sich daher das Ohmsche Gesetz $\left(J = \dfrac{E}{R}\right)$ in folgender Fassung:

$$J = \frac{E - L\dfrac{dJ}{dt}}{R} \quad \text{oder}$$

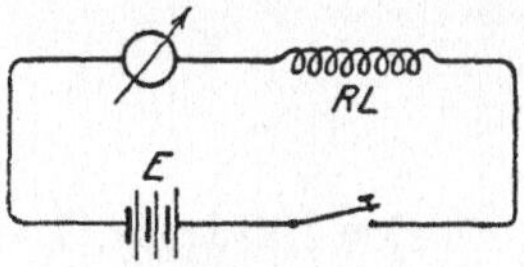

Fig. 81.

$$L\frac{dJ}{dt} + JR - E = 0 \quad . \quad . \quad . \quad . \quad . \quad \text{(IV)}$$

Dies ist die Differentialgleichung eines Stromkreises mit Widerstand und Selbstinduktion, in der J und t variabel sind. Zur Vereinfachung der Lösung führen wir in Gleichung IV an Stelle von $JR - E$ eine neue Variable x ein. Da ferner $\dfrac{dx}{dt} = \dfrac{d(JR - E)}{dt}$

$= R\dfrac{dJ}{dt}$ ist, können wir Gleichung IV, wie folgt, schreiben:

$$\frac{L}{R} \cdot \frac{dx}{dt} + x = 0$$

oder, indem man die Gleichung durch x dividiert,

$$\frac{L}{R} \cdot \frac{dx}{x} = - dt.$$

Die Integration ergibt:

$$\frac{L}{R}\ln x = -t + C_2 \quad \text{und}$$

$$\ln x = -\frac{R}{L}t + \frac{R}{L}C_2 = -\frac{R}{L}t + C_1.$$

Es folgt dann, daß

$$x = e^{-\frac{R}{L}t + C_1} = e^{-\frac{R}{L}t} \cdot e^{C_1} \quad \text{oder,}$$

da e^{C_1} wieder eine Konstante ist,

$$x = C\,e^{-\frac{R}{L}t}.$$

Wir führen nunmehr für x seinen Wert $JR - E$ ein und erhalten

$$JR - E = C\,e^{-\frac{R}{L}t} \quad . \quad . \quad . \quad . \quad . \quad . \quad \text{(V)}$$

Die Konstante C bestimmen wir aus der Anfangsbedingung. Für $t = 0$, ist auch $J = 0$. Dies in Gleich. V eingesetzt, erhält man:

$$- E = C \cdot e^0 = C.$$

Für C diesen Wert in V eingesetzt, wird

$$J\,R - E = - E\,e^{-\frac{R}{L}t} \quad \text{oder}$$

$$J = \frac{E}{R}\left(1 - e^{-\frac{R}{L}t}\right) \quad \ldots \ldots \quad \text{(VI)}$$

Der Ausdruck $1 - e^{-\frac{R}{L}t}$ ist ein Zahlenfaktor und muß daher dimensionslos sein. Dieses trifft für die Größe $e^{-\frac{R}{L}t}$ aber nur zu, wenn $\frac{L}{R}$ die Dimension einer Zeit hat.

$$\left[\frac{L}{R}\right] = [t].$$

Man nennt $\frac{L}{R}$ die Zeitkonstante des betrachteten Stromkreises.

Die Gleichung VI kann noch in der Weise umgeformt werden, daß man an Stelle von $\frac{E}{R}$ die Größe J_0 einführt. J_0 bezeichnet

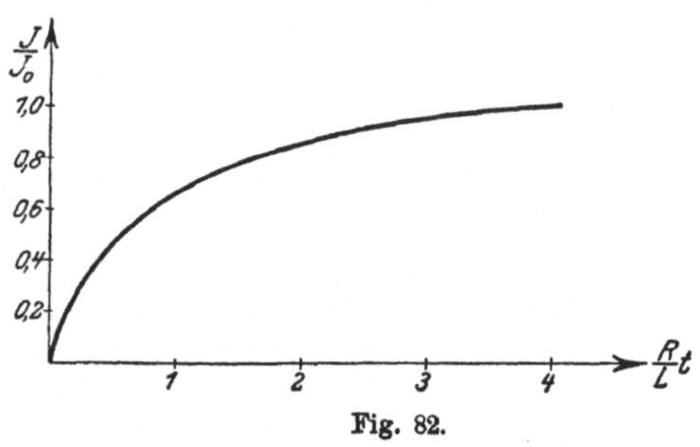

Fig. 82.

dabei den Maximalwert des Stromes, der erreicht wird nach vollständiger Ausbildung des magnetischen Feldes in der Spule, nachdem also die elektromotorische Gegenkraft der Selbstinduktion verschwunden ist, und im Kreise nur noch der Ohmsche Widerstand wirkt. Im Gegensatz zu dem stationären Werte des Stromes J_0 nennt man J den Momentanwert des Stromes zur Zeit t.

Es ist also:

$$\frac{J}{J_0} = 1 - e^{-\frac{R}{L}t}.$$

In Fig. 82 ist die Kurve $\frac{J}{J_0} = 1 - e^{-\frac{R}{L}t}$ als Funktion von $\frac{R}{L}\,t$ dargestellt.

Die Kurve ist zur einfachen Lösung der folgenden Aufgabe erforderlich.

Aufgabe: Ein automatischer Sender (Wheatstonesender) schickt durch eine Leitung über einen Morseapparat Stromstöße. Der Widerstand des Farbschreibers beträgt 550 Ohm, seine Selbstinduktion 8 Henry und der Widerstand der Leitung 950 Ohm. Zum Stromgeben wird eine Batterie von 24 Volt benutzt. Wieviel Zeichen dürfen in der Sekunde gegeben werden, wenn der Morseapparat noch sicher auf $10 \cdot 10^{-3}$ Ampere anspricht.

Der Höchstwert, den der Strom in der Leitung erreichen kann, beträgt:

$$J_0 = \frac{E}{R} = \frac{24}{550 + 950} = 16 \cdot 10^{-3} \text{ Ampere.}$$

Die Stromstärke, die mindestens erforderlich ist, um den Farbschreiber zu betätigen, beträgt laut Aufgabe:

$$J = 10 \cdot 10^{-3} \text{ Ampere.}$$

Dann ist:

$$\frac{J}{J_0} = 0,625.$$

Zu diesem Wert von $\frac{J}{J_0}$ gehört, wie sich aus der vorstehenden Kurve ergibt, ein Wert für

$$\frac{R}{L} t = 0,9.$$

Daraus folgt:

$$t = 0,9 \cdot \frac{L}{R} = \frac{0,9 \cdot 8}{550 + 950} = 0,00480 \text{ sec}$$

Dieses t gibt die Mindestdauer eines Stromstoßes an. Wird schneller gegeben, so reicht die Zeit nicht aus, um J gegenüber der Gegen-E. M. K. der Selbstinduktion auf $10 \cdot 10^{-3}$ Ampere zu bringen.

Jedem Stromstoß soll zum Zwecke der Zeichengebung ein gleich langer Zeitraum der Ruhe folgen, ehe der nächste Stromstoß einsetzen darf. Hieraus folgt für die Zahl der Stromstöße in einer Sekunde:

$$n = \frac{1}{2\,t} = \frac{1}{2 \cdot 0,00480} = 104 \ldots.$$

§ 7.

Verschiedene Formen der Integrale von Differential-gleichungen erster Ordnung.

Die bisher behandelten Integrale von Differentialgleichungen erster Ordnung weisen sämtlich eine willkürliche Konstante C auf. Man nennt diese Integrale die allgemeinen Integrale der Differentialgleichungen. Erteilt man jedoch der willkürlichen Konstanten C einen bestimmten Wert, so erhält man ein partikuläres Integral; z. B. geht das allgemeine Integral der Differentialgleichung in § 3 Seite 142:

$$y = a\,(C - \ln x) \quad \text{für} \quad C = \frac{1}{a} \quad \text{über in das partikuläre:}$$

$$y = 1 - a \ln x = \ln e - \ln x^a = \ln \frac{e}{x^a}.$$

Hieraus folgt: $x^a\, e^y = e$, d. h. eine Lösung, die mit der in allgemeiner Form keine große Ähnlichkeit mehr zeigt.

Man kann ferner das allgemeine Integral einer Differentialgleichung erster Ordnung immer in die Form bringen:

$$f\,(x\,,y\,,C) = 0 \quad \cdots \cdots \cdots \quad \text{(I)}$$

Stellt man jetzt die Frage: Ist es möglich, C nicht als konstante, sondern als veränderliche Größe und zwar als Funktion von x, y zu betrachten und so zu bestimmen, daß die Gleichung I trotzdem erfüllt bleibt? Allerdings liegt eine solche Wahl des C im Bereiche der Möglichkeit.

Wir brauchen die Gleichung nur partiell zu differentiieren (vergl. § 15, I. Teil).

Man erhält:

$$\frac{\partial f}{\partial x}\,dx + \frac{\partial f}{\partial C}\frac{\partial C}{\partial x}\,dx + \frac{\partial f}{\partial y}\,dy + \frac{\partial f}{\partial C}\frac{\partial C}{\partial y}\,dy = 0$$

oder:

$$\frac{\partial f}{\partial x} + \frac{\partial f}{\partial y}\frac{dy}{dx} + \frac{\partial f}{\partial C}\left[\frac{\partial C}{\partial x} + \frac{\partial C}{\partial x}\frac{dy}{dx}\right] = 0.$$

Vermöge der Gleichung 7 auf S. 84:

$$\frac{dy}{dx} = -\frac{\dfrac{\partial f}{\partial x}}{\dfrac{\partial f}{\partial y}},$$

die immer besteht, wird

$$\frac{\partial f}{\partial x} + \frac{\partial f}{\partial y}\frac{dy}{dx} = 0.$$

Es bleibt also nur noch die Bedingung:

$$\frac{\partial f}{\partial C}\left[\frac{\partial C}{\partial x} + \frac{\partial C}{\partial y}\cdot\frac{dy}{dx}\right] = 0 \quad \ldots \ldots \quad \text{(II)}$$

übrig.   Die eine Bedingung für Gleichung II

$$\frac{\partial C}{\partial x} + \frac{\partial C}{\partial y}\cdot\frac{dy}{dx} = 0$$

sagt nichts Neues, sie wird erfüllt, wenn $\partial C = 0$, also C konstant ist. Dies wollen wir aber gerade vermeiden, weil wir sonst wieder das allgemeine Integral erhalten. Die zweite Bedingung $\frac{\partial f}{\partial C} = 0$ muß somit unsere zu Gleichung I gestellte Frage lösen, daß nämlich C veränderlich gewählt werden soll. Löst man die Gleichung $\frac{\partial f}{\partial C} = 0$ nach C auf und setzt den für C erhaltenen Wert in Gleichung I ein, so erhält man eine Funktion zwischen x und y allein, also $\qquad \varphi(x, y) = 0 \ldots \ldots \ldots$ (III)

Diese Gleichung enthält keine willkürliche Konstante mehr. Sie genügt den Anforderungen der Differentialgleichung I und liefert doch kein partikuläres Integral. Man nennt ein solches Integral ein **singuläres**.

§ 8 — § 13.

Lineare Differentialgleichungen 2. Ordnung.

§ 8.

Methode der Hilfsgleichung oder Variation der Konstanten.

Die bereits am Ende von § 7 angedeutete Methode, die Konstante als veränderlich zu betrachten, führt zur Aufstellung einer Hilfsgleichung. Durch Lösung solcher Hilfsgleichungen läßt sich die Methode für die linearen Differentialgleichungen der verschiedensten Ordnung erfolgreich verwenden. Die Methode soll allgemein im folgenden abgeleitet werden. Weitere Methoden erübrigen sich, da den gelösten Differentialgleichungen der §§ 9 — 13 ein ausführlicher Text beigegeben ist. Gegeben sei eine lineare Differentialgleichung von der Form:

$$P \cdot \frac{dy}{dx} + Q \cdot y \cdot = R \quad \ldots \ldots \ldots \quad \text{(I)}$$

worin P, Q und R Funktionen von x bedeuten, die wir nur der Übersicht halber nicht mehr wie bisher $f(x)$, $f_1(x) \ldots$ schreiben; es können P, Q und R nämlich auch Konstante sein.

Die rechte Seite „R" wollen wir das a b s o l u t e Glied nennen, weil es frei von der abhängigen Variablen und deren Differentialquotienten ist.

Setzen wir die rechte Seite gleich Null, so wird

$$P \cdot \frac{dy}{dx} + Q \cdot y = 0 \quad \ldots \ldots \ldots \quad \text{(II)}$$

Diese Gleichung nennt man die Hilfsgleichung. Sie ist bei der Integration linearer Differentialgleichungen zuerst zu lösen. Man schließt aus ihr dann auf die Lösung der Gleichung I, d. h. mit absolutem Gliede.

Die Trennung der Variablen gibt:

$$\frac{dy}{y} = - \frac{Q}{P} \cdot dx.$$

Hieraus durch Integration:

$$\ln y = - \int \frac{Q}{P}\, dx = F(x) + C,$$

denn P und Q bedeuten ja nur Funktionen von x. Die Lösung gibt:

$$y = e^{F(x) + C} = e^{C} \cdot e^{F(x)} = C_1\, e^{F(x)},$$

denn e^{C} ist ebenfalls eine Konstante.

Setzen wir diesen Wert von y bezw. den von $\frac{dy}{dx}$ in die Hilfsgleichung ein, so erhalten wir eine identische Gleichung $0 = 0$, vorausgesetzt, daß C_1 konstant ist. Hieraus folgt, daß dies unmöglich die Lösung der vorgelegten Differentialgleichung I sein kann, denn diese soll nach Einsetzung der Werte nicht 0, sondern das absolute Glied R ergeben. Wenn wir aber C_1 oder einfach C nicht als konstant auffassen, sondern als veränderlich und zwar als Funktion von x, so kann man C so bestimmen, daß die Lösung unsere Differentialgleichung I befriedigt.

$$y = C \cdot e^{F(x)}$$

war die Lösung der Hilfsgleichung. Es ist:

$$\frac{dy}{dx} = C \frac{d(e^{F(x)})}{dx}.$$

Setzen wir diese Werte in Gleichung I ein, so wird:

$$P \cdot C \frac{d(e^{F(x)})}{dx} + Q \cdot C \cdot e^{F(x)} = 0$$

oder
$$C \left[P \frac{d(e^{F(x)})}{dx} + Q \cdot e^{F(x)} \right] = 0.$$

Da C konstant ist, muß der Klammerausdruck [ ] $= 0$ sein.

Wir wählen jetzt in der Hilfsgleichung $y = C \cdot e^{F(x)}$ den Wert C als Funktion von x, dann wird:

$$\frac{dy}{dx} = C \frac{d(e^{F(x)})}{dx} + e^{F(x)} \cdot \frac{dC}{dx}.$$

Unter Einsetzung dieser Werte wird Gleichung I:

$$P \left(C \frac{d(e^{F(x)})}{dx} + e^{F(x)} \frac{dC}{dx} \right) + Q \cdot C \cdot e^{F(x)} = R \quad . \quad . \quad \text{(III)}$$

oder:
$$C \cdot \left[P \frac{d(e^{F(x)})}{dx} + Q e^{F(x)} \right] + P e^{F(x)} \cdot \frac{dC}{dx} = R \quad . \quad . \quad \text{(IV)}$$

Der Klammerausdruck [   ] ist wie oben bewiesen $= 0$, also muß

$$P \cdot e^{F(x)} \cdot \frac{dC}{dx} = R \quad . \quad . \quad . \quad . \quad . \quad . \quad \text{(V)}$$

sein, d. h. wir haben C so zu wählen, daß diese Differentialgleichung erfüllt ist. Es ist:

$$dC = \frac{R}{P} \cdot \frac{dx}{e^{F(x)}}$$

und
$$C = \int \frac{R}{P} \cdot \frac{dx}{e^{F(x)}} + C_1.$$

Das Integral sei $\psi(x)$, dann ist $C = \psi(x) + C_1$ und die Lösung der Differentialgleichung ist:

$$y = (\psi(x) + C_1) \cdot e^{F(x)} \quad . \quad . \quad . \quad . \quad . \quad \text{(VI)}$$

Die Methode, daß man die willkürliche Konstante der Hilfsgleichung variabel macht, nennt man die **Methode der Variation der Konstanten.**

Die eben angestellte Betrachtung sei an folgendem einfachen Beispiel erläutert:

$$\frac{dy}{dx} - 2y = x.$$

Hierin sind P und Q konstant, d. h. $= 1$ bezw. $= 2$ und R hat die einfachste Form einer Funktion, nämlich x.

Die Hilfsgleichung ist:

$$\frac{dy}{dx} - 2y = 0, \text{ also } \frac{dy}{y} = 2\,dx.$$

Durch Integration folgt:

$$\ln y = 2x + C.$$

Also wird: $\qquad y = e^{2x+C} = C \cdot e^{2x}.$

Dies ist die Lösung der Hilfsgleichung, worin C noch eine willkürliche Konstante bedeutet. Wir wählen nun C als Funktion von x und zwar so, daß $y = C \cdot e^{2x}$ die Lösung der vorgelegten Gleichung, d. h. daß durch Einsetzen nicht 0, sondern x herauskommt.

Wir erhalten $\quad \dfrac{dy}{dx} = C \cdot 2e^{2x} + e^{2x} \dfrac{dC}{dx}.$

Setzen wir die Werte ein, so erhält man:

$$C \cdot 2e^{2x} + e^{2x}\frac{dC}{dx} - 2Ce^{2x} = x.$$

Also: $\qquad e^{2x}\dfrac{dC}{dx} = x$ und $dC = xe^{-2x} \cdot dx.$

Somit wird: $\qquad C = \int x \cdot e^{-2x}\,dx.$

Das Integral wird nach der Methode der teilweisen Integration (Teil I § 21) gelöst:

$$\int u \cdot dv = u \cdot v - \int v \cdot du,$$

worin $x = u$ und $e^{-2x}\,dx = dv$ ist.

Man findet:

$$C = x \cdot \frac{e^{-2x}}{-2} - \int \frac{e^{-2x}}{2}\,dx = -\frac{x}{2} \cdot e^{-2x} + \frac{1}{2} \cdot \frac{e^{-2x}}{-2} + C,$$

$$C = -e^{-2x}\left(\frac{x}{2} + \frac{1}{4}\right) + C_1.$$

Demnach ist die Lösung der Differentialgleichung

$$\frac{dy}{dx} - 2y = x:$$

$$y = e^{2x}\left[-e^{-2x}\left(\frac{x}{2} + \frac{1}{4}\right) + C_1\right]$$

oder $\qquad y = C_1 \cdot e^{2x} - \left(\dfrac{x}{2} + \dfrac{1}{4}\right).$

Der Unterschied dieser Lösung gegen die Hilfsgleichung besteht darin, daß der Faktor $-\left(\dfrac{x}{2} + \dfrac{1}{4}\right)$, d. h. eine ganze Funktion von x hinzugetreten ist. Dies hätte man voraussehen können.

Wir müßten in die Differentialgleichung einen solchen Wert der Lösung der Hilfsgleichung einsetzen, daß wir nicht 0, sondern eine ganze Funktion ersten Grades von x erhalten. Das ist der Fall, wenn wir dem Werte von y eine ganze Funktion von x zufügen, also $y = C \cdot e^{2x} + \alpha x + \beta$ schreiben. Setzen wir diesen Wert ein, so erhält die linke Seite der Gleichung für $\dfrac{dy}{dx}$ den Zuwachs $\dfrac{d(\alpha x + \beta)}{dx}$ d. h. α, und für $-2y$ den Zuwachs: $-2\alpha x - 2\beta$. Der Gesamtzuwachs beträgt $\alpha - 2\alpha x - 2\beta$ und dies muß $= x$ sein. Wir bestimmen die Koeffizienten α und β.

Die Koeffizienten gleich hoher Potenzen müssen übereinstimmen, es wird:

$$-2\alpha = 1, \quad \text{d. h. } \alpha = -\frac{1}{2} \quad \text{und} \quad \alpha - 1x - 2\beta = x$$

oder
$$\alpha = 2\beta; \quad \beta = -\frac{1}{4}.$$

Also ist die Lösung

$$y = C \cdot e^{2x} + \alpha x + \beta = C \cdot e^{2x} - \frac{x}{2} - \frac{1}{4}.$$

Die Art dieser Lösung gilt allgemein, sobald das absolute Glied eine ganze Funktion von x ist. Wir brauchen nur der Lösung der Hilfsgleichung eine ganze Funktion desselben Grades zuzufügen, von der das absolute Glied ist, und die Koeffizienten zu bestimmen.

§ 9.

Differentialgleichung der elastischen Linie.

Unter einer elastischen Linie versteht man die Gleichgewichtsfigur, die die neutrale Faser eines vollkommen elastischen Stabes (für den das Hookesche Gesetz gelten soll) unter Wirkung eines Biegungsmomentes annimmt.

Es sei AB die neutrale Faser des Stabes, in der Spannungen nicht auftreten, und deren Lage vorläufig unbestimmt bleibt. Die oberhalb liegenden Fasern werden, wie Fig. 83 erkennen läßt, gedehnt, die anderen zusammengedrückt.

Das Stabelement dx sei vor der Beanspruchung des Stabes durch die Last P von zwei parallelen Ebenen CC und C_1C_1 begrenzt. Infolge der durch die Biegung auftretenden Deformation des Stabes, bei der die weiter von der neutralen Faser entfernt liegenden Schichten stärker (und zwar proportional ihrem Abstand von dieser) beansprucht werden, als die näher gelegenen Schichten, wird nunmehr das Stabelement d x von zwei Ebenen begrenzt sein, die einen Winkel

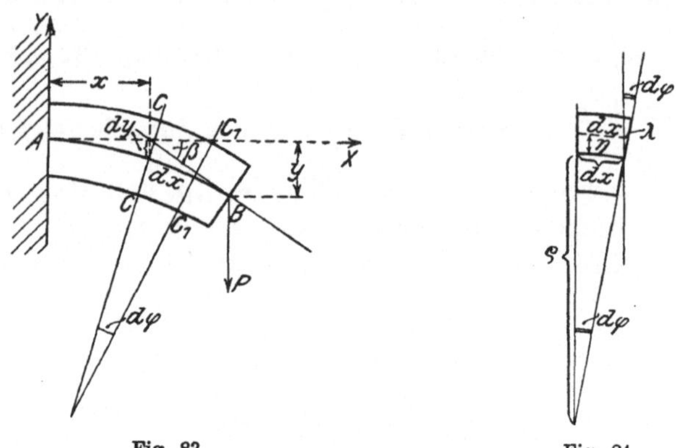

Fig. 83.   Fig. 84.

$d\varphi$ miteinander einschließen (vergl. Fig. 84). In einer Faser im Abstande η von der neutralen Faser herrsche die Zugspannung σ. Nach dem Hookeschen Elastizitätsgesetz gilt für die spezifische Dehnung ε die Gleichung

$$\varepsilon = \frac{\sigma}{E} = \alpha\sigma, \quad\quad\quad\text{(I)}$$

worin E als Konstante den Elastizitätsmodul des Materials und α den reziproken Wert von E, den Dehnungskoeffizienten, bedeutet.

Das Gesetz besagt also nur, daß die Dehnung proportional der Spannung erfolgt. Die spezifische Dehnung ε bedeutet aber andererseits das Verhältnis der Verlängerung λ zur ursprünglichen Länge l; unsere Länge des Flächenelementes würde mit d x anzusetzen sein, also:

$$\varepsilon = \frac{\lambda}{d\,x} \quad\quad\quad\text{(II)}$$

Aus Gleichung I und II folgt: $\dfrac{\lambda}{d\,x} = \dfrac{\sigma}{E}$

$$\lambda = \frac{\sigma\,d\,x}{E} \quad\quad\quad\text{(III)}$$

Bedeutet nun in Fig. 84 λ die Verlängerung für d x und ϱ den Krümmungsradius der elastischen Linie (vergl. Seite 73), so ergibt sich aus der Ähnlichkeit der entsprechenden Dreiecke:

$$\lambda : \eta = \mathrm{d}x : \varrho \quad \ldots \quad \ldots \quad \text{(IV)}$$

oder λ aus Gleichung III eingesetzt: $\dfrac{\sigma\,\mathrm{d}x}{E} : \eta = \mathrm{d}x : \varrho.$

Daraus folgt:

$$\frac{\sigma}{\eta} = \frac{E}{\varrho} \quad \ldots \quad \ldots \quad \text{(V)}$$

Unter dem Biegungsmoment M_b versteht man das Produkt aus dem Widerstandsmoment des Stabes (vergl. S. 79 Aufg. 133) und der Spannung σ_1, die in der äußersten Faser auftritt. Wir setzen:

$$M_b = W \cdot \sigma_1 \quad \ldots \quad \ldots \quad \text{(VI)}$$

Nach § 26 S. 117 wurde das Widerstandsmoment definiert als das Trägheitsmoment dividiert durch die Entfernung e_1 der äußersten Schicht. Es wird

$$M_b = \frac{J \cdot \sigma_1}{e_1} \ \text{oder}$$

$$\frac{\sigma_1}{e_1} = \frac{M_b}{J} \quad \ldots \quad \ldots \quad \text{(VII)}$$

Da sich nun, wie bereits eingangs erwähnt, die Spannungen wie ihre Abstände von der neutralen Faserschicht verhalten (wir beschränken die Betrachtung auf das lineare Spannungsverhältnis), so wird $\dfrac{\sigma}{\eta} = \dfrac{\sigma_1}{e_1}$ und damit auch

$$\frac{E}{\varrho} = \frac{M_b}{J} \ \text{oder} \ \frac{1}{\varrho} = \frac{M_b}{E \cdot J} \quad \ldots \quad \text{(VIII)}$$

d. h. der reziproke Wert des Krümmungsradius der elastischen Linie ist gleich dem Biegungsmoment dividiert durch das Produkt aus dem Elastizitätsmodul und dem Trägheitsmoment für den betrachteten Querschnitt. Für ϱ war nach § 13 S. 74 gefunden

$$\frac{\left[1 + \left(\dfrac{\mathrm{d}y}{\mathrm{d}x}\right)^2\right]^{\frac{3}{2}}}{\dfrac{\mathrm{d}^2 y}{\mathrm{d}x^2}}.$$

Die Durchbiegung y ist im allgemeinen eine sehr geringe; entsprechend wird $\dfrac{\mathrm{d}y}{\mathrm{d}x}$ und noch mehr $\left(\dfrac{\mathrm{d}y}{\mathrm{d}x}\right)^2$ als sehr kleine Größe neben 1 vernachlässigt werden dürfen. Es bleibt $\varrho = \dfrac{1}{\dfrac{\mathrm{d}^2 y}{\mathrm{d}x^2}}.$

Wir erhalten aus VIII nun die endgültige Gleichung:

$$\frac{d^2 y}{d x^2} = \frac{M_b}{E . J}, \quad \cdot \quad \cdot \quad \cdot \quad \cdot \quad \cdot \quad \cdot \quad \text{(IX)}$$

die man als die **Differentialgleichung der elastischen Linie** zu bezeichnen pflegt.

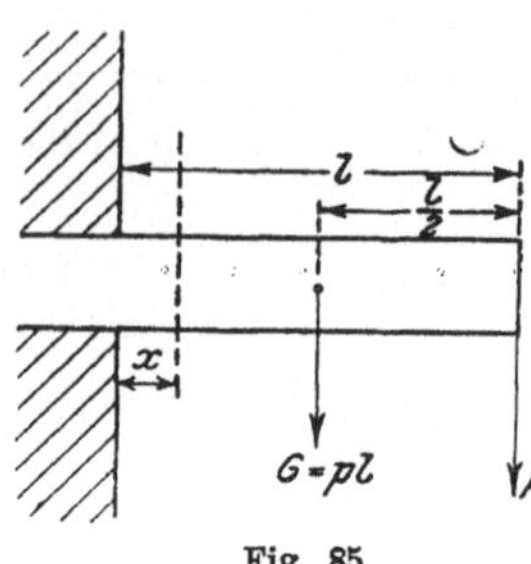

Fig. 85.

Aufgabe: Ein Träger aus Schweißeisen von kreisförmigem Querschnitt (d = 20 cm) ist an einem Ende so eingespannt, daß die freie Länge l = 200 cm beträgt. Der Träger wird durch sein Eigengewicht (G = pl) und durch eine am freien Ende angebrachte Last P = 600 kg auf Biegung beansprucht. Es soll erstens die größte Winkelabweichung bestimmt und zweitens die elastische Linie (Linie der Durchbiegung) ermittelt werden.

Lösung: Die Gleichung der elastischen Linie war:

$$\frac{d^2 y}{d x^2} = \frac{M_x}{E . J} \quad \text{oder} \quad y = \int \left(\int \frac{M_x}{E . J} \, d x \right) d x \quad \cdot \quad \cdot \quad \cdot \quad \text{(1)}$$

darin bedeutet M_x des Biegungsmoment, bezogen auf einen beliebigen Querschnitt (im Abstande x von der Einspannstelle), y die Durchbiegung an dieser Stelle, E den Elastizitätsmodul und J das Trägheitsmoment des Trägerquerschnittes.

Der Ausdruck $\int \frac{M_x}{E . J} \, d x$ in der Gleichung 1 ist: $\frac{d y}{d x} = \operatorname{tg} \alpha$, d. h. die trigonometrische Tangente des Abweichungswinkels der neutralen Faserschicht von der horizontalen. Es ist nun festzustellen, wo diese Winkelabweichung am größten ist, und wie groß sie an dieser Stelle ist. Wir erhalten allgemein:

$$\operatorname{tg} \alpha = \int \frac{M_x}{E . J} d x \quad \text{oder} \quad E . J \operatorname{tg} \alpha = \int M_x \, d x \quad \cdot \quad \cdot \quad \cdot \quad \text{(2)}$$

Um M_x zu bestimmen, betrachtet man den Teil des Trägers rechts von dem Querschnitt bei x. Das Biegungsmoment M_x setzt sich zusammen aus den Einzelmomenten der Last P mit dem Hebelarm (l — x) und dem Eigengewicht p (l — x) der betrachteten Trägerlänge mit dem Hebelarm $\frac{l - x}{2}$.

Mithin ist $M_x = P\,(l-x) + p\,(l-x)\dfrac{l-x}{2}$.

Dies in Gleichung 2 eingesetzt, ergibt:

$$E.J\,\mathrm{tg}\,\alpha = \int \left[P\,(l-x) + p\,\frac{(l-x)^2}{2} \right]\,d\,x$$

$$= P \int (l-x)\,d\,x + \frac{p}{2} \int (l-x)^2\,d\,x.$$

Wir setzen $(l-x) = z$, dann wird $d\,z = -d\,x$ und $d\,x = -d\,z$. Folglich ist:

$$E.J\,\mathrm{tg}\,\alpha = P\,\frac{z^2}{2}\,(-1) + \frac{p}{2}\cdot\frac{z^3}{3}\,(-1) + C_1$$

$$= -\frac{P}{2}\,(l-x)^2 - \frac{p}{6}\,(l-x)^3 + C_1 \quad . \quad . \quad (3)$$

Die Integrationskonstante C_1 bestimmen wir durch die Tatsache, daß $\mathrm{tg}\,\alpha$ an der Einspannstelle gleich Null ist. Für diese Stelle gilt $x = 0$. Folglich ist:

$$0 = -\frac{P\,l^2}{2} - \frac{p\,l^3}{6} + C_1 \quad \text{oder} \quad C_1 = \frac{P\,l^2}{2} + \frac{p\,l^3}{6}.$$

Setzt man diesen Wert für C_1 in Gleichung 3 ein, so erhält man:

$$\mathrm{tg}\,\alpha = \frac{1}{E.J}\left\{ -\frac{P\,(l-x)^2}{2} - \frac{p\,(l-x)^3}{6} + \frac{P\,l^2}{2} + \frac{p\,l^3}{6} \right\} . \quad (4)$$

Von $\mathrm{tg}\,\alpha$ soll der größte Wert gesucht werden. Er ist zweifellos dann vorhanden, wenn die negativen Glieder möglichst klein werden. Dies tritt für $x = l$ ein; es werden dann die negativen Glieder gleich Null.

Folglich ist:

$$\mathrm{tg}\,\alpha_{\max} = \frac{1}{E.J}\left(\frac{P\,l^2}{2} + \frac{p\,l^3}{6}\right) = \frac{l^2}{6.E.J}\,(3\,P + G). \quad \text{Es be-}$$

deutet G das Eigengewicht.

Die Zahlenrechnung für die Werte: $l = 200$ cm, $E = 2.10^{-6}$,

$J = \dfrac{\pi}{64}\,20^4$ cm^4, $P = 600$ kg und $G = \dfrac{20^2\,\pi}{4}\,200\,.\,7{,}8\,.\,10^{-3}$

$= 490$ kg ergibt für $\mathrm{tg}\,\alpha_{\max}$ den Wert 0,000973, dem ein Winkel von $3'\,22''$ entspricht.

Die größte Winkelabweichung befindet sich also am Ende des Trägers, sie beträgt $3'\,22''$.

———

Kohlrausch.   11

Die nochmalige Integration der Gleichungen 2 (bezw. 4) ergibt den Wert der Durchbiegung y für einen beliebigen Wert von x. Wir führen die Integration aus und erhalten:

$$y = \frac{1}{E.J} \int tg\,\alpha\,d\,x$$

$$= \frac{1}{E.J} \int \left(-\frac{P}{2}(1-x)^2 - \frac{p}{6}(1-x)^3 + \frac{P\,l^2}{2} + \frac{p\,l^3}{6} \right) d\,x$$

$$\text{oder}\quad E.J.y = \int \left[-\frac{P}{2}(1-x)^2 \right] d\,x - \int \frac{p}{6}(1-x)^3\,d\,x$$

$$+ \int \left(\frac{P\,l^2}{2} + \frac{p\,l^3}{6} \right) d\,x.$$

Wir setzen wieder $(1-x) = z$, dann wird $d\,z = -d\,x$ und $d\,x = -d\,z$.

Alsdann ist:

$$E.J.y = -\frac{P}{2} \cdot \frac{z^3}{3}(-1) - \frac{p}{6}\frac{z^4}{4}(-1) + \left(\frac{P\,l^2}{2} + \frac{p\,l^3}{6} \right) x + C_2$$

oder

$$E.J.y = \frac{P}{6}(1-x)^3 + \frac{p}{24}(1-x)^4 + \left(\frac{P\,l^2}{2} + \frac{p\,l^3}{6} \right) x + C_2 \quad . \quad (5)$$

Die Integrationskonstante C_2 bestimmt sich dadurch, daß man y an der Einspannstelle gleich Null setzen kann. Für diese Stelle ist $x = 0$, also wird:

$$0 = \frac{P\,l^3}{6} + \frac{p\,l^4}{24} + C_2 \quad \text{oder} \quad C_2 = -\frac{P\,l^3}{6} - \frac{p\,l^4}{24}.$$

Setzt man diesen Wert für C_2 in Gleichung 5 ein, so erhält man als allgemeine Gleichung für y:

$$E.J.y = \frac{P}{6}(1-x)^3 + \frac{p}{24}(1-x)^4 + \frac{P\,l^2}{2}x + \frac{p\,l^3}{6}x - \frac{P\,l^3}{6} - \frac{p\,l^4}{24}$$

oder umgeformt:

$$y = \frac{x^2}{24\,E.J}[p\,x^2 - 4\,x\,(P + G) + 6\,l\,(2\,P + G)] \quad . \quad . \quad (6)$$

Setzt man in die Gleichung 6 die Zahlenwerte für die bekannten Größen, E, J, p, P, G und l ein, so erhält man:

$$y = \frac{x^2\,(2{,}45\,x^2 - 4360\,x + 2{,}03 \cdot 10^6)}{3770 \cdot 10^8}.$$

Man berechnet nun aus dieser Gleichung für eine Anzahl Werte von x (etwa für $x = 0$; 40; 80; 100; 120; 140; 160; 180 und 200 cm) die zugehörige Durchbiegung y und erhält folgende Werte für y: 0; 0,0086 cm; 0,0341 cm; 0,0533 cm; 0,077 cm; 0,1046 cm; 0,1375 cm; 0,1745 cm; 0,216 cm.

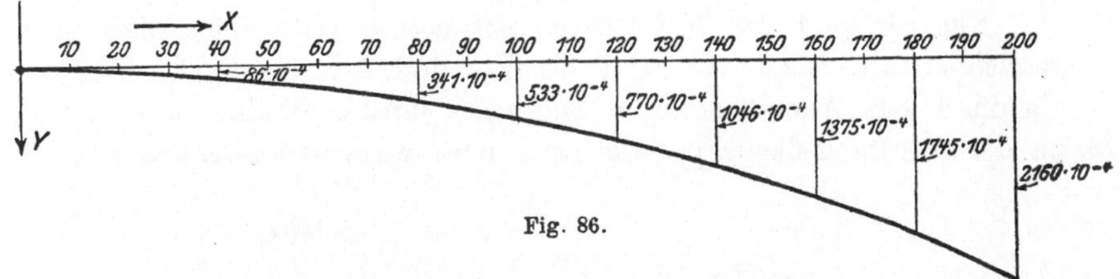

Fig. 86.

Trägt man diese Werte in ein rechtwinkeliges Koordinatensystem, dessen Nullpunkt die Einspannstelle des Trägers ist, ein und verbindet die für y erhaltenen Punkte miteinander, so erhält man die Kurve der elastischen Linie. Für das vorstehende Beispiel ist sie in Fig. 86 skizziert.

§ 10.
Die Differentialgleichung der Seilkurve.

Unter einer Seilkurve versteht man die Gleichgewichtsfigur, welche ein vollkommen biegsamer, unelastischer, an seinen beiden Enden aufgehängter Faden unter der Wirkung einer über seine Länge nach dem Gesetz $q_x = f(x)$ verteilten Belastung annimmt, wobei q_x die Belastung an der Stelle x bedeutet. Man kann sich die Belastung selbst durch eine Belastungsfläche dargestellt denken.

Hat man z. B. zu einem durchhängenden Telegraphendraht, der außer dem Eigengewicht noch durch eine ungleichmäßig dicke Eislast beschwert ist, die zugehörige Belastungsfläche konstruiert, indem man die Ordinaten je nach dem Gewicht der Teilchen des Drahtes aufgetragen hat, so sei in Fig. 87 die zugehörige Seilkurve darunter gezeichnet. Man wird dann die Gleichung der Seilkurve aus den nachstehenden Betrachtungen abzuleiten haben.

Fig. 87 zeigt die Belastungsfläche mit darunter gezeichneter Seilkurve.

Im Abstande x vom linken Ende der Belastungsfläche sei die Stärke der Belastung $= q_x$.

Die von der X-Achse abwärts gerechnete Ordinate sei y. Der Schnittpunkt der Ordinate y mit der Seilkurve sei C. Legt man in C die Tangente C F an die Kurve, so bildet diese mit der X-Achse den Winkel φ.

Fig. 88 zeigt den Kräfteplan, mit dessen Hilfe die Seilkurve gezeichnet sein möge. O heißt der Pol und A B ist die Lastlinie, die durch das Aneinanderlegen sämtlicher Kräfte erhalten wird, die an der Belastungsfläche parallel nach unten wirkend zu denken sind.

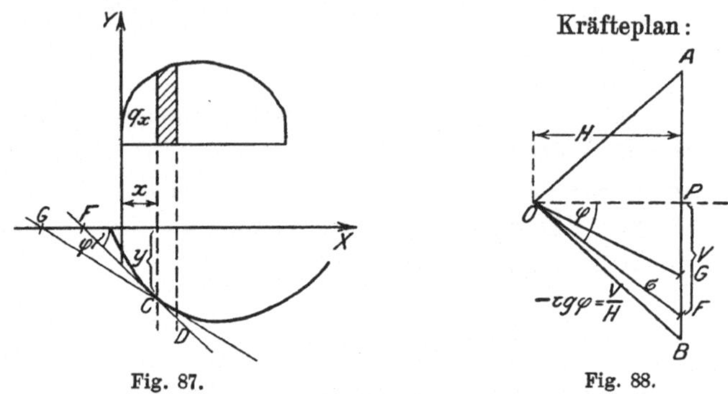

Fig. 87.   Fig. 88.

O A und O B sind die äußersten Polstrahlen, zu denen die äußersten Seilenden der Seilkurve parallel gezogen worden sind. Die weiteren Polstrahlen, die bei der Zeichnung der Seilkurve benutzt wurden, sind für diese Betrachtung belanglos und deshalb in der Fig. 88 als gelöscht gedacht.

Der in Fig. 87 gezeichneten Tangente C F entspricht eine gewisse Seilspannung, deren Größe in Fig. 88 durch den parallel gezogenen Polstrahl O F dargestellt wird. Die Seilspannung σ läßt sich in eine senkrechte Komponente V und eine horizontale Komponente H zerlegen, wie im Kräfteplan ersichtlich. Dem Winkel der Tangente C F mit der X-Achse entspricht im Kräfteplan der Winkel F O P $= -\varphi$.

Man findet
$$\operatorname{tg} \varphi = -\frac{V}{H} \quad \ldots \ldots \ldots \quad \text{(I)}$$

Geht man jetzt auf der Seilkurve von C nach D, also auf der X-Achse um die Strecke d x weiter und zieht auch in D die

Tangente D G, so entspricht dieser wieder eine Seilspannung, deren Größe durch den Polstrahl O G des Kräfteplanes dargestellt wird.

Der Winkel φ hat sich dabei um d φ geändert. Da tg $\varphi = -\dfrac{d\,y}{d\,x}$ ist, wird aus Gleichung I:

$$\frac{d\,y}{d\,x} = \frac{V}{H}$$

oder für φ der kleine Winkel d φ eingesetzt:

$$d\left(\frac{d\,y}{d\,x}\right) = d\left(\frac{V}{H}\right) \quad \ldots \ldots \quad \text{(II)}$$

Nun ändert sich H überhaupt nicht, während sich V, wie aus dem Kräfteplane entnommen werden kann, um das Gewicht des Belastungsstreifens vermindert; denn die Lastlinie ist bekanntlich aus den Gewichten sämtlicher Belastungsstreifen gewonnen. Das Gewicht des Belastungsstreifens ist mit hinreichender Genauigkeit $= q_x\,d\,x$.

Aus Gleichung II wird:

$$H\,d\left(\frac{d\,y}{d\,x}\right) = -\,q_x\,d\,x \quad \text{oder} \quad H\,\frac{d^2\,y}{d\,x^2} = -\,q_x.$$

Dies ist die Differentialgleichung der Seilkurve. Ist q_x als Funktion von x gegeben, so findet man daraus die endliche Gleichung der Seilkurve durch zweimalige Integration. Dabei ergeben sich zwei willkürliche Integrationskonstanten und, da auch der Horizontalzug H des Seilpolygons willkürlich gewählt ist, so enthält die allgemeine Gleichung der Seilkurve 3 willkürliche Konstanten.

Wir wählen als Beispiel den besonders häufigen Fall einer gleichmäßigen Belastung, wie er bei Telegraphenleitungen, Drahtseilbahnen und dergl. vorkommt. Ein Telegraphendraht, der zwischen zwei etwa 100 m entfernten Stangen ausgespannt ist, hat seine Eigenlast, zuzüglich einer im Winter bei Rauhfrost oder Schneefall ihm anhaftenden Eislast zu tragen. Dieses ganze Gewicht kann als über die ganze Länge gleichmäßig verteilt angesehen werden. Zwar ist die Eigenlast streng genommen der Bogenlänge und nicht der Abszisse x proportional.

Der Draht wird aber ziemlich flach gespannt, so daß der Unterschied geringfügig ist. Auch der Biegungswiderstand kommt nicht in Betracht, der Draht kann vielmehr bei den großen Krümmungs-

halbmessern, die in Frage kommen, als ein vollkommen biegsames
Seil angesehen werden.

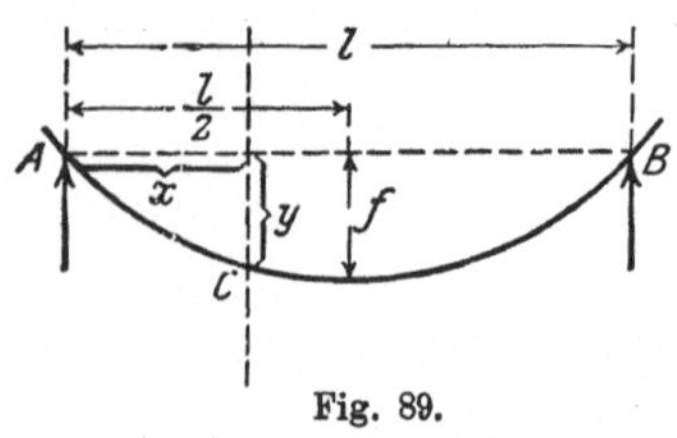

Fig. 89.

In nebenstehender Figur bedeuten A und B die Stützpunkte
des Drahtes. Sie sollen gleich hoch
liegen.

Der Koordinatenanfangspunkt
liegt bei A, die X-Achse ist in die
Verbindungslinie A B gelegt. Gesucht wird der Durchhang, d. h. y
im Punkte C, dessen Abszisse x ist.

Wir setzen die Differentialgleichung der Seilkurve an:

$$H \frac{d^2 y}{d x^2} = - q,$$

wo q konstant ist und das Gewicht der Längeneinheit bedeutet.
Eine einmalige Integration ergibt:

$$H \frac{d y}{d x} = - q x + C_1 \quad \ldots \ldots \quad \text{(III)}$$

Durch weitere Integration erhält man:

$$H . y = - q \frac{x^2}{2} + C_1 x + C_2 \ldots \ldots \text{(IV)}$$

Dies ist die Gleichung einer Parabel. Zur Bestimmung der Integrationskonstanten führt folgende Überlegung. An beiden Stützen,
d. h. für $x = 0$ und $x = l$, wird $y = 0$. Aus $x = 0$, $y = 0$ folgt,
daß $C_2 = 0$ werden muß. Für $x = l$ erhält man:

$$0 = - q \frac{l^2}{2} + C_1 l \quad \text{oder} \quad C_1 = q \frac{l}{2}.$$

Setzen wir die Werte der Konstanten in die Parabelgleichung,
d. h. in IV ein, so erhält man:

$$H y = \frac{q l x}{2} - \frac{q x^2}{2}.$$

Der größte Durchhang der Seilkurve liegt in der Mitte für
$x = \frac{l}{2}$, man bezeichnet ihn als Pfeil f oder y_{max}. Es wird:

$$y_{max} = f = \frac{q l^2}{8 H} = \frac{Q l}{8 H}, \quad \ldots \ldots \quad \text{(V)}$$

wenn $Q = q . l$ die Gesamtbelastung des Drahtes bedeutet.

Ist andererseits der größte Durchhang bekannt, so läßt sich
H (der Horizontalzug des Drahtes) berechnen zu:

$$H = \frac{Q\,l}{8\,f} \quad \cdots \cdots \cdots \quad (VI)$$

Bei diesen Betrachtungen ist die Länge eines Bogenelementes $d\,s = d\,x$ gesetzt. Diese Annäherung reicht in vielen Fällen aus. Betrachten wir ihre Beziehung näher, so finden wir aus Fig. 90:

$$d\,s = \sqrt{d\,x^2 + d\,y^2} = \sqrt{d\,x^2 \left(1 + \frac{d\,y^2}{d\,x^2}\right)}$$

$$d\,s = d\,x\sqrt{1 + \left(\frac{d\,y}{d\,x}\right)^2} \quad \cdots \cdots \cdots \quad (VII)$$

Bei einem flachen Bogen ist $\dfrac{d\,y}{d\,x}$ überall ein sehr kleiner Bruch.

Vernachlässigt man das Quadrat $\left(\dfrac{d\,y}{d\,x}\right)^2$ gegen 1, so kann wie bisher in erster Annäherung $d\,s = d\,x$ und die ganze Länge des Bogens, die mit S bezeichnet sei, gleich dem Abstande der Stangen, also $= l$, gesetzt werden.

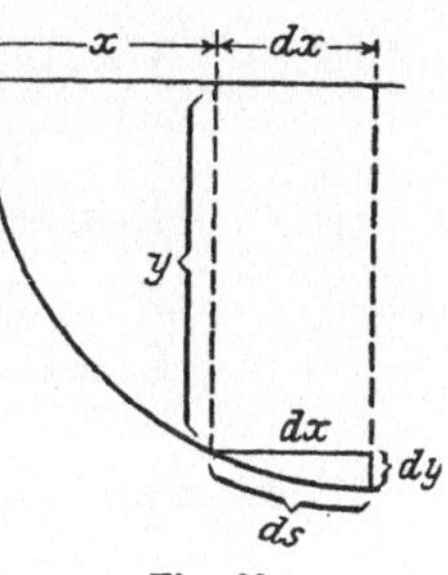

Fig. 90.

In manchen Fällen will man aber gerade den Unterschied zwischen Bogenlänge und Stangenabstand kennen lernen, dann entwickelt man zweckmäßig die Wurzel nach dem binomischen Lehrsatze (vergl. § 3a Aufgabe 5):

$$\sqrt{1 + \left(\frac{d\,y}{d\,x}\right)^2} = \left[1 + \left(\frac{d\,y}{d\,x}\right)^2\right]^{\frac{1}{2}}$$

$$= 1 + \frac{1}{2}\left(\frac{d\,y}{d\,x}\right)^2 - \frac{1}{8}\left(\frac{d\,y}{d\,x}\right)^4 \cdots$$

Man wird das dritte Glied gegenüber dem zweiten bereits vernachlässigen können und für:

$$d\,x\sqrt{1 + \left(\frac{d\,y}{d\,x}\right)^2}$$

nunmehr

$$d\,x\left[1 + \frac{1}{2}\left(\frac{d\,y}{d\,x}\right)^2\right]$$

schreiben.

Aus Gleichung III findet man für $\dfrac{d\,y}{d\,x}$:

$$\frac{d\,y}{d\,x} = -\frac{q\,x}{H} + \frac{C_1}{H} = -\frac{q\,x}{H} + \frac{q}{H}\cdot\frac{l}{2} = \frac{q}{H}\left(\frac{l}{2} - x\right).$$

Setzt man dies in Gleichung VII ein, so wird:

$$d\,s = d\,x \left[1 + \frac{1}{2}\,\frac{q^2}{H^2} \left(\frac{l}{2} - x \right)^2 \right].$$

Eine einmalige Integration ergibt für die Bogenlänge S unter Berücksichtigung der Grenzen 0 und l:

$$S = \int_0^l \left[1 + \frac{1}{2}\,\frac{q^2}{H^2} \left(\frac{l^2}{4} - l\,x + x^2 \right) \right] d\,x.$$

$$S = \left| x + \frac{1}{2}\,\frac{q^2}{H^2} \left(\frac{l^2}{4} \cdot x - l\,\frac{x^2}{2} + \frac{x^3}{3} \right) \right|_0^l$$

$$S = l + \frac{1}{2}\,\frac{q^2}{H^2} \left(\frac{l^3}{4} - \frac{l^3}{2} + \frac{l^3}{3} \right) - 0$$

$$= l + \frac{1}{2}\,\frac{q^2\,l^3}{H^2} \left(\frac{3}{12} - \frac{6}{12} + \frac{4}{12} \right)$$

$$S = l + \frac{q^2\,l^3}{24\,H^2}. \quad \cdots \cdots \cdots \cdots \quad (VIII)$$

Setzt man für H den Wert aus Gleichung VI ein, so wird:

$$S = l + \frac{q^2\,l^3}{24 \left(\dfrac{Q\,l}{8\,f} \right)^2} = l + \frac{q^2 \cdot l^3}{24} \cdot \frac{64\,f^2}{Q^2\,l^2}$$

$$S = \frac{Q^2\,l \cdot f^2\,8}{3\,Q^2\,l^2} = \frac{8}{3}\,\frac{f^2}{l}. \quad \cdots \cdots \cdots \quad (IX)$$

Mit Hilfe dieser Näherungsformeln lassen sich wichtige Aufgaben lösen. Es läßt sich beispielsweise der Einfluß berechnen, den eine Temperaturänderung des Drahtes auf die Größe des Durchhangs f und damit auch auf den Horizontalzug H ausübt. Der Draht wird sich nämlich mit steigender Temperatur ausdehnen, die Spannung σ im Drahte (also auch H als Komponente in horizontaler Richtung) wird kleiner werden. Läßt aber die Spannung nach, so wird auch die elastische Dehnfähigkeit kleiner werden, als nach dem aus § 8 dieses Teiles bekannten Hookeschen Gesetz zunächst vorausgesetzt wird. Diese Betrachtungen bedürfen jedoch eingehender besonderer Ableitung.

§ 11.
Differentialgleichung eines schwingenden Körpers
(ballistisches Galvanometer).

Ein Massenpunkt bewege sich auf der Peripherie eines Kreises, dessen Radius $r = a$ ist, mit gleicher Winkelgeschwindigkeit ω. Zur Zeit t sei er in B. Projiziert man die Punkte des Kreisumfanges auf den Durchmesser $A_1 A_2$, so ist $B\,A = a \cdot \sin \omega\, t$. Während der Bewegung des Massenpunktes von A_1 über B und A_2 zurück nach A_1 hat die Ordinate B A in bestimmter Folge eine Reihe von Größen angenommen, die in untenstehender Tabelle zusammengestellt sind. Wenn $\omega\, t$ um $2\,\pi$ gewachsen ist, nimmt $a \cdot \sin \omega\, t$ wieder dieselben Größen an, d. h. die Periode dieser Bewegung ist $2\,\pi$. Die in Fig. 92 gegebene graphische Darstellung

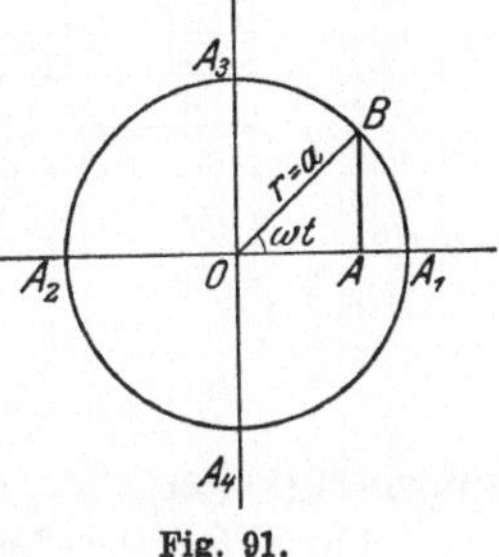

Fig. 91.

veranschaulicht, in welcher Weise $a \cdot \sin \omega\, t = B\,A$ sich in Abhängigkeit von $\omega\, t$ in der Zeit ändert. Als Abszissen sind die in den

$\omega\, t$	$a \cdot \sin \omega\, t$	Der Massenpunkt ist im
0	0	Punkt A_1
$\pi/2$	a	„ A_3
π	0	„ A_2
$^3/_2\,\pi$	$-a$	„ A_4
$2\,\pi$	0	„ A_1
$^5/_2\,\pi$	a	„ A_3
$3\,\pi$	0	„ A_2
$^7/_2\,\pi$	$-a$	„ A_4
$4\,\pi$	0	„ A_1

verschiedenen Zeiten zurückgelegten Winkel in Längenmaßen abgetragen und als Ordinaten die Längen der Strecke $B\,A = a \cdot \sin \omega\, t$. Die Kurve, die die Ordinaten-Endpunkte miteinander verbindet, nennt man die S i n u s l i n i e. Ihre Gleichung ist $a \cdot \sin \omega\, t = y$.

Läßt man nun einen anderen Massenpunkt sich auf dem Durchmesser $A_1 A_2$ von A_1 über O nach A_2 und zurück derart bewegen, daß er sich stets in der Projektion des sich auf dem

Kreisumfang gleichförmig bewegenden ersten Massenpunktes befindet, so stellen die Ordinaten der Sinuslinie (Fig. 92) die Ge-

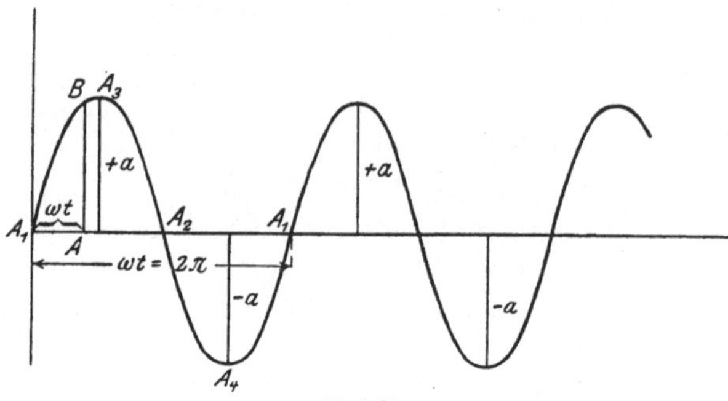

Fig. 92.

schwindigkeiten dar, mit denen sich der zweite Massenpunkt auf dem Durchmesser bewegt. Dieser Punkt führt dann sogenannte **harmonische Schwingungen** aus.

Man kann sich die Bewegung des Massenpunktes auf der Geraden in der Weise zustande gekommen denken, daß auf ihn eine Kraft im Punkte O wirkt, deren Wirkung proportional der Entfernung von O ist, also $c \cdot x$, und daß der Punkt, der die Masse m haben möge, eine Anfangsbewegung erhalten habe, deren Geschwindigkeit in Richtung der positiven X-Achse $= v_0$ sei. Es soll nachgewiesen werden, daß der Punkt harmonische Schwingungen ausführt.

Die Bewegung des Punktes ist keine gleichförmige mehr. Die Geschwindigkeit ist in den einzelnen Zeitteilchen verschieden. Man kann sie jedoch während eines unendlich kleinen Zeitteilchens dt als konstant annehmen. Dann ist $\dfrac{d\,x}{d\,t}$ die Geschwindigkeit des Punktes zur Zeit t. Die Änderung der Geschwindigkeit in der Zeiteinheit, also die Beschleunigung, ist alsdann $= d\,\dfrac{d\,x}{d\,t}$ oder $= \dfrac{d^2\,x}{d\,t^2}$. Die Beschleunigung ist bekanntlich auch $= \dfrac{\text{Kraft}}{\text{Masse}}$.

Es gilt demnach für die Bewegung eines Punktes, der sich in A befinden möge (Fig. 91) und sich nach A_1 bewegt, die Gleichung: $\dfrac{d^2\,x}{d\,t^2} = -\dfrac{c \cdot x}{m}$; die Beschleunigung muß negativ angenommen werden, da die Geschwindigkeit abnimmt.

Da $\dfrac{c}{m}$ stets eine positive Größe darstellt, kann man dafür $\varkappa^2$ schreiben. Die Gleichung lautet alsdann:

$$\frac{d^2 x}{d t^2} + \varkappa^2 \cdot x = 0 \quad \ldots \ldots \quad \text{(I)}$$

Dies ist eine lineare Differentialgleichung zweiter Ordnung.

Es wird angenommen, daß $x = C \cdot e^{\lambda t}$ eine Lösung dieser Gleichung sei.

Zur Prüfung, ob und unter welchen Bedingungen diese Lösung richtig ist, wird der Wert für x in die Gleichung eingesetzt. Es ergibt sich dann:

$$\frac{d^2 x}{dt^2} = C\,\lambda^2 \cdot e^{\lambda t}$$

und die Gleichung lautet:

$$C\,\lambda^2 \cdot e^{\lambda t} + \varkappa^2 \cdot C \cdot e^{\lambda t} = 0 \text{ oder } C \cdot e^{\lambda t}(\lambda^2 + \varkappa^2) = 0 \quad . \quad \text{(2)}$$

Da $C \cdot e^{\lambda t} = x$ nicht 0 sein kann, muß $\lambda^2 + \varkappa^2 = 0$ sein.

Die Lösung $x = C\,e^{\lambda t}$ ist also richtig, wenn $\lambda^2 = -\varkappa^2$ ist. Für λ ergeben sich zwei Werte

$$\lambda_1 = +\sqrt{-\varkappa^2} = +\varkappa\sqrt{-1} = +i \cdot \varkappa \quad \ldots \quad \text{(3)}$$

$$\text{und } \lambda_2 = -\sqrt{-\varkappa^2} = -\varkappa\sqrt{-1} = -i \cdot \varkappa. \quad \ldots \quad \text{(4)}$$

Es ist nun auf ähnliche Weise leicht nachzuweisen, daß auch $x = C_1 \cdot e^{\lambda_1 t} + C_2 \cdot e^{\lambda_2 t}$ eine richtige Lösung ist, und zwar unter derselben Bedingung, daß nämlich λ_1 und λ_2 Wurzeln der Gleichung $\lambda^2 = -\varkappa^2$ sind. Die Integrationskonstanten C_1 und C_2 sind natürlich andere geworden; zum Unterschied von C sind sie daher mit C_1 und C_2 bezeichnet.

Die Lösung ist also:

$$x = C_1\,e^{i\varkappa t} + C_2\,e^{-i\varkappa t}. \quad \ldots \ldots \quad \text{(5)}$$

Nach einem der Eulerschen Sätze ist:

$e^{\pm i\varphi} = \cos\varphi \pm i \cdot \sin\varphi$. Ersetzt man also in Gleichung 5 die Exponentialfunktionen durch die trigonometrischen Funktionen, so wird:

$$x = C_1 (\cos \varkappa t + i \cdot \sin \varkappa t) + C_2 (\cos \varkappa t - i \cdot \sin \varkappa t)$$

$$\text{oder} = (C_1 + C_2) \cos \varkappa t + i (C_1 - C_2) \sin \varkappa t.$$

Für $C_1 + C_2$ setze man A und für $i (C_1 - C_2)$ B, so ist:

$$x = A \cdot \cos \varkappa t + B \cdot \sin \varkappa t \quad \ldots \ldots \quad \text{(6)}$$

Die Integrationskonstanten A und B hängen von dem Bewegungszustand zur Zeit $t = 0$ ab oder u. a. auch von anderen Annahmen, die als bekannt anzusehen sind. Zur Zeit $t = 0$ befand sich der Punkt in O; x_t ist also $= 0$. Außerdem sollte er einen einmaligen Anstoß in Richtung der positiven X-Achse erhalten haben, der ihm die Geschwindigkeit v_0 erteilte, also

$$\frac{d\,x}{d\,t} = v_0.$$

Setzt man in Gleichung 6: $t = 0$, so ist

$$0 = A \cdot \cos \varkappa \cdot 0 + B \cdot \sin \varkappa \cdot 0, \text{ also } A = 0.$$

Man differentiiert Gleichung 6 und erhält:

$$\frac{d\,x}{d\,t} = -\varkappa A \cdot \sin \varkappa t + \varkappa B \cdot \cos \varkappa t. \quad \text{Für } t = 0 \text{ und } \frac{d\,x}{d\,t} = v_0$$

wird

$$v_0 = -\varkappa A \cdot \sin \varkappa \cdot 0 + \varkappa B \cdot \cos \varkappa \cdot 0 = \varkappa \cdot B, \text{ oder } B = \frac{v_0}{\varkappa}.$$

Setzt man die Werte von A und B in Gleichung 6 ein, so ergibt sich das Gesetz der Bewegung:

$$x = \frac{v_0}{\varkappa} \cdot \sin \varkappa t. \quad \ldots \ldots \ldots \quad (7)$$

Dies ist nach obigen Ausführungen eine harmonische Schwingung und zwar eine u n g e d ä m p f t e, d. h. die Amplituden — die größte Abweichung von der X-Achse nach oben und unten — (wenn man sich x als Funktion von t in einem Koordinatensystem aufgetragen denkt) sind hier in den einzelnen um $t = 2\,\pi$ voneinander entfernt liegenden Phasen der Bewegung konstant. Theoretisch müßte sich der Punkt, wenn er einen einmaligen Anstoß erhält, bis ins Unend-

liche nach dem Gesetz $x = \dfrac{v_0}{\varkappa} \cdot \sin \varkappa t$ bewegen. Solche unge-

dämpften Schwingungen gibt es in Wirklichkeit nicht, weil stets noch eine Kraft vorhanden ist, die der Bewegung entgegenwirkt, ein sogenannter Dämpfungswiderstand. Es soll nun ein derartiger Vorgang im folgenden erörtert werden, und zwar soll das Bewegungsgesetz eines schwingenden Körpers mit elektromagnetischer Dämpfung, z. B. eines ballistischen Galvanometers, bestimmt werden.

Der schwingende Körper habe das der Masse proportionale Trägheitsmoment K; er werde von der Direktionskraft D in die Ruhelage zurückgeführt, und es wirke seiner Bewegung ein Dämpfungswiderstand entgegen, der proportinal der Geschwindigkeit sein

möge, also $p \cdot \dfrac{d\,x}{d\,t}$. Die Schwingungen werden so klein vorausgesetzt,

daß das rücktreibende Drehmoment der Direktionskraft dem Ausschlage und das dämpfende Drehmoment der Winkelgeschwindigkeit, also x, proportional bleibt. Der schwingende Körper erhalte durch einen Stromstoß eine der Strommenge $\int i \cdot dt = Q$ proportionale Anfangsgeschwindigkeit, die mit Q' bezeichnet sei.

Das Drehmoment, das der schwingende, um den Winkel x abgelenkte Körper nach seiner Ruhelage hin erfährt, setzt sich aus dem Drehmoment der Direktionskraft, nämlich $D \cdot x$ und dem vom induzierten Strom ausgeübten Dämpfungswiderstand $p \cdot \dfrac{dx}{dt}$ zusammen. Der Beschleunigung in Richtung der positiven, d. h. der durch den Stromstoß bedingten Richtung, wirkt entgegen: $-\dfrac{D \cdot x + p \cdot \dfrac{dx}{dt}}{K} \left(\dfrac{\text{Kraft}}{\text{Masse}}\right)$.

Die Beschleunigung ist weiter $=$ dem zweiten Differentialquotienten des Weges nach der Zeit, also $\dfrac{d^2 x}{dt^2}$.

Hiernach ist

$$\frac{d^2 x}{dt^2} = -\frac{\left(D \cdot x + p \cdot \dfrac{dx}{dt}\right)}{K}$$

oder:
$$K \cdot \frac{d^2 x}{dt^2} + p \cdot \frac{dx}{dt} + D \cdot x = 0 \quad \ldots \ldots \quad (8)$$

Dies ist ebenfalls eine lineare Differentialgleichung zweiter Ordnung. Wie bereits oben ausgeführt, ist

$$x = C_1 e^{\lambda_1 t} + C_2 \cdot e^{\lambda_2 t} \quad \ldots \ldots \quad (9)$$

eine Lösung einer derartigen Gleichung, wenn λ_1 und λ_2 Wurzeln der quadratischen Gleichung sind: $K \lambda^2 + p \lambda + D = 0$. Hieraus ergeben sich:

$$\lambda_1 \text{ und } \lambda_2 = -\frac{p}{2K} \pm \sqrt{-\frac{D}{K} + \frac{p^2}{4K^2}}.$$

Setzt man diese Werte in Gleichung 9 ein, so ist:

$$x = C_1 \cdot e^{\left(-\frac{p}{2K} + \sqrt{-\frac{D}{K} + \frac{p^2}{4K^2}}\right) t}$$

$$+ C_2 e^{\left(-\frac{p}{2K} - \sqrt{-\frac{D}{K} + \frac{p^2}{4K^2}}\right) t} \quad \ldots \ldots \quad (10)$$

$\dfrac{p}{2K}$ setze man $= A$ und $\sqrt{-\dfrac{D}{K} + \dfrac{p^2}{4K^2}} = B$ dann lautet die

Gleichung:

$$x = C_1\, e^{(-A+B)\,t} + C_2 \cdot e^{(-A-B)\,t} \quad \ldots \quad (11)$$

Die Integrationskonstanten C_1 und C_2 werden aus bekannten Annahmen bestimmt. Zur Zeit $t = 0$, war $x = 0$ und $\dfrac{dx}{dt}$, d. h. die die Anfangsgeschwindigkeit, $= Q'$.

Aus Gleichung 11 wird: $0 = C_1 + C_2$. Gleichung 11 differentiert gibt:

$$\frac{dx}{dt} = Q' = (-A + B)\,C_1\, e^{(-A+B)\,t} + (-A - B) \cdot C_2 \cdot e^{(-A-B)\,t}$$

Für $t = 0$ und $x = 0$ wird $Q' = (-A + B)\,C_1 + (-A - B)\,C_2$ oder $Q' = (C_1 + C_2) \cdot -A + (C_1 - C_2)\,B$.
Da $C_1 + C_2 = 0$ ist, ergibt sich:

$$Q' = (C_1 - C_2)\,B \quad \text{oder} \quad C_1 - C_2 = \frac{Q'}{B}.$$

Es ist also:

$$C_1 + C_2 = 0 \qquad \text{und} \qquad C_1 - C_2 = \frac{Q'}{B}.$$

Demnach ist:

$$C_1 = \frac{Q'}{2\,B}$$

$$C_2 = -\frac{Q'}{2\,B}.$$

Wenn man diese Werte einsetzt, ist:

$$x = \frac{Q'}{2\,B}\, e^{(-A+B)\,t} - \frac{Q'}{2\,B}\, e^{(-A-B)\,t} \quad \ldots \quad (12)$$

Setzt man nun voraus, daß $B = \sqrt{-\dfrac{D}{K} + \dfrac{p^2}{4\,K^2}}$ reell ist, d. h.

daß $\dfrac{p^2}{4\,K^2} > \dfrac{D}{K}$ ist, d. h. wenn der Dämpfungswiderstand sehr groß

ist, kann x nicht negativ sein. B wird dann $< A\left(= \dfrac{p}{2\,K}\right)$ sein,

da von $A = \dfrac{p}{2\,K}$ noch etwas abgezogen werden muß $\left(-\dfrac{D}{K}\right)$, um

B zu erhalten. Somit ist sowohl $(-A + B)$ als auch $(-A - B)$ negativ. Mit wachsendem t nähert sich x der Grenze 0, da $e^{(-A+B)\,t}$ und $e^{(-A-B)\,t}$ mit wachsendem $t < 1$ sind und bis zum Werte 0 abnehmen. Es ist dies der Fall großer Dämpfung; man nennt den Verlauf eine **aperiodische Bewegung.**

Von größerem Interesse ist für das ballistische Galvanometer die Voraussetzung kleiner Dämpfung. In diesem Falle wird:

$$B = \sqrt{-\frac{D}{K} + \frac{p^2}{4\,K^2}}$$

eine imaginäre Größe, wenn $\dfrac{D}{K} > \dfrac{p^2}{4\,K^2}$ ist.

Man kann nun B auch ersetzen durch:

$$\sqrt{\left(\frac{D}{K} - \frac{p^2}{4\,K^2}\right) \cdot -1} = i \cdot \sqrt{\frac{D}{K} - \frac{p^2}{4\,K^2}}.$$

Der jetzt reelle Wurzelausdruck sei B′.

Somit ist:

$$x = \frac{Q'}{2\,i\,B'}\, e^{(-A+iB')t} - \frac{Q'}{2\,i\,B'}\, e^{(-A-iB')t} \qquad \cdot \; \cdot \quad (13)$$

Dies kann man auch schreiben:

$$x = \frac{Q'}{2\,i\,B'}\, e^{-At} \cdot e^{iB't} - \frac{Q'}{2\,i\,B'}\, e^{-At} \cdot e^{-iB't}$$

oder auch:

$$= \frac{Q'}{2\,i\,B'}\, e^{-At} \left[e^{iB't} - e^{-iB't} \right].$$

Nach einer der Eulerschen Formeln ist:

$$\sin \varphi = \frac{e^{i\varphi} - e^{-i\varphi}}{2\,i},$$

also:

$$\frac{e^{iB't} - e^{-iB't}}{2\,i} = \sin B't.$$

Somit ergibt sich:

$$x = \frac{Q'}{B'}\, e^{-At} \cdot \sin B't. \; \cdot \; \cdot \; \cdot \; \cdot \; \cdot \; \cdot \quad (14)$$

Wenn man die Werte für A und B′ einsetzt, ist:

$$x = \frac{Q'}{\sqrt{\dfrac{D}{K} - \dfrac{p^2}{4\,K^2}}} \cdot e^{-\frac{p}{2\,K} \cdot t} \cdot \sin\left(\sqrt{\frac{D}{K} - \frac{p^2}{4\,K^2}}\right) \cdot t. \quad (15)$$

Der Schwingungsvorgang setzt sich zusammen:

1. aus einer Sinusschwingung und
2. aus einer Exponentialfunktion, die für $t = 0$ bis $t = \infty$ von 1 bis 0 abfällt.

Die graphische Darstellung (Fig. 93), bei der t als Abszisse und x als Ordinate aufgetragen sind, würde folgendes Bild ergeben:

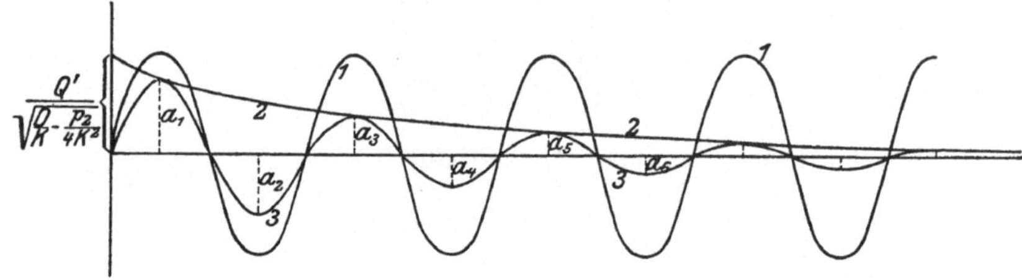

Fig. 93.

Die Kurve 1 wird mit der Kurve 2 multipliziert, indem man die Zahlenwerte miteinander multipliziert. Die Kurve 3 ist die Resultierende; sie läßt erkennen, wie die Ausschläge des schwingenden Körpers im ballistischen Galvanometer sich mit der Zeit ändern. Die Amplituden werden allmählich kleiner.

Das Verhältnis $\dfrac{a_1}{a_2}$, $\dfrac{a_2}{a_3}$, $\dfrac{a_3}{a_4}$ usw. nennt man den Dämpfungsfaktor, $\ln a_1 - \ln a_2$, $\ln a_2 - \ln a_3$ usw. das logarithmische Dekrement der Schwingung, dessen Größe noch näher zu bestimmen sein würde. Sie wird dazu benutzt, die Elektrizitätsmenge, die den schwingenden Körper in Bewegung gesetzt hat, zu messen.

Die Bewegung des schwingenden Körpers ist, wie aus der Darstellung hervorgeht, eine gedämpfte Schwingung.

§ 12.
Widerstand einer Telegraphenleitung mit gleicher Ableitfähigkeit an allen Isolationspunkten.

Aufgabe: Es soll der Widerstand einer Telegraphenleitung bestimmt werden unter der Voraussetzung, daß die Isolationsfehler in unendlich kleinen Abständen gleichmäßig verteilt sind, und daß die Widerstände aller dieser Ableitungen die gleichen sind.

Die Entfernung zwischen den Ämtern A und B betrage L km, der Widerstand der Apparate in A sei ϱ_1, in B ϱ_2. Gemessen ist der gesamte Leitungswiderstand mit R Ohm, der Isolationswiderstand zu W Ohm.

Das Ableitvermögen der einzelnen Nebenschlüsse betrage $a\,dx$ Ohm, wenn die Abstände für die Isolationsfehler mit dx bezeichnet werden, entsprechend sei der Widerstand der einzelnen Leiterstückchen $dx = r\,dx$ Ohm gesetzt.

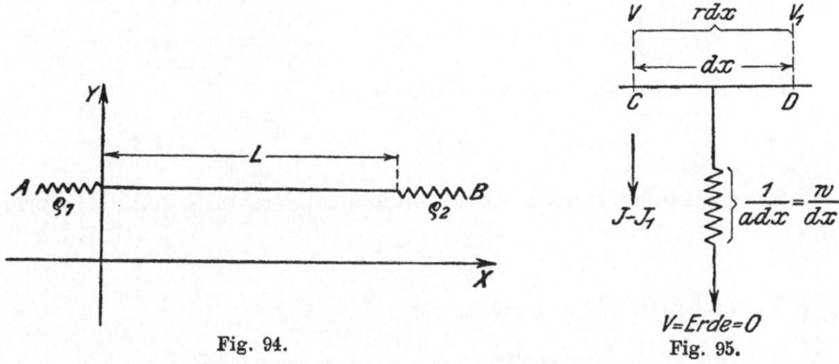

Wir betrachten ein solches Leiterstückchen dx zwischen den Punkten C und D. Die Spannung in C sei V, die in D entsprechend V_1.

Durch den Nebenschluß fließe der Strom $J-J_1$ zur Erde ab. Nach dem Ohmschen Gesetz erhält man die Gleichungen:

$$V - V_1 = r\,dx\,(J + dJ) \quad \ldots \ldots \ldots \text{I.}$$

$$V - 0 = \frac{w}{dx}(J - J_1) \quad \ldots \ldots \ldots \text{II.}$$

Läßt man x um die Größe dx wachsen, so vermindert sich die Spannung um $-dV$ und die Stromstärke um $-dJ$. Setzt man für $\dfrac{w}{dx}$ den Wert $\dfrac{1}{a\,dx}$, d. h. die Ableitung oder das Leitvermögen des Nebenschlusses, in die Gleichung II ein, so kann man die Gleichungen schreiben:

$$\text{I'.} \quad -dV = r\,dx\,J. \qquad \text{(r d x d J wird vernachlässigt}$$
$$\text{als } \infty \text{ klein zweiter Ordnung.)}$$

$$\text{II'.} \qquad V = \frac{1}{a\,dx} \cdot -dJ.$$

Es folgt weiter:

$$-\frac{dV}{dx} = rJ \quad \text{und} \quad -\frac{dJ}{dx} = aV.$$

In diesen Gleichungen ist x die unabhängige Variable, die Stromstärke J und Spannung V bilden die abhängigen Veränderlichen. Man differentiiert beide Gleichungen nach x und erhält:

$$-\frac{d^2\,V}{d\,x^2}=r\,\frac{d\,J}{d\,x} \quad \text{und} \quad -\frac{d^2\,J}{d\,x^2}=a\,\frac{d\,V}{d\,x}.$$

Setzt man die Werte für $\dfrac{d\,J}{d\,x}$ und $\dfrac{d\,V}{d\,x}$ ein, so folgt:

$$-\frac{d^2\,V}{d\,x^2}=-\,r\,a\,V \quad \text{und} \quad -\frac{d^2\,J}{d\,x^2}=-\,a\,r\,J.$$

Für $a\,r$ wird m^2 gesetzt, dann wird:

$$\text{III.}\quad \frac{d^2\,V}{d\,x^2}=m^2\,V \qquad \text{und} \qquad \text{IV.}\quad \frac{d^2\,J}{d\,x^2}=m^2\,J.$$

Es soll gelöst werden eine Differentialgleichung von der Form:

$$\frac{d^2\,y}{d\,x^2}=m^2\,y.$$

Annahme: Die Lösung sei: $V=e^{\alpha x}$

$$\frac{d\,V}{d\,x}=\alpha\,e^{\alpha x} \qquad\qquad \frac{d^2\,V}{d\,x^2}=\alpha^2\,e^{\alpha x}.$$

Wir probieren und finden:

$$\alpha^2=m^2.$$

Wenn also $\alpha^2=m^2$ oder $\alpha=\pm\,m$, so würde $V=e^{\alpha x}$ als Lösung zu nehmen sein. Man hätte:

$$V=e^{m x} \quad \text{und} \quad V=e^{-\,m x}.$$

Wir erhalten dann:

$$V=A\,e^{m x}+B\,e^{-\,m x}$$

als allgemeine Form mit den Integrationskonstanten A und B.

Wir wollen prüfen, ob wir (diese Werte in $\dfrac{d^2\,V}{d\,x^2}$ eingesetzt) $m^2\,V$ erhalten.

$$\frac{d\,V}{d\,x}=A\,e^{m x}.m+B\,e^{-\,m x}.(-\,m) \quad\left|\begin{array}{l} y=e^{m x} \\ \dfrac{d\,y}{d\,x}=m\,e^{m x} \end{array}\right.$$

$$\frac{d^2\,V}{d\,x^2}=A\,e^{m x}.m^2+B\,e^{-\,m x}.m^2$$

$$=m^2\,(A\,e^{m x}+B\,e^{-\,m x})=m^2\,V.$$

Es sollen demnach V und J aus den beiden Gleichungen bestimmt werden:

$$V=A\,e^{m x}+B\,e^{-\,m x} \quad \text{und} \quad J=-\,\frac{m}{r}\,(A\,e^{m x}-B\,e^{-\,m x}).$$

Bei Bestimmung der Konstanten A und B sind zwei Fälle gesondert zu behandeln, da sich für A und B verschiedene Werte ergeben müssen, je nachdem, ob die Leitung am einen Ende geerdet ist oder nicht. Im ersten Falle wird der gesamte Leitungswiderstand R, im anderen der Isolationswiderstand W als Ergebnis der Betrachtung ermittelt werden können, indem die Widerstände der Ämter zunächst unberücksichtigt bleiben.

Fall I. Berechnung von R.

Die Batteriespannung V_1 in A sei gegeben, B liegt an Erde, also $V_2 = 0$.

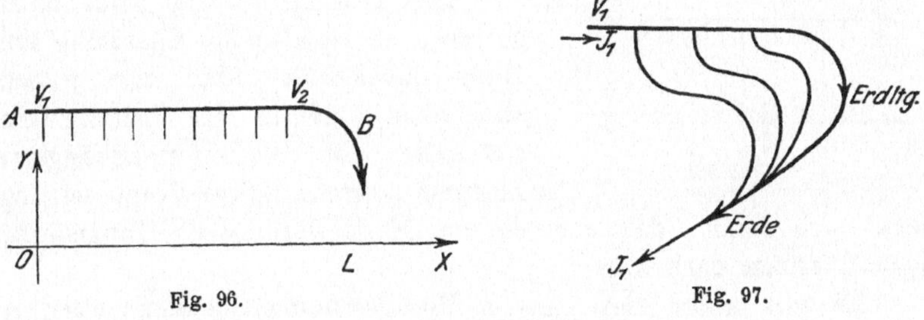

Fig. 96.　　　　Fig. 97.

Für $V = V_1$ ist $x = 0$,　　also $V_1 = A\,e^0 + B\,e^0$
$$V_1 = A + B \qquad\qquad \left|\; -e^{-mL} \;\right| e^{mL}$$
Für $V = V_2 = 0$ ist $x = L$, und $0 = A\,e^{mL} + B\,e^{-mL}$　$\left|\right| -1$

Erweitert man die Gleichungen wie rechts angegeben und addiert, so erhält man:

$$A = -\,V_1\,\frac{e^{-mL}}{e^{mL} - e^{-mL}} \quad \text{und} \quad B = V_1\,\frac{e^{mL}}{e^{mL} - e^{-mL}}.$$

Setzt man diese Werte von A und B in die Gleichungen der Variablen V und J ein, so erhält man:

$$V = V_1\,\frac{e^{m(L-x)} - e^{-m(L-x)}}{e^{mL} - e^{-mL}} \quad . \quad . \quad . \quad . \quad \text{(V)}$$

$$J = V_1 \cdot \frac{m}{r}\,\frac{e^{m(L-x)} + e^{-m(L-x)}}{e^{mL} - e^{-mL}} \quad . \quad . \quad . \quad \text{(VI)}$$

Hieraus wird die Größe des kombinierten Widerstandes R nach folgender Überlegung gefunden:

Der Spannung V_1 entsprechend fließt der Strom J_1 (Fig. 97) über sämtliche Nebenschlüsse und die Leitung, d. h. über den kombinierten Widerstand R zur Erde. Nach dem Ohmschen Gesetz folgt:

12*

$$V_1 - 0 = J_1 R \quad \text{oder} \quad R = \frac{V_1}{J_1}.$$

Dem V_1 und J_1 entspricht die Entfernung $x = 0$. Man setzt somit in den Gleichungen V und VI überall $x = 0$, für V und J V_1 und J_1. Die Division beider Gleichungen ergibt dann:

$$\frac{V_1}{J_1} = R = \frac{r}{m} \cdot \frac{e^{mL} - e^{-mL}}{e^{mL} + e^{-mL}}.$$

Fall II. Berechnung des Isolationswiderstandes W.

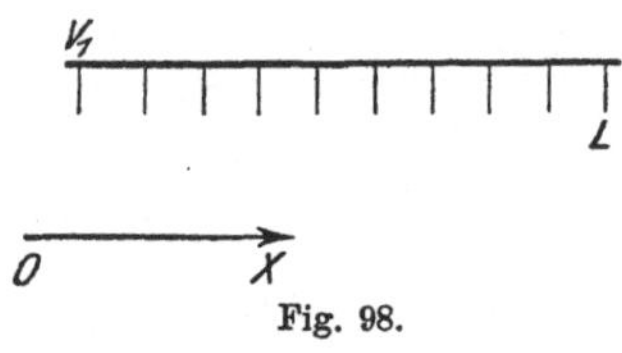

Fig. 98.

Die Leitung ist am Ende nicht geerdet, es ist also die Spannung am Ende unbekannt. Man darf jedoch annehmen, daß in der Leitung ein stationärer, von der Zeit unabhängiger Zustand herrscht. Diese Voraussetzung deckt sich damit, daß man die am Ende vorhandene Stromstärke $J_1 = 0$ setzen darf.

Es gilt unter dieser neuen Voraussetzung die Konstanten A und B zu bestimmen. Als Gewinn dieser Rechnung wird sich der Isolationswiderstand W ermitteln lassen. Man legt dieselben Gleichungen für die Variablen V und J zugrunde und findet:

Für $V = V_1$ ist $x = 0$ also $V_1 = A + B$ $\left| e^{-mL} \right| e^{mL}$

Für $J = J_1 = 0$ ist $x = L$ „ *) $0 = A\, e^{mL} - B\, e^{-mL}$

Werden die Gleichungen entsprechend erweitert, dann addiert und subtrahiert, so wird:

$$A = V_1 \frac{e^{-mL}}{e^{mL} + e^{-mL}} \qquad\qquad B = V_1 \frac{e^{mL}}{e^{mL} + e^{-mL}}.$$

Die Konstanten unterscheiden sich von den unter Fall I berechneten nur dadurch, daß im Nenner für das ——-Zeichen jetzt das $+$-Zeichen aufgetreten ist und daß A jetzt einen positiven Wert erhalten hat.

Mit demselben Vorzeichenunterschied ergeben sich den Gleichungen V und VI entsprechend:

------

*) Wir hatten $J = \dfrac{m}{r}(A\, e^{mx} - B\, e^{-mx})$. Man wird den Klammerausdruck $(\ \ ) = 0$ setzen dürfen, wenn $\dfrac{m}{r}$ einen von 0 verschiedenen Wert besitzt. Dies wird im allgemeinen der Fall sein, weil a und r nicht gleich sein werden. Es war: $m^2 = a\, r = m = \sqrt{a\, r}$, also $\dfrac{m}{r} = \sqrt{\dfrac{a}{r}}.$

$$V = V_1 \frac{e^{m(L-x)} + e^{-m(L-x)}}{e^{mL} + e^{-mL}} \quad \ldots \ldots \quad (V')$$

$$J = V_1 \frac{m}{r} \cdot \frac{e^{m(L-x)} - e^{-m(L-x)}}{e^{mL} + e^{-mL}} \quad \ldots \ldots \quad (VI')$$

Vertauscht man überall in Zähler und Nenner die Vorzeichen, so erhält man die Gleichungen V und VI. Man erhält durch Division der Gleichungen den kombinierten Isolationswiderstand W, für dessen Ableitung Fig. 99 ausreichen dürfte.

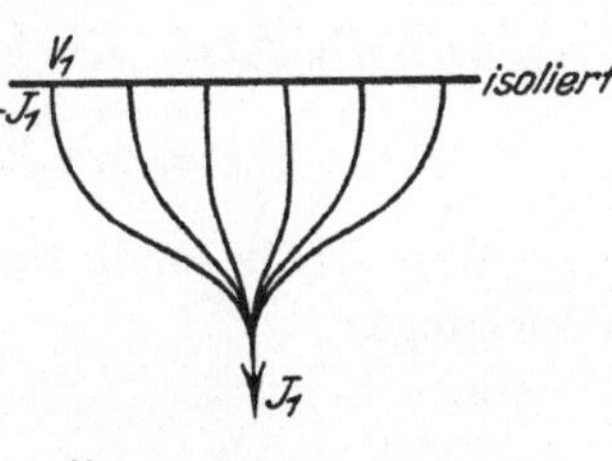

Für V_1 wieder $x = 0$.
Fig. 99.

$$W = \frac{r}{m} \cdot \frac{e^{mL} + e^{-mL}}{e^{mL} - e^{-mL}}.$$

Diese Gleichung unterscheidet sich von derjenigen für R nur dadurch, daß an Stelle einer Summe die Differenz getreten ist und umgekehrt.

Man faßt die Gleichungen für R und W unter die Nummern VII und VIII:

$$R = \frac{r}{m} \cdot \frac{e^{mL} + e^{-mL}}{e^{mL} - e^{-mL}} \quad \ldots \ldots \ldots \quad (VII)$$

$$W = \frac{r}{m} \cdot \frac{e^{mL} - e^{-mL}}{e^{mL} + e^{-mL}} \quad \ldots \ldots \ldots \quad (VIII)$$

Durch Multiplikation beider Gleichungen findet man:

$$R \cdot W = \frac{r^2}{m^2} = \frac{r}{a} = r \cdot w, \quad \ldots \ldots \quad (IX)$$

wo r und w die Widerstände für die Längeneinheit bedeuten sollten unter der Voraussetzung, daß die Längeneinheit entsprechend klein gewählt wurde.

Die Division beider Gleichungen ergibt:

$$\frac{R}{W} = \left[\frac{e^{mL} - e^{-mL}}{e^{mL} + e^{-mL}} \right]^2$$

$$\sqrt{\frac{R}{W}} = \frac{e^{mL} - e^{-mL}}{e^{mL} + e^{-mL}} \cdot \frac{e^{mL}}{e^{mL}} = \frac{e^{2mL} - 1}{e^{2mL} + 1}$$

oder:
$$e^{2mL} = \frac{1 + \sqrt{\dfrac{R}{W}}}{1 - \sqrt{\dfrac{R}{W}}} \qquad 2\,m\,L = \ln \frac{1 + \sqrt{\dfrac{R}{W}}}{1 - \sqrt{\dfrac{R}{W}}}.$$

Man findet:
$$m = \frac{1}{2\,L} \cdot \ln \frac{1 + \sqrt{R/W}}{1 - \sqrt{R/W}} \quad \dots \dots \quad \text{(X)}$$

In der zugrunde gelegten Aufgabe sind R und W gegeben, es sollen r und w bestimmt werden.

Aus Gleichung IX folgt:

$$r = m\,\sqrt{R \cdot W} \quad \text{und} \quad w = \frac{\sqrt{R \cdot W}}{m}.$$

Man erhält somit zur Berechnung von r und w die folgenden Gleichungen:

$$r = \frac{\sqrt{R\,W}}{2\,L}\, \ln \frac{1 + \sqrt{\dfrac{R}{W}}}{1 - \sqrt{\dfrac{R}{W}}} \quad \dots \dots \quad \text{(XI)}$$

$$w = \frac{\sqrt{R\,W} \cdot 2\,L}{\ln \dfrac{1 + \sqrt{\dfrac{R}{W}}}{1 - \sqrt{\dfrac{R}{W}}}} \quad \dots \dots \quad \text{(XII)}$$

<h3 style="text-align:center">§ 13.</h3>

<h2 style="text-align:center">Thomson-Kirchhoffsche Differentialgleichung für oszillatorische Entladungen.</h2>

Verbindet man die beiden Belegungen eines Kondensators über eine Selbstinduktion L, einen nicht zu hohen Widerstand W und eine Funkenstrecke miteinander, so zeigt ein rotierender Spiegel, daß mehrere Funken auftreten, daß wir es also mit mehreren aufeinander folgenden Entladungen zu tun haben.

Bezeichnet man die Kapazität des Kondensators mit C, die Potentialdifferenz zwischen seinen beiden Belegungen mit E und seine Ladung mit Q, sowie den Entladestrom mit J, so geht die Spannung E in dem Ohmschen Spannungsabfall $J \cdot W$ und der elektromotorischen Gegenkraft des Schließungskreises $L \dfrac{dJ}{dt}$ auf. Es ist also

$$E - J\,W - L\,\frac{dJ}{dt} = 0 \quad \dots \dots \quad \text{(I)}$$

Geht die Entladung vor sich, so vermindert sich die Ladung des Kondensators in der Zeit dt um den Betrag dQ, der gleich dem Strom J ist, der in der Zeit dt durch einen beliebigen Querschnitt des Schließungskreises geht. Es ist also

$$dQ = - J \cdot dt \ \text{oder} \ J = - \frac{dQ}{dt}.$$

$J\,dt$ ist negativ anzusetzen, weil dQ bei der Entladung einer Verminderung der Ladung gleichkommt. Ferner besteht für den Kondensator die bekannte Beziehung:

$$E = \frac{Q}{C}.$$

Durch Einsetzung der Werte für E und J in Gleichung I ergibt sich:

$$\frac{Q}{C} + W \frac{dQ}{dt} + L \frac{d\frac{dQ}{dt}}{dt} = 0 \ \text{oder}$$

$$L \frac{d^2Q}{dt^2} + W \frac{dQ}{dt} + \frac{Q}{C} = 0 \ \ \cdots \cdots \ \text{(II)}$$

Dieser Differentialgleichung sei durch

$$Q = A \cdot e^{\alpha t}$$

genügt. Falls die Lösung richtig ist, muß sie in die linke Seite der Gleichung II eingesetzt, den Wert 0 ergeben.

Zunächst ist

$$\frac{dQ}{dt} = A\,\alpha\,e^{\alpha t}$$

$$\frac{d^2Q}{dt^2} = A\,\alpha^2\,e^{\alpha t}.$$

Die Werte für Q, $\dfrac{dQ}{dt}$ und $\dfrac{d^2Q}{dt^2}$ in Gleichung II eingesetzt, ergeben:

$$L\,A\,e^2\,e^{\alpha t} + W \cdot A\,\alpha\,e^{\alpha t} + \frac{A}{C} \cdot e^{\alpha t} = 0 \ \text{oder}$$

$$A\,e^{\alpha t}\left(L\,\alpha^2 + W\,\alpha + \frac{1}{C}\right) = 0 \ \ \cdots \cdots \ \text{(III)}$$

A oder $e^{\alpha t}$ können nicht gleich 0 sein, da sonst die angenommene Lösung $Q = A \cdot e^{\alpha t}$ widersinnig wäre. Es muß also der Klammerausdruck 0 sein, wenn die vorstehende Gleichung richtig sein soll. Aus

$$\mathrm{L}\,\alpha^2 + \mathrm{W}\,\alpha + \frac{1}{\mathrm{C}} = 0$$

ergeben sich für α die beiden Werte:

$$\alpha_1 = -\frac{\mathrm{W}}{2\,\mathrm{L}} + \sqrt{\frac{\mathrm{W}^2}{4\,\mathrm{L}^2} - \frac{1}{\mathrm{L}\,\mathrm{C}}}$$

$$\alpha_2 = -\frac{\mathrm{W}}{2\,\mathrm{L}} - \sqrt{\frac{\mathrm{W}^2}{4\,\mathrm{L}^2} - \frac{1}{\mathrm{L}\,\mathrm{C}}}.$$

Die Werte von α_1 und α_2 in Gleichung III eingesetzt, ergeben jedes für sich ein partikuläres Integral, deren Summe dann mit je einer besonderen Konstanten das totale Integral darstellt. Die Gleichung III lautet nunmehr:

$$\mathrm{A}_1\,e^{\alpha_1 t}\left(\mathrm{L}\,\alpha_1{}^2 + \mathrm{W}\,\alpha + \frac{1}{\mathrm{C}}\right)$$

$$+ \mathrm{A}_2\,e^{\alpha_2 t}\left(\mathrm{L}\,\alpha_2{}^2 + \mathrm{W}\,\alpha_2 + \frac{1}{\mathrm{C}}\right) = 0 \quad . \quad . \quad \text{(IV)}$$

Diese Gleichung kann wiederum nur dann $= 0$ sein, wenn sowohl der Klammerausdruck des ersten als auch der des zweiten Gliedes $= 0$ sind.

$\mathrm{A}_1\,e^{\alpha_1 t}$ und $\mathrm{A}_2\,e^{\alpha_2 t}$ können wie bereits erörtert nicht 0 sein.

Die Gleichung ist dann identisch, was beweist, daß die Lösung der Differentialgleichung II:

$$\mathrm{Q} = \mathrm{A}\,e^{\alpha t} = \mathrm{A}_1\,e^{\alpha_1 t} + \mathrm{A}_2\,e^{\alpha_2 t} \quad . \quad . \quad . \quad . \quad \text{(V)}$$

richtig ist.

In dem Ausdruck für α_1 und α_2 sind die Wurzelwerte reell, wenn $\mathrm{W}^2 > \dfrac{4\,\mathrm{L}}{\mathrm{C}}$ ist. In diesem Falle entlädt sich der Schließungskreis, wie im rotierenden Spiegel gleichfalls gezeigt werden kann, in einem einzigen Funken. Daß tatsächlich eine aperiodische Entladung stattfindet, kann auch theoretisch nachgewiesen werden, wenn man obige Rechnung unter der Bedingung $\mathrm{W}^2 > \dfrac{4\,\mathrm{L}}{\mathrm{C}}$ weiter fortführt. Im folgenden soll nur der Fall betrachtet werden, daß der Wurzelwert in α_1 und α_2 imaginäre Werte ergibt, da nur für diesen Fall d. h. $\mathrm{W}^2 < \dfrac{4\,\mathrm{L}}{\mathrm{C}}$ eine oszillatorische Entladung des Kondensators stattfindet.

Zur Vereinfachung der Rechnung werde in den beiden Werten des α_1 und α_2 eingeführt:

$$\sqrt{\frac{W^2}{4\,L^2} - \frac{1}{L\,C}} = \sqrt{-\omega^2}.$$

Alsdann ist

$$\alpha_1 = -\frac{W}{2\,L} + i\,\omega$$

$$\alpha_2 = -\frac{W}{2\,L} - i\,\omega,$$

so daß die Gleichung V nunmehr lautet:

$$Q = A_1\,e^{\left(-\frac{W}{2L}+i\omega\right)t} + A_2\,e^{\left(-\frac{W}{2L}-i\omega\right)t} \quad \text{oder}$$

$$Q = A_1\,e^{-\frac{W}{2L}t} \cdot e^{i\omega t} + A_2\,e^{-\frac{W}{2L}t} \cdot e^{-i\omega t}.$$

Nach einer Gleichung von Euler ist:

$$e^{i\omega t} = \cos\omega t + i\sin\omega t$$

$$e^{-i\omega t} = \cos\omega t - i\sin\omega t,$$

so daß

$$Q = e^{-\frac{W}{2L}t}\,(A_1\,(\cos\omega t + i\sin\omega t) + A_2\,(\cos\omega t - i\sin\omega t)) \quad \text{oder}$$

$$Q = e^{-\frac{W}{2L}t}\,(\cos\omega t\,(A_1 + A_2) + i\sin\omega t\,(A_1 - A_2).$$

A_1 und A_2 sind Konstanten; man setzt

$$A_1 + A_2 = C_1$$

$$i\,(A_1 - A_2) = C_2.$$

Die Gleichung für Q geht dann über in

$$Q = e^{-\frac{W}{2L}t}\,(C_1\cos\omega t + C_2\sin\omega t) \ . \ \ . \ \ . \ \ . \quad (1)$$

Aus dieser Gleichung erhält man J aus der Beziehung

$$J = -\frac{d\,Q}{d\,t}.$$

Es ist daher

$$J = \frac{W}{2\,L}\,e^{-\frac{W}{2L}t}\,(C_1\cos\omega t + C_2\sin\omega t)$$

$$- e^{-\frac{W}{2L}t}\,(-C_1\,\omega\sin\omega t + C_2\,\omega\cos\omega t)$$

oder

$$J = e^{-\frac{W}{2L}t}\left[\cos\omega t\left(\frac{W\cdot C_1}{2\,L} - \omega\,C_2\right) + \sin\omega t\left(\frac{W\cdot C_2}{2\,L} + \omega\,C_1\right)\right].$$

Die Integrationskonstanten C_1 und C_2 werden durch die Anfangsbedingung aus den Gleichungen für Q und J berechnet.

Für $t = 0$ ist $J = 0$ und der Kondensator hat, da er noch keinen Strom abgegeben hat, seine Maximalladung Q_0. Es folgt also

1.
$$Q_0 = C_1.$$

2.
$$0 = \frac{W \cdot C_1}{2\,L} - \omega\,C_2\,; \quad C_2 = \frac{Q_0\,W}{2\,L\,\omega}.$$

Der Wert für C_1 und C_2 in die Gleichung 1 eingesetzt, ergibt

a) $\displaystyle Q = e^{-\frac{W}{2L}t}\left(Q_0 \cos \omega\,t + \frac{Q_0\,W}{2\,L\,\omega}\sin \omega\,t\right).$

b) $\displaystyle J = e^{-\frac{W}{2L}t}\left[\cos \omega\,t \overbrace{\left(\frac{W \cdot Q_0}{2\,L} - \frac{\omega\,W\,Q_0}{2\,L\,\omega}\right)}^{=\,0}\right.$
$$\left. + \sin \omega\,t \left(\frac{Q_0\,W^2}{4\,L^2\,\omega} + Q_0\,\omega\right)\right]$$

oder $\displaystyle \quad J = e^{-\frac{W}{2L}t}\,Q_0 \cdot \frac{1}{C\,L\,\omega} \cdot \sin \omega\,t \quad . \quad . \quad . \quad . \quad . \quad . \quad . \quad (2)$

Er ist nämlich: $\displaystyle \quad \frac{W^2}{4\,L^2\,\omega} + \omega = \frac{W^2 + \omega^2 \cdot 4\,L^2}{4\,L^2\,\omega}\,;$

setzen wir hier im Zähler den Wert für ω^2 ein: $\displaystyle \omega^2 = \frac{1}{C\,L} - \frac{W^2}{4\,L^2}$,

so erhalten wir als Faktor von $\sin \omega\,t$

$$\frac{W^2 + 4\,L^2 \left(\dfrac{1}{C\,L} - \dfrac{W^2}{4\,L^2}\right)}{4\,L^2\,\omega} = \frac{4\,L^2}{C\,L \cdot 4\,L^2\,\omega} = \frac{1}{C\,L\,\omega}.$$

Aus Gleichung 2 ergibt sich, daß wir es hier mit einer periodischen Entladung zu tun haben. Um zu sehen, in welcher Weise sie vor sich geht, ist im nachstehenden Diagramm (Fig. 100) der Verlauf von J als Funktion von t eingetragen. In der Gleichung 2:

$$J = \frac{Q_0}{C\,L\,\omega} \cdot e^{-\frac{W}{2L}t} \cdot \sin \omega\,t$$

ist der Faktor $\dfrac{Q_0}{C\,L\,\omega}$ von der Zeit t nicht abhängig, also konstant.

$e^{-\frac{W}{2L}t}$ stellt eine Exponentialkurve dar, die von ihrem Höchstwert $= 1$ (für $t = 0$) mit wachsendem t sich der X-Achse asymptotisch nähert.

sin $\omega\,$t stellt eine Sinuslinie dar.

Das Produkt $e^{-\frac{W}{2L}t}$. sin ω t wird durch die fallende Wellenlinie dargestellt. Sie stellt eine gedämpfte sinusförmige Schwingung dar. Die Periode der Schwingung ist $T = \dfrac{2\,\pi}{\omega} = \dfrac{2\,\pi}{\sqrt{\dfrac{1}{LC} - \dfrac{W^2}{4\,L^2}}}$.

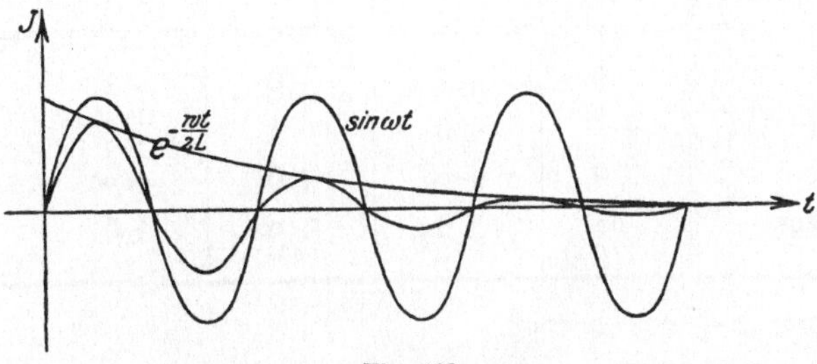

Fig. 100.

Kann man, wie bei den Schwingungskreisen der drahtlosen Telegraphie, $\dfrac{W^2}{4\,L^2}$ gegenüber $\dfrac{1}{LC}$ vernachlässigen, so erhalten wir für die Schwingungsdauer T das bekannte Gesetz $T = 2\,\pi\,\sqrt{LC}$.

Formelsammlung.

Trigonometrische Formeln.

	0^0	90^0	$180^0 = \pi$	270^0	$360^0 = 2\pi$
Sinus	0	$+1$	± 0	-1	∓ 0
Kosinus	$+1$	± 0	-1	∓ 0	$+1$
Tangens	0	$\pm \infty$	∓ 0	$\pm \infty$	∓ 0
Kotangens	∞	± 0	$\mp \infty$	± 0	$\mp \infty$

1. $\sin^2 \alpha + \cos^2 \alpha = 1$

2. $\operatorname{tg} \alpha = \dfrac{\sin \alpha}{\cos \alpha}$

3. $\operatorname{ctg} \alpha = \dfrac{\cos \alpha}{\sin \alpha} = \dfrac{1}{\operatorname{tg} \alpha}$

4. $\operatorname{tg} \alpha \cdot \operatorname{ctg} \alpha = 1$

5. $1 + \operatorname{tg}^2 \alpha = \dfrac{1}{\cos^2 \alpha} \qquad\qquad 1 + \operatorname{ctg}^2 \alpha = \dfrac{1}{\sin^2 \alpha}$

6. $\sin \alpha = \sqrt{1 - \cos^2 \alpha} = \dfrac{\operatorname{tg} \alpha}{\sqrt{1 + \operatorname{tg}^2 \alpha}} = \dfrac{1}{\sqrt{1 + \operatorname{ctg}^2 \alpha}}$

7. $\cos \alpha = \sqrt{1 - \sin^2 \alpha} = \dfrac{1}{\sqrt{1 + \operatorname{tg}^2 \alpha}} = \dfrac{\operatorname{ctg} \alpha}{\sqrt{1 + \operatorname{ctg}^2 \alpha}}$

8. $\sin (\alpha \pm \beta) = \sin \alpha \cos \beta \pm \cos \alpha \sin \beta$

9. $\cos (\alpha \pm \beta) = \cos \alpha \cos \beta \mp \sin \alpha \sin \beta$

10. $\operatorname{tg} (\alpha \pm \beta) = \dfrac{\operatorname{tg} \alpha \pm \operatorname{tg} \beta}{1 \mp \operatorname{tg} \alpha \operatorname{tg} \beta}$

11. $\operatorname{ctg} (\alpha \pm \beta) = \dfrac{\operatorname{ctg} \alpha \operatorname{ctg} \beta \mp 1}{\operatorname{ctg} \beta \pm \operatorname{ctg} \alpha}$

12. $\operatorname{tg} \alpha \pm \operatorname{tg} \beta = \dfrac{\sin (\alpha \pm \beta)}{\cos \alpha \cos \beta}$

13. $\operatorname{ctg} \alpha \pm \operatorname{ctg} \beta = \dfrac{\sin (\beta \pm \alpha)}{\sin \alpha \sin \beta}$

14. $\sin^2 \alpha - \sin^2 \beta = \cos^2 \beta - \cos^2 \alpha = \sin (\alpha + \beta) \sin (\alpha - \beta)$

15. $\cos^2 \alpha - \sin^2 \beta = \cos^2 \beta - \sin^2 \alpha = \cos (\alpha + \beta) \cos (\alpha - \beta)$

16. $\sin 2\alpha = 2 \sin \alpha \cos \alpha = \cos(\alpha - \beta) - \cos(\alpha + \beta)$

$$\sin \alpha = 2 \sin \frac{\alpha}{2} \cos \frac{\alpha}{2}$$

17. $\cos 2\alpha = \cos^2 \alpha - \sin^2 \alpha \qquad \cos \alpha = \cos^2 \frac{\alpha}{2} \sin^2 \frac{\alpha}{2}$

18. $\cos 2\alpha = 1 - 2 \sin^2 \alpha \qquad \cos \alpha = 1 - 2 \sin^2 \frac{\alpha}{2}$

19. $\cos 2\alpha = 2 \cos^2 \alpha - 1 \qquad \cos \alpha = 2 \cos^2 \frac{\alpha}{2} - 1$

20. $\sin \alpha = \pm \sqrt{\frac{1}{2}(1 - \cos^2 \alpha)}$

21. $\cos \alpha = \pm \sqrt{\frac{1}{2}(1 + \cos 2\alpha)}$

22. $\sin \alpha + \sin \beta = 2 \sin \frac{\alpha + \beta}{2} \cos \frac{\alpha - \beta}{2}$

23. $\sin \alpha - \sin \beta = 2 \cos \frac{\alpha + \beta}{2} \sin \frac{\alpha - \beta}{2}$

24. $\cos \alpha + \cos \beta = 2 \cos \frac{\alpha + \beta}{2} \cos \frac{\alpha - \beta}{2}$

25. $\cos \alpha - \cos \beta = - 2 \sin \frac{\alpha + \beta}{2} \sin \frac{\alpha - \beta}{2}$

26. $\sin \left(\frac{\pi}{2} + \alpha \right) = \cos \alpha$

27. $\cos \left(\frac{\pi}{2} + \alpha \right) = - \sin \alpha$

28. $\operatorname{tg} \left(\frac{\pi}{2} + \alpha \right) = - \operatorname{ctg} \alpha$

29. $\operatorname{ctg} \left(\frac{\pi}{2} + \alpha \right) = - \operatorname{tg} \alpha.$

Differentiationsformeln.

$$y' \text{ bedeutet } \frac{dy}{dx}, \quad u' \text{ desgleichen } \frac{du}{dx} \text{ usw.}$$

$$
\begin{aligned}
y &= u + v - w &\qquad y' &= u' + v' - w' \\
y &= C \text{ (Konstante)} &\qquad y' &= 0 \\
y &= Cu &\qquad y' &= Cu'
\end{aligned}
$$

$y = u \cdot v$	$y' = v u' + u v'$
$y = \dfrac{u}{v}$	$y' = \dfrac{v u' - u v'}{v^2}$
$y = x^n$	$y' = n \cdot x^{n-1}$
$y = x^{-1} = \dfrac{1}{x}$	$y' = -\dfrac{1}{x^2}$
$y = \sqrt{x} = x^{\frac{1}{2}}$	$y' = \dfrac{1}{2\sqrt{x}}$
$y = \ln x$	$y' = \dfrac{1}{x}$
$y = {}_a\log x$	$y' = \dfrac{1}{x \ln a}$
$y = a^x$	$y' = a^x \ln a$
$y = e^x$	$y' = e^x$
$y = \sin x$	$y' = \cos x$
$y = \cos x$	$y' = -\sin x$
$y = \operatorname{tg} x$	$y' = \dfrac{1}{\cos^2 x}$
$y = \operatorname{ctg} x$	$y' = -\dfrac{1}{\sin^2 x}$
$y = \arcsin x$	$y' = \dfrac{1}{\sqrt{1 - x^2}}$
$y = \arccos x$	$y' = -\dfrac{1}{\sqrt{1 - x^2}}$
$y = \operatorname{arc\,tg} x$	$y' = \dfrac{1}{1 + x^2}$
$y = \operatorname{arc\,ctg} x$	$y' = -\dfrac{1}{1 + x^2}$
$y = \ln\left(x + \sqrt{1 + x^2}\right)$	$y' = \dfrac{1}{\sqrt{1 + x^2}}$
$y = \dfrac{1}{2} \ln \dfrac{1 + x}{1 - x}$	$y' = \dfrac{1}{1 - x^2}$
$y = \ln \sin x$	$y' = \operatorname{ctg} x$
$y = \ln \cos x$	$y' = -\operatorname{tg} x$
$y = \ln \operatorname{tg} \dfrac{x}{2}$	$y' = \dfrac{1}{\sin x}$
$y = \ln \operatorname{tg}\left(\dfrac{\pi}{4} + \dfrac{x}{2}\right)$	$y' = \dfrac{1}{\cos x}$

Integrationsformeln.

$$\int x^n \, dx = \frac{x^{n+1}}{n+1} + C$$

$$\int \frac{dx}{x} = \ln x + C$$

$$\int \frac{dx}{\sqrt{x}} = 2\sqrt{x} + C$$

$$\int \frac{dx}{1+x^2} = \text{arc tg } x + C$$

$$\int \frac{dx}{1-x^2} = \frac{1}{2} \ln \frac{1+x}{1-x} + C$$

$$\int \frac{dx}{\sqrt{a+x^2}} = \ln(x + \sqrt{a+x^2}) + C$$

$$\int \frac{dx}{\sqrt{a-x^2}} = \text{arc sin } \frac{x}{\sqrt{a}} + C$$

$$\int \sin x \, dx = -\cos x + C$$

$$\int \cos x \, dx = \sin x + C$$

$$\int \text{tg } x \, dx = -\ln \cos x + C$$

$$\int \text{ctg } x \, dx = \ln \sin x + C$$

$$\int \frac{dx}{\sin x} = \ln \text{tg } \frac{x}{2} + C$$

$$\int \frac{dx}{\cos x} = \ln \text{tg } \left(\frac{\pi}{4} + \frac{x}{2}\right) + C$$

$$\int \frac{dx}{\sin^2 x} = -\text{ctg } x + C$$

$$\int \frac{dx}{\cos^2 x} = \text{tg } x + C$$

$$\int e^x \, dx = e^x + C$$